别样诠释

——一个 Visual C++老鸟 10 年学习与开发心得

管 皓 高永丽 编著

北京航空航天大学出版社

内容简介

本书着眼于实际应用，循序渐进地介绍了 Visual C++的编程原理与技巧；着重于信息的整体处理流程，从信息获取、信息传输、信息存储、信息展现等方面构筑了 Visual C++的全新学习、认知架构。

本书与市面上绝大多数的 Visual C++不同，并没有进行技术知识点的简单罗列，而是从信息处理流程的角度出发，为读者构建一个完整而清晰的 Visual C++解决方案。书中包含了较为丰富的示例，讲解细致，有助于读者更快、更好、更深地掌握 Visual C++编程技术。

本书适合于 Visual C++初学者及有一定基础的程序员，对于高校学生、研究生及科研、工程人员具有很好的学习参考价值。

图书在版编目(CIP)数据

别样诠释 ：一个 Visual C++老鸟 10 年学习与开发心得 / 管皓，高永丽编著. -- 北京 ：北京航空航天大学出版社，2012.11

ISBN 978-7-5124-0986-6

Ⅰ. ①别… Ⅱ. ①管… ②高… Ⅲ. ①C 语言－程序设计 Ⅳ. ①TP312

中国版本图书馆 CIP 数据核字(2012)第 242236 号

别样诠释

——一个 Visual C++老鸟 10 年学习与开发心得

管 皓 高永丽 编著

责任编辑 刘亚军

*

北京航空航天大学出版社出版发行

北京市海淀区学院路 37 号(邮编 100191) http://www.buaapress.com.cn

发行部电话：(010)82317024 传真：(010)82328026

读者信箱：goodtextbook@126.com 邮购电话：(010)82316936

北京时代华都印刷有限公司印装 各地书店经销

*

开本：787×1 092 1/16 印张：16 字数：430 千字

2012 年 11 月第 1 版 2012 年 11 月第 1 次印刷 印数：3 000 册

ISBN 978-7-5124-0986-6 定价：29.90 元

若本书有倒页、脱页、缺页等印装质量问题，请与本社发行部联系调换。联系电话：(010)82317024

给你不一样的 Visual C++

首先感谢亲爱的读者朋友们选择这本书，我想本书不会辜负你的信任。大家手里拿的这本书，是我用心写就的。

自大学一年级上半个学期开始学习 C 语言到现在，近十个年头过去了。在这十年间自己在用软件、学软件再到编软件的过程中可谓经历颇丰、体味良多，既有失败的沮丧，也有成功的喜悦。在不断的积累中，我对于软件开发技术的认识在不断加深，同时学习技术本身也在影响着自己的性格。随着年龄的增长，我发现计算机软件技术越来越像一个始终陪伴自己的朋友，在一起时感到亲切温暖，而不是刚接触它时仅仅把它当成一种完成项目和毕业论文的工具。现在，我想把自己在接触 Visual C++过程中的所见、所学、所想、所感拿出来与大家分享，希望对于大家的日常学习、毕业设计、工作能起到良好的帮助作用。

我本科所学专业并非计算机，而是自动控制。在中国自动控制专业是"万金油"，学机械的、电子的、计算机的都可以从自己的技术角度来实现自动化。我们本科期间所学的东西真可谓是"大杂烩"——从硬件到软件啥都接触点儿，但是真学下来却啥也不精通。直到大学毕业，我也说不清自己的专业到底是干啥的，哈哈。幸好自己始终保留着对于软件的兴趣，这样到读研究生时就不再"一锅端"了，而是一门心思钻研自己喜欢的软件技术。其实对于技术的"专"与"博"的把握一直是个很有学问的事情。每个人的时间与精力有限，掌握一门技术首先要专注，也就是要做到"精通"，这是安身立命的基础。在精通了一门技术之后，也要放开视野，多去看看其他的技术门类(这里指软件技术范畴内)，但不用太细，只求领会个大体的内容即可。这样日积月累，就可以不断提高自己对于计算机技术的认识。我自己在大学时学了很多计算机专业的同学不学的电气、电子、机械等硬件知识，尽管当时不太喜欢，但后来我发现这些东西对于自己认识软件起了很好的促进作用。

以上说了些貌似与本书关系不大的东西，但我想这些对于读者朋友是有用的。我不希望自己的这本书像市面上的一些教材一样板起面孔教导人，而是希望能通过拉家常的方式达到与读者分享技术经验的目的。因此，书中难免有不够严谨之处，大家尽管一笑了之吧。

好了，还是来说说本书的主角——Visual C++吧。

Visual C++简称 VC，对于这个简称真是让人喜爱万分。首先，维生素 C(Vitamin C)也是这个简称，看看，多有营养啊，如果你告诉别人你在学 VC，人家外行人有可能以为你钻研营养学呢；倘若你是个创业者，那么对 VC 这个词一定再熟悉向往不过了，因为它代表风险投资(Venture Capital)，呵呵，多有含金量啊。有了这么促人奋进的名字(又有营养又有钱)，相信我们学习 Visual C++一定是动力十足的吧。

我第一次集中研究 VC 是在大四的时候，因为毕业设计的缘故，我要做一个有关无人机上的材料耐压检测的软件。大体上就是由一个单片机读出某电压信号，然后将它通过串口通信的方式发送给 PC 上位机，由 PC 上位机进行处理与显示。功能其实不复杂，核心的东西其实就在于 VC 串口通信编程技术。如今看来小儿科的东西，当时可真是要了命了。VC 本来就够不好学的了，还牵扯到串口通信上的一些什么 VARIANT，ActiveX，COM，当时弄得我是迷迷糊糊。好在经过一阵努力，一知半解地将功能实现，顺利完成了任务。后来随着经验的日积月累，自己的技术实力逐渐提升，许多搞不明白的东西逐渐清晰起来。在这里要与读者分享的几条经验是：

① 务必先学扎实 C＋＋。学 VC 主要是学习 MFC（Win32 API 开发不是一般开发人员能够驾驭的，当然它是基础）。MFC 给我们的是一个类库，其实就是一个一个现成的类，里面到处可见 C＋＋语言的各种知识点。只要 C＋＋扎实（有 C 语言的基础，认认真真地学上几个月 C＋＋就应该算基本入门了），再熟悉 MFC 本身所具有的一些特色的东西，就能较快掌握 VC 开发。

② 软件开发背后涉及许多其他方面的知识，如操作系统、编译、网络、数据库、软件工程等。计算机科班的与其他专业的开发者往往在这方面差距明显。所以，如果你不是科班出身，多在这些方面下点功夫，对于软件开发功力的提升是很有帮助的。比如说，我学了面向对象、软件工程后，自然就接触了微软公司的 COM 技术，然后是 ActiveX，这样很自然就明白了许多知识。

VC 的学习曲线确实很陡，入门并不容易。许多入门级的开发者，往往被所谓的困难吓住了，转而投学其他更容易的开发工具了。VB 很简单易学，升级到.NET 后功能更强了，但是我感觉它更像一种玩具语言，总让人感觉“隔了一层”，或许我本科有硬件的背景，所以喜欢底层一点的东西。C♯当然好，是.NET 中的主角语言，但它更适合用在 Web 开发上，而且我不喜欢那份“臃肿感”。

VC 的好处就是能充分满足你的“控制欲”，因为它接近底层（别拿汇编和我抬杠啊，况且 VC 可以嵌入汇编嘛），速度快是非常明显的优势。看看现在异常火暴的网络游戏，其引擎有几个不是用 C/C＋＋开发的（尽管可能是其他集成开发环境，但 VC 是 C/C＋＋最主流的开发环境则毋庸置疑。对于那些常和硬件打交道的开发者，VC 是非常好的选择。我在研究所里做软件，感觉 VC 真的是简洁高效。

其实，VC 学起来也并非有多难，主要是许多人 C＋＋学得夹生，再学 VC 时就捉襟见肘了。另外，市面上许多讲 VC 的书太千篇一律了，自己平时逛书店想淘本好书好好享受一下，可翻看各种 VC 书籍，不是什么《15 天学会 VC》就是什么《从入门到精通》，要不就是什么技巧大全。15 天学会绝对是噱头，150 天还差不多，学习不能急功近利；所谓“知识大全”类的只是技巧罗列，并没有一个好的体系将初学者或刚入门者的技术引领提升。我写这本书的目的，就是想针对市场上 VC 教材的缺陷，根据自己的体会，以全新的思路来教会迫切想学好 VC 的朋友们，之所以取名为《别样诠释》，就是想突出“别样”两字，通过比较新颖的方式，让读者朋友尽快学好 VC。倘能达到这个目的，我将感到非常满足与开心。

读者对象

如果你从未接触过编程，那本书会告诉你一个学习的脉络，照书中的指引去有意识地补习将会很快入门。希望你学过 C 语言，学过 C＋＋语言，对于面向对象（不是面向你女/男朋友☺）编程有基本的认识。当然，如果你已经比较熟练地掌握了 C/C＋＋语言（比如你累计学了一年），那当然更好。如果你也曾用 VC“弹出”过几个对话框，但苦于不能更进一步提升 VC 技术，那么这本书将非常适合你。

本书特点

本书不同于市面上大多数的 VC 教材，采用全新的思路去引领读者学习好 Visual C++编程。主要体现在以下几方面：

① 不提倡什么“两周精通”之类的噱头词汇，因为那样往往是误导读者。技术学习的本质其实是一个不断积累的过程。在掌握了 VC 的基本编程结构与方式后，剩下的就是对于类库、API 函数的不断学习与积累。积累的时间越长，你的技术一般也越好。所以从这个意义上说，软件行业跟其他行业一样，越有经验越吃香。说什么软件是年轻人的专属，太可笑了，你调查调查去，一个有十年工作经验的架构师比一个只有一两年工作经验的“码工”身价高多少倍。所谓年轻之说，不过是告诉你，始终在一线开发会很累，但如果你真像微软公司里那些技术迷们爱着软件开发，就算编码到 50 岁退休也不嫌累；如果你不想一直编码，就向着设计师、架构师、CTO 发展啊，这些都需要经验啊。经验何来，积累！

② 学 VC 的本质是对 MFC 类库及 API 函数的掌握。用一个挺时髦的词儿来说，VC 是由不同的、十分有用的类组成的“解决方案”。这些类就像一个一个色彩斑斓的积木块，通过我们软件工程师的双手来搭建成不同的奇妙建筑。因此我们学 VC 的重中之重，就是了解清楚这些积木块。本书自始至终都秉持这样的教学理念，即“用类库的整体观念来串起整个 VC 的学习，让解决方案的思想引领 VC 的学习”，希望读者能从中领会。当你习惯于以这样的观念学习 VC 后，你会发现，.NET、Java 其实都是一回事。

③ 着眼于对信息整体流程的处理。一般的教材往往按照知识点，一个一个来安排章节教学，这样做是传统的套路，也无可厚非。但是我觉得，技术其实是一个整体，应该用一个内在的线连起来，这样会使人感到浑然天成。做过一些哪怕很小项目的人都应该有所体会吧，在项目中学到的知识比看书要深刻得多，也牢固得多。为什么？因为做项目时自己始终是围绕一个目标来进行，遇到不会的现学也针对性很强，这样自己所学的东西由一个项目整体串起来了，所以效果非常好。市面上也有许多诸如“VC 项目实战 XX 例”的书，但一般对于高手比较有用，初学者往往看不太明白，即使能看懂些，由于不是自己做的，所以跟自己亲自动手做的差远了。如何既能让初学者看得懂，又能形成一个整体感强的知识体系，是我写书时思考最为深入的问题。最后，我找到一条路——从 IT 这个概念本身入手。我们一般称呼搞软件的为做 IT 的，啥是 IT 呢？当然就是 Information Technology 喽，我们的对象是“信息”呀！所以针对“信息”处理的流程来介绍 VC 技术就成了本书的最大特色。

④ 尽量做到实用，使读者拿来就能用。本人学习技术以来，看的书不敢说有多么多，上百本肯定是有的。我十分理解真正热爱技术、想搞技术的人对于好的技术书籍的渴求：一要“有货”；二要通俗。通俗没问题，咱就是一个相声迷，写书追求的就是一个亲切自然外加小幽默。“有货”呢？我自己才疏学浅，技术有限，不敢和那些技术大牛相提并论，但有一点我可以保证，那就是我写书有个原则：尽量做到有用。何谓“有用”，那就是多给读者些实实在在的内容。曾看过一本书，大概是游戏程序开发之类的，当时我欣喜地捧起书（毕竟讲游戏开发的书还不算多嘛），结果 400 多页的书，将近 200 页在讲 C++语法，剩下的再讲讲游戏的历史，游戏的策划，最后也就没什么了。这样写出的书对真正想了解游戏开发的人有多少用处？另外，就是对于代码及一些细节要讲解详细一点。有时候技术高手往往以为某个技术点很简单不值一提，但其实未必，很多初

学者可能就会在细节上费很多工夫。我力争讲到哪个技术，大多都以自身的体会和理解来写，不人云亦云，哪怕有些不严谨之处，只要能让读者理解就达到目的了。

⑤ 部分章节加入了扩展知识与实例，算是对主干内容的补充，以给读者提供更多的技术知识。

本书第2、3章由楚雄师范学院的高永丽编写，其余各章由管皓编写。**书中所有实例的源代码请到北京航空航天大学出版社的“下载专区”中下载使用**（http://www.buaapress.com.cn/download.php?pdtid=1&pmenuid=5）。由于编者水平所限，书中的不妥或错误之处，敬请读者批评指正。

如读者有任何意见或问题，可以通过以下方式同作者联系：

Email：wudiguanhao001@163.com

作者的博客：http://blog.sina.com.cn/guanhao001（**同步免费提供书中所有源代码供下载**）

好了，现在就跟我开始全新的VC之旅吧！

目　　录

第1章

IT、C++、Visual C++

1.1 混乱之治——计算机语言百家争鸣

计算机软件技术发展至今，达到了一个繁荣时期，单单一个计算机编程语言就可以用百花齐放、百家争鸣来形容。不仅有C/C++、Java这样的通用编程语言，还有许许多多行业专用语言。这些语言各具特色，在各自所擅长的领域里发挥着光和热。图1-1是至本书截稿时止的一份编程语言排行榜。

Position Apr 2012	Position Apr 2011	Delta in Position	Programming Language	Ratings Apr 2012	Delta Apr 2011	Status
1	2	↑	C	17.555%	+1.39%	A
2	1	↓	Java	17.026%	-2.02%	A
3	3	=	C++	8.896%	-0.33%	A
4	8	↑↑↑↑	Objective-C	8.236%	+3.85%	A
5	4	↓	C#	7.348%	+0.16%	A
6	5	↓	PHP	5.288%	-1.30%	A
7	7	=	(Visual) Basic	4.962%	+0.28%	A
8	6	↓↓	Python	3.665%	-1.27%	A
9	10	↑	JavaScript	2.879%	+1.37%	A
10	9	↓	Perl	2.387%	+0.40%	A
11	11	=	Ruby	1.510%	+0.03%	A
12	24	↑↑↑↑↑↑↑↑↑↑	PL/SQL	1.373%	+0.92%	A
13	13	=	Delphi/Object Pascal	1.370%	+0.34%	A
14	35	↑↑↑↑↑↑↑↑↑↑	Visual Basic .NET	0.978%	+0.64%	A
15	15	=	Lisp	0.951%	+0.02%	A
16	17	↑	Pascal	0.812%	+0.10%	A
17	16	↓	Ada	0.783%	+0.01%	A--
18	18	=	Transact-SQL	0.760%	+0.18%	A
19	22	↑↑↑	Logo	0.652%	+0.12%	B
20	52	↑↑↑↑↑↑↑↑↑↑	NXT-G	0.578%	+0.35%	B

图1-1 TIOBE 2011年4月编程语言榜

这个图有什么作用呢？作用太大了！编程语言是程序员手中的武器啊，没有趁手的“兵器”如何练就好武艺呢？正所谓“工欲善其事，必先利其器”。《小李飞刀》里面不是有个兵器排行榜吗，上面的编程语言榜就是我们程序员的“兵器排行榜”。作为一名程序员，经常关注一下自己所使用语言的“行情”，也是十分必要的。对于想进入软件开发队伍的新手来说，选择语言应该算是头等大事了吧？经常看到的现象是一些编程新手们向老手、高手请教：我该学习哪种语言？哪种语言更吃香、更时髦？许多编程老手、高手们则甚至把自己钟爱的语言上升到信仰的高度，为捍卫自己崇尚的语言而彼此攻击论战。从这之中，我们就可以看出计算机编程语言的重要性(也许有些编程高手已经到了手中有语言、心中无语言的境界，对语言之争嗤之以鼻，但大多数读者恐怕没那么厉害，选择一门适合自己的语言还是很有必要的)。

从图 1-1 所示的编程语言排行榜中，我们可以得到哪些信息呢？

如果你经常关注这个榜单，会知道其实在之前相当长的一段时间内，Java 语言一直占据着头名的位置。是的，Java 的大名估计在 IT 圈子里混得没有谁不知道吧？看看那些招聘会里的招工启事，你就会发现要 Java 的人真不少。鉴于 Java 的火，不少人入门时就选择了它。Java 为什么这么厉害呢？其实 Java 这个名字早已经不是一个简简单单的语言的概念了，而是一个技术平台与体系。这里面包含了非常多的技术。真正值钱的，倒不一定是你 Java 语言玩得多熟，而是你对于 Java 技术体系是否谙熟于心。那么 Java 到底是干啥用的呢？我不是 Java 专家，可说不全，更不敢在这贻笑大方，但有一点认识非常深刻，那就是大型企业信息化系统。大家知道一个非常火的 CIMS 这个词吧，就是“计算机现代集成制造系统”，清华大学就有这个专业，Java 几乎就是它的钦定语言。企业是经济的命脉所在，Java 又在企业信息化中发挥了巨大作用，当然要的人多，当然火了。

但 Java 现在遇到了强有力的挑战，那就是来自微软公司的. NET 体系技术。如榜单中的 Visual Basic(简称 VB)、Visual C＃都是. NET 中的主力语言。VB 号称是最容易的语言，是初学者学习编程的一种不错的选择。我曾经学过一段，确实简单易学，尤其加入. NET 后，升级比较迅速，功能更强了。C＃现在也很火，可以说是与 Java 并驾齐驱。它是. NET 技术体系的首选语言。我曾经专心学过一段. NET 技术，学过后发现，C＃和 Java 简直太像了，有时候单看代码甚至都分辨不出。. NET 与 Java 两大技术体系，目前在外包行业中用得非常多，需求量也很大，可以说是一种“饭碗”技术，如果读者朋友对软件的学习只是出于谋生考虑，爱好无所谓的话，那随便报个学习班(比如北大青鸟)，估计也无外乎这两个。至于其他的语言，后面提到再说吧。我们这本书的主角语言可不是 Java 或 C＃，而是 C＋＋，下面我们的主角要登场了。

1.2　永恒之塔——C/C＋＋

图 1-1 中，C 与 C＋＋是分开来列的。可谁都知道，它俩几乎就是一家的。如果把它们所占的比例加在一起，已经接近 25%，超过了 Java 许多。这样的比例足以说明 C/C＋＋的王者地位。尽管一直有不少新型的时髦语言不断涌现，但这个比例却一直很稳定(即使是在 Java 最火的时候)。想想我们这代人上大学的时候(2000 年前后)，估计绝大多数的入门语言是 C 语言，绝大多数用的是老谭(谭浩强)的书。因此对于 C 语言是有特殊感情的。

C/C＋＋语言是这份榜单中资格最老的王牌语言。看看那些后起之秀们，不少是它们的后代，至少是借鉴了它们的。可以这样说，如果你精通 C/C＋＋语言，那么再学榜单上绝大多数的其他语言几乎可以说不费吹灰之力。学好学精 C/C＋＋也同样需要付出巨大的努力，一般比学好其他语言要付出更多。但付出总有回报，一个好的 C/C＋＋程序员往往会得到非常好的待遇(物以稀为贵嘛，C/C＋＋高手还是相对少的)。

C 语言的魅力在于“简约而不简单”。其没有过于复杂的语法，但却拥有强大的底层控制能力，可以充分满足程序员的控制欲。C＋＋是本书的主角，它是在 C 语言的基础上加入了面向对象方法后而成的语言，可以说是目前最为成功的面向对象语言，同时也几乎是最为复杂的面向对象语言。没有几个人敢说自己精通 C＋＋，一般敢说这话的恐怕是本科毕业生居多吧。但是你也不用害怕，其实如果我们只作为一般的应用软件开发者，根本用不着 C＋＋的许多复杂特性，掌握基本的、常用的即可。

C＋＋曾经被认为是“万能语言”，从底层到应用层甚至 Internet 几乎是无所不在。但随着 Java、C＃等新兴语言的崛起以及诸如 PHP、Python、Ruby 等快速高效的脚本语言的火热，C＋＋的领地在不断缩小。这其实是软件技术发展的必然结果。没有一种语言是万能的，最好是各司其职，在自己最擅长的领域发光发热。Java、C＃的优势是 C＋＋略显不足的，而 C＋＋的优势，同样是 Java、C＃等无法撼动的。那么 C＋＋的优势是什么的？那就是速度和运行效率。由于设计初衷的差异，运行效率是 C＋＋特别看重的。它本身就继承于偏向底层的 C 语言，所以和系统底层的贴近使它特别适合开发注重速度的应用。两个非常明显的应用，也是我非常熟悉的例子，一个就是当下非常火的网络游戏，还有就是工业控制。对于高校、科研院所搞工科的，比如搞机电控制、机器人的，玩单片机、嵌入式的，C＋＋的身影到处可见。对于科研部门的软件工程师来说，C＋＋的使用应该是非常广的(当然 C 也很广，但我不想总把它俩拆得特清)。

1.3　C/S 与 B/S

目前的软件开发有两大主流架构，即 C/S(客户端/服务器)和 B/S(浏览器/服务器)。我们使用的 QQ，就是典型的 C/S 模式的软件。它要求客户端(比如你用 QQ，那就在你的电脑上)下载安装客户端软件，而后通过与强大的服务器的通信来实现各种功能。B/S 架构的软件其实是 C/S 的一种特例，只不过是客户端不用安装特别定制的软件，只安装个浏览器就行了。传统的软件大都是 C/S 架构的，近些年来，Web 技术大行其道，B/S 架构日渐火热起来，所以你就看到了图 1－1 榜单中 PHP 的如日中天。现在很多人把 B/S 挂在嘴边，一些应用在逐渐由 C/S 向 B/S 迁移，看似好像 C/S 已经没落，而要被 B/S 取代一样。很多人跟风学 PHP、. NET，学 Web，弄 B/S 估计就是感觉 B/S 有前途，很火的缘故吧。

其实两种架构各有优势，并没有什么优劣之分。我们这本书的主角是 VC，它以开发 C/S 架构软件为主。因此，我们的着眼点就放在 C/S 架构上。C/S 好不好呢，火不火呢？初学者可能会这样问。我的回答是：当然好，当然火了。举两个例子，你就没话说了：一个是 QQ；另一个是网络游戏。这就够了吧！都是大大有“钱”途的呀。我们学技术当然是为了能有个好“饭碗”，要不学它干啥呢，对不对？我们学好了 VC，就为开发 C/S 架构的软件打下了良好的基础；网络游戏公司的程序开发人员待遇一般也是不错的。所以为学习 VC 所付出的努力是非常值得的。

图 1－2 所示为 C/S 与 B/S 架构的示意图。

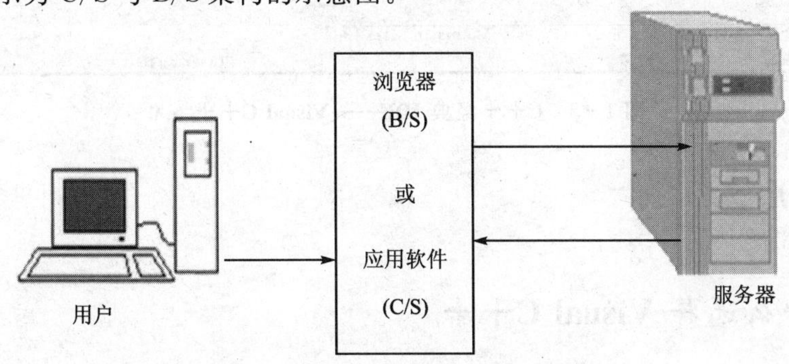

图 1－2　C/S 与 B/S 架构示意图

1.4 我们的 IDE——Visual C++

IDE(Integrated Development Environment,集成开发环境)是专门为方便程序员开发程序用的应用软件。它把程序的编辑、编译、调试、运行等都统一集成在一起,大大加快了程序员开发软件的速度和效率。可以说,现在一般的软件开发都离不开 IDE 的使用(当然也有一些大牛愿意使用文本编辑器写程序,再编辑、编译,那就另当别论了)。

本书的主角——Visual C++,就是我们开发 Windows 下应用程序的 IDE。请注意这句话,Visual C++是 IDE,许多初学者往往会问一个非常外行的问题——学 C++好还是学 Visual C++好?其实,这两个是不能相提并论的。Visual C++是我们利用 C++语言开发 Windows 程序的工具,而不是一种语言。C++ Builder 也是开发 Windows 程序的一种 IDE,所以 IDE 并非只有 VC 一种,但 VC 是最主流的。

VC 的版本已经更新到了 Visual C++ 2010 了,Visual C++ 6.0(简称 VC 6)以后的版本都是基于.NET 平台的。但有一个有意思的现象,就是 VC 6 仍然是使用者最多的。为什么呢?我也是使用 VC 6 的,我自己给出的原因是:

① VC 6 足够高效、轻巧;.NET 太臃肿,我不喜欢。

② .NET 技术体系中 C#才是主角,VS 98 中 VC 6 是主角,VS 98 作为经典的开发环境积累了大量的程序,因此有很多学习的例程,这些都是很宝贵的财富。

VC6 的经典界面如图 1-3 所示。

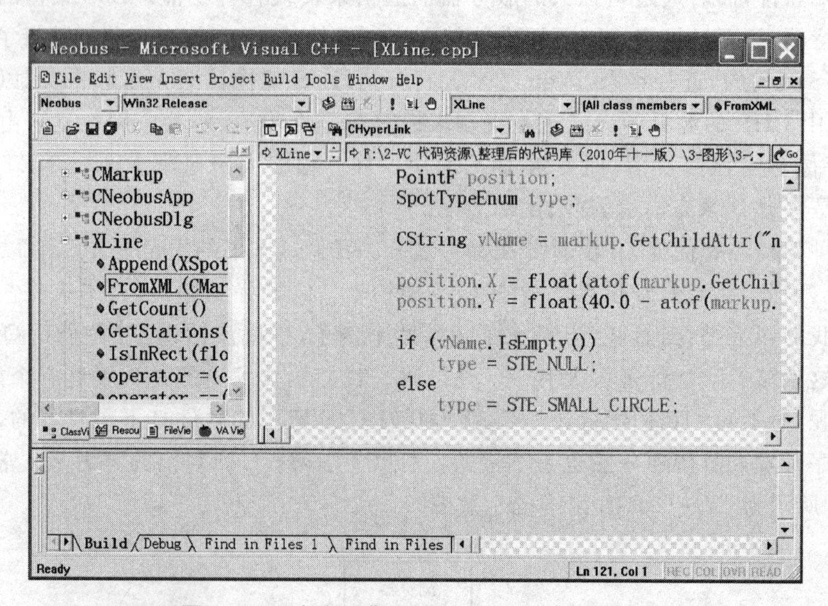

图 1-3　C++经典 IDE——Visual C++ 6.0

1.5 多说几点

1.5.1 为什么选择 Visual C++

C/C++语言作为最为经典的程序设计语言发展到今天,已经非常成熟与稳定,而且在无数的聪慧的软件大师、程序员的努力下，积累了大量优秀、经典的代码。这些代码资源是后来软件开发者及相关 IT 从业人员非常重要的宝库。通过学习前人高手的代码，可以让我们更快登堂入室、少走弯路，更快地向开发高手迈进。可以说，C/C＋＋语言是计算机软件技术发展以来影响最大的语言，没有哪种语言的影响力可以与之比肩。而同时，C/C＋＋的代码资源也是最为丰富的，所以即便是从学习资料方面来考虑，选择 C/C＋＋也是非常明智的。

C/C＋＋的语言特性非常丰富。C＋＋融入了面向对象思想非常多的特性，以致使它变得有些复杂，学通学精它不容易。后来者如 Java、C＃都针对它其中非常复杂易出错的部分进行了剔除或改进，最为典型的就是指针与多继承。其实我们可以反过来想，正因为它特性丰富，我们才可以学到更多的东西；否则，你学 Java，说它去掉了指针更安全，你连一点感觉都没有，为什么更安全，指针到底有什么不安全的？恐怕只有谙熟 C＋＋才会对这些东西理解体会得更深刻。况且，如果你连最不好学的 C＋＋都学会了，其他的任何语言还不都是小菜儿吗？选择学习C＋＋，值得。作为 Windows 平台上利用 C＋＋开发软件的 IDE，VC 绝对是首选。因为它的开发者是微软公司。这层关系摆在这儿，不选它选什么呢？一般学技术，选个腿粗的来抱不会错。微软公司的综合软件技术实力是所有软件公司里最强的，所以学习它的技术你不会吃亏。当然，凡事都不能绝对化，也要看看其他开发者在用什么。从这点看，Windows 平台 C＋＋开发用得最多的也就是 VC。所以综合考虑，选择 VC 没有问题。

IT 世界里的竞争从来都是残酷的。就连软件霸主微软也是时刻感受到来自其他公司的威胁。近几十年的软件发展史可谓是跌宕起伏、趣味横生的一段历史。建议大家有空可以了解了解，比如 Borland 与微软的 IDE 之争，Sun 与微软的恩怨导致的 Java 与.NET 对立，等等。从中读者可能品味出一些东西，对于技术的判断也能增加一些认识。

1.5.2　别忘了我们的平台——Windows

我们编写软件不能在光溜溜的硬件板上，而是要依托一个平台——操作系统（当然，如果你能绕过操作系统写个商用 BIOS，那你就可以笑傲天下了，直接去微软公司做个技术总监吧）。

现在流行一句话：伟大的梦想需要实现的舞台。再好的创意没有实现的平台也是白扯。我们编写程序需要的最重要的平台就是操作系统。不同的操作系统有不同的特性、不同的编程接口与编程模式。因此，要想开发出优秀的软件，需要对于开发软件所依托的操作系统非常熟悉。现在有两大主流操作系统：Windows 和 Linux/UNIX。Windows 是大众最为熟悉的，因为它是应用最为广泛的客户端操作系统；而 Linux/UNIX 则是服务器端操作系统。近些时期，随着 Ubuntu 等桌面型 Linux 版本的逐渐发展，Linux 的桌面份额有所上升，但和 Windows 仍然无法相比。Windows 的用户最多，我们选择它没有问题。我们选择 VC 编程，因为它就是用来开发 Windows 操作系统环境下的应用程序的。利用它，我们既可以直接利用 Windows 提供给我们的 API 进行编程，也可以利用经典的类库 MFC 进行开发。前者主要是 C 模式，后者则是 C＋＋模式。在本书中，主要针对 C＋＋模式的 Windows 程序开发，也就是 MFC 编程。

既然是在 Windows 上开发，我们就要知道 Windows 程序是什么样的，有什么特性？这对于用过无数 Windows 软件的你也许不是大问题，毕竟 Windows 下的软件大都一个样嘛。但这只是对于大众用户的要求而已，而作为软件工程师的你当然不能就此止步。你要更深入一步，了解 Windows 注册表是怎么回事，怎么用；了解 Windows 的硬件驱动是怎么回事，等等。再往下，你就得知道 Windows 操作系统的基本内核是怎么组成与运行的，Kernel.DLL、USER.DLL、GDI.DLL 是干什么用的，等等。这些你可以不深究，但知道个皮毛对于以后的开发都是大有益处的。

虽然 Windows 不开源，不过还是有许多介绍其原理的书籍，你有必要看一看。最后，最重要的一点，就是 Windows 给程序员的编程接口，也就是常说的 Windows API，通过它们我们基本可以了解一个大略的 Windows。请有空看一看介绍 Windows API 的书籍，最好日积月累地记住一些重要的有代表性的 API 函数，这一点很重要，是学好 VC 的根本保障。

1.5.3 编程的背后

编程是什么？很多人以为：不就是在键盘上敲敲代码么。当然，编程的外在表现就是在键盘上敲代码，可是在这背后却蕴含了太多的东西。许多人学了点语言，编了点例程就觉得是在编程了，其实这还差得很远；许多人利用 VC 能够"弹出"个对话框实现一些能交互的小功能后就觉得会编程了，实际远非如此。要想成为一个好的软件开发工程师，需要学习非常多的东西。建议读者朋友，如果想在软件方面有所发展，多去学习一些与软件开发密切相关的知识。这其中最为重要的是数据结构与算法、操作系统、数据库、多线程、网络 TCP/IP、软件工程、设计模式。如果你不是计算机科班出身，那么建议你去著名高校的计算机系下载一下人家的课程表，看看计算机技术的基本知识体系是什么样子的，这样对于自己知识结构的整体把握是很有好处的。

同高手的交流也是非常重要的。你可以直接向他们请教，也可以通过读他们写的代码间接地向他们学习。这其中，一方面是向他们学习技术，另外他们有很多是业内人士，通过与他们交流你可以了解到现在 IT 的行情，不同工种的工作内容等。总之，闭门造车是不利于自己的长远发展的。入门易，学精难。计算机技术的学习与掌握需要不断学习、实践与积累。多看书、多动手写代码是成为高手的不二法门。

1.5.4 Visual C++学习路径

学好 VC 并不容易，如果没有一个好的方法，东一榔头西一棒子地去学，效率低下不说，还会影响自己的学习积极性。如果遵从一些过来人的经验就会少走很多弯路，更加快速和顺利地踏上利用 VC 开发 Windows 软件的大路。

首先，你要学好 C/C++，这是语言基础，否则先去补一补，不然根本无法学 VC。我们主要提倡用 MFC 编程，所以 C++成为必要（用 Windows API 编程模式只需要 C 语言基础，但难度过大）。当然，也不用特别害怕，作为初学者对于 C++的掌握点到为止即可，因为 C++有许多复杂特性，初学者没必要深究，掌握最基础的东西够用就行了（封装、继承、多态、基本库就是最基础也是必须掌握的，多继承、模板、STL 等可以暂时不掌握）。

尽管我们用 MFC 编程，但首先要学习一下 Windows 程序的结构，了解 Windows 程序的运行原理。MFC 只是对于 API 模式的 C++封装，所以理解 Windows API 模式原理对于学习 MFC 是非常有帮助的。熟悉、掌握 MFC 类库是学 VC 的主要学习内容，对类库的掌握程度决定着 VC 水平的高低。

最后就是本书特色了，那就是着眼于信息整体处理流程的处理过程，形成自己的"技术解决方案"。通过这样的方式，读者会更加深入地理解 VC 各个技术点的用途，以避免由于琐碎知识点的拼凑而造成的"只见树木不见森林"的状况。相信本书会使你对 VC 的学习更有成就感。

第2章 Visual C++基础

2.1 先利其器——安装必备工具

首先来搭建我们的开发环境。准备好 Visual C++ 6.0 的安装光盘或者 ISO 文件用虚拟光驱安装。VC 6 的安装文件不大，比起现在动辄几吉字节的安装软件来说非常轻量化。好处是便于携带，有时拿个不大的 U 盘就能装下，在偶尔没有带自己的笔记本电脑的情况下，可以随时装在其他计算机上。这也是我比较喜欢它的原因之一。现在用 VC 开发有一个非常好的插件工具——VC 助手。这个工具具有非常好的智能提示性能。用过.NET 环境的人可能知道那上面有很好的智能提示功能，VC 6 本身由于大小的限制这方面稍逊。VC 助手出现后，大大提高了 VC 6 的开发效率，而且其本身非常小，也就四五兆字节而已。图 2-1 所示就是安装好 VC 助手后启动 VC 6 的界面。VC 里添加了一些 VC 助手的工具按钮。

图 2-1 安装 VC 助手后的启动界面

接下来要安装的就是最为重要的工具——MSDN(Microsoft Developer Network)。一般软件都有一个很重要的选项——帮助文档，其功能在于帮助软件的使用者能够尽快熟悉起软件的操作。"帮助"文档是软件的用户说明书，可以说是该软件最为权威和可信的文档资料了。对于用户来说，学会看帮助文档是一个好的习惯。许多初学者往往喜欢买书来看，这当然无可厚非，但当自己到了比较高的段位后，应当学会并习惯于看帮助文档。其实，当你对某方面的书看多了之后，你会发现许多市面上的书就是在大抄、翻译"帮助"上的东西。当然，如果你想省省眼睛，只当是买份打印精良的文档，但是就写书本身来说，这种没有原创性的东西其实不怎么样。MSDN 是进行 VC 开发的权威帮助文档。它其实是微软公司推出的一种网络服务，获得又全又新的内容往往需要付费，作为一般开发人员只要有个安装文件安装在计算机上就够了。MSDN 包含的内容非常多，可以说 Windows 上的技术它大都含有，并不只限于 VC，因此完整的 MSDN 安装文件非常大，一般大约为 2 GB。但是我们往往也并不需要那么多内容，查查 MFC 类库和常用 API 函数也就够了，因此有个精简版就够了。精简版也就七八十兆字节，也很轻便，利于同 VC 安装镜像文件一起放在 U 盘里，随时随地携带拷贝到相应的开发计算机中，非常方便。

安装 VC 的同时会安装许多工具，如 Spy++，ActiveX Control Test Container 等，这些工具对于开发的各个方面都有很好的帮助，读者可以在开发中逐渐熟悉它们的使用。一般在安装 VC 6 的最后还有一个提示，就是安装 Install Shield 工具。它是一个用来制作应用程序安装盘的非常好的工具。大家知道，在 Windows 下安装软件都有一个比较通用的界面模式，Install Shield 就是干这个用的，它可以很轻松地为用户编写的应用程序制作出非常专业的安装界面。另外，有时候用户在用 VC 6 进行开发时，经常发生 Linking(也就是链接)阶段卡死的现象，这时需要安装一个补丁 MSDN。这个补丁还是挺有用的，读者可以自行下载。图 2-2 所示为 MSDN 与 Install Shield 的安装界面。

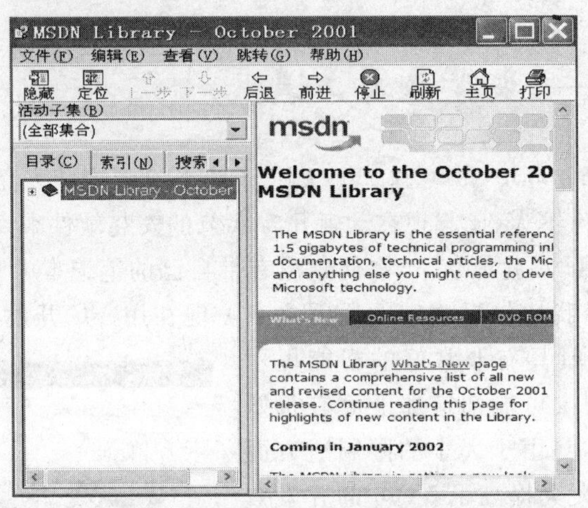

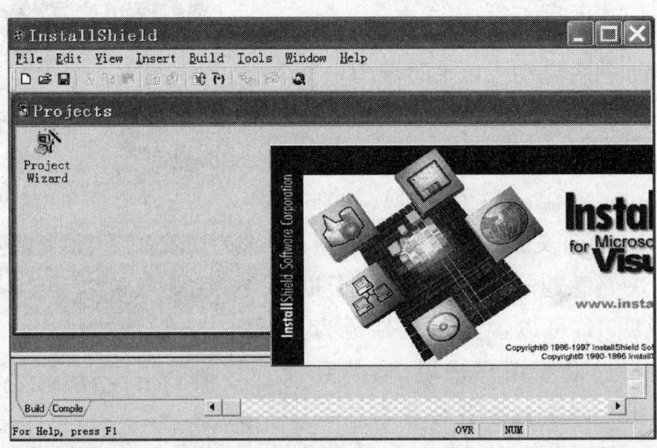

图 2-2 MSDN 与安装程序工具 Install Shield

2.2 开发环境

好了，如果你已顺利安装好了所有必需的开发工具，现在就来看一看 VC 6 的开发环境。运行 VC 6，打开一个存在的工程文件(扩展名为.dsw)，此时一个集成开发环境就呈现在眼前，如图 2-3 所示。

这个界面非常经典，它是一个“三分式”的界面。最下面是一些输出信息的显示，最常用的是编译过程信息。在输出窗口上面，左侧是一个分页显示窗体，里面的前三项是 VC 自带的，为类视图窗口、资源浏览窗口、源文件浏览窗口，后两个是 VC 助手添加的，用于方便查看工程中的文件和符号等。右侧则是主窗口，用于编辑源代码。其他部分就是经典 Windows 式的菜单和工具栏。VC 6 提供了一些很有用的工具，包括 AppWizard、Class Wizard、Resource Editor。

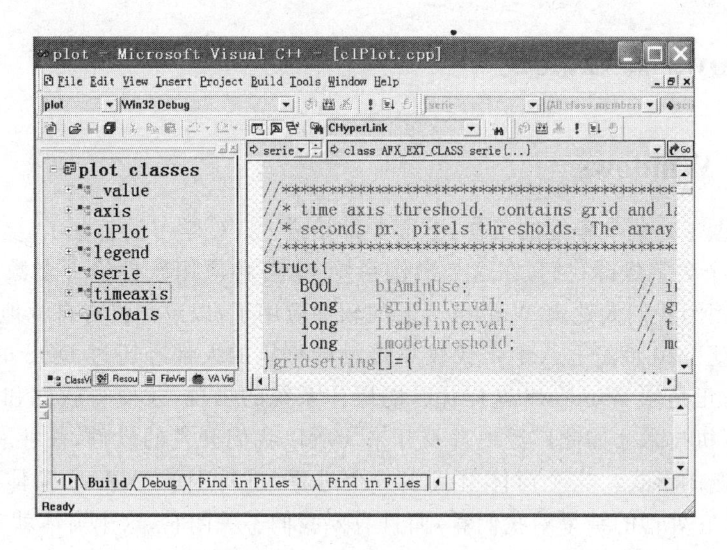

图 2-3　VC 6 的集成开发环境

AppWizard(应用程序向导)用来制作各种应用程序的骨干框架。它其实算是一个代码自动生成器。通过像是填表单一样的轻松过程就可以形成一个可运行的程序。当然,我们不能简简单单地停留在这么简单的事情上,而是要看透生成的代码本身,要注意在勾选某一项时,AppWizard 到底添加了哪些内容。比如勾选了 Windows Socket 支持,看看生成的代码中添加了什么(后面会讲到)。这样,逐渐会更加深入地了解 VC 的运作机制。

ClassWizard(类向导)用来添加类及类中的一些消息处理函数等,非常方便,如图 2-4 所示。许多 VC 6 的程序员刚刚转到 VC.NET 的时候就因为 ClassWizard 的取消(.NET 中没有此工具)而很不适应,有的甚至觉得不方便又回到 VC 6,足见此工具对于老 VC 程序员们的影响力。

Resource Editor 用来编辑资源,如菜单、工具栏、位图等。

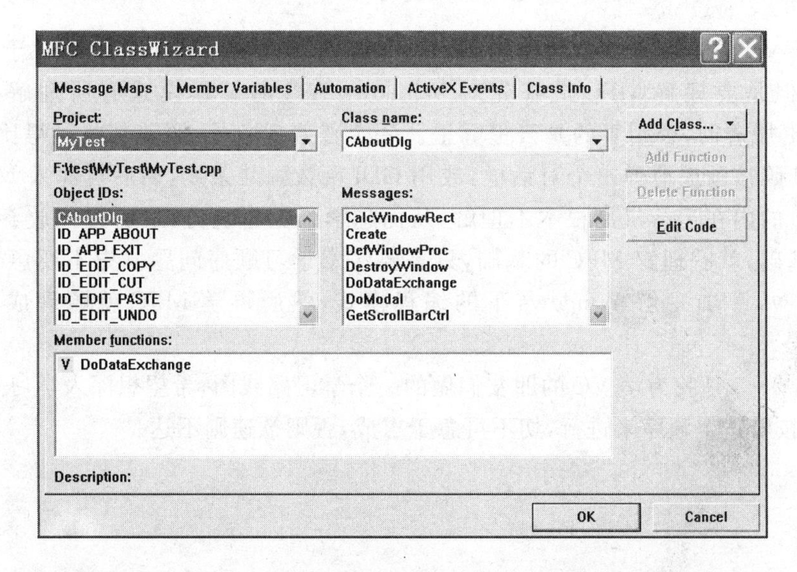

图 2-4　VC 6 下非常重要的开发工具 ClassWizard(类向导)

2.3 Windows 编程概述

2.3.1 关于 Windows

前面主要是做了一些准备性的工作,下面要开始进入 VC 学习的正题了。

Windows 这个名字告诉我们,在这个操作系统上,各种应用软件绝大多数是由一个个窗体构成的。可能是因为我们太熟悉 Windows 上的软件应用了,以致都没有自觉地回味一下这其实是多么伟大的成就。20 世纪七八十年代较早接触计算机的人都经历过 DOS 时代,那黑乎乎的窗体多么不友好;正是像 Windows 这样优秀的操作系统的出现,才使得软件和人之间的交互变得如此容易,计算机技术才如此广泛地普及开来。所以我们开发的软件,往往有个窗体,这是最为常见和最为普遍的形式。这个窗体就代表一个进程(进行中的程序)。窗体就是这个程序的"脸面",用来显示它处理的结果给我们看,而且只要我们不关闭它,这个窗体就一直显示在那里,随时等候指令(用户的输入),这与传统的那种有头有尾黑屏控制台程序完全不一样。在这里"程序"与"窗体"是相伴而生的,一个"灵魂"(Application 应用程序)一个"肉体"(Window 窗体)。这一点对于我们理解 Windows API 编程模式很有帮助。

在前面我们曾经提到过,Windows 是我们的编程平台,作为开发者就要对此操作系统有更深入的了解,这样会非常有利于我们的 VC 学习,比如对于多线程、多进程和动态链接库(Windows 中广泛采用的技术)的理解。建议读者:

① 看一看关于操作系统原理的书,对于操作系统的基本构成有个总体了解。这样可以对于 MFC 类库甚至一般类库的划分也有一点认识。

② 多仔细观察 Windows 上的软件,看看它们的界面有什么模式、共同点,这样对于界面开发会有所启发。

2.3.2 Windows 下编程的学习顺序

前面对于 VC 的学习方法中已经提到,这里讲 VC 的学习,其实主要是对于 MFC 类库的学习与使用,但是要理解 MFC 最好先对 Windows API 的编程模式有所理解,这样才能对 MFC 理解得更加透彻,否则真的是云里雾里。一个普遍现象是:照着某些写得比较简略的书,用 AppWizard 照猫画虎地弹出个对话框,或用 GDI 函数画几条线,而后再深入 MFC 就困难重重了,对 MFC 的内在运行机制根本不理解,从而越学感觉越吃力,最后往往放弃。其实,只要有 C 语言的基础,就有理解 MFC 的基础,只是要注意学习顺序问题。先不要急着学 MFC,应先学点 Windows API,理解 Windows 下的编程模式,然后再学 MFC 就顺理成章,可一气呵成了。

下面的图 2-5 是我为学 VC 的朋友们做的一个学习路线图,希望想深入学习 VC、真正学好 VC 的朋友们按着这个顺序来进行,切不可急于求成,否则欲速则不达。

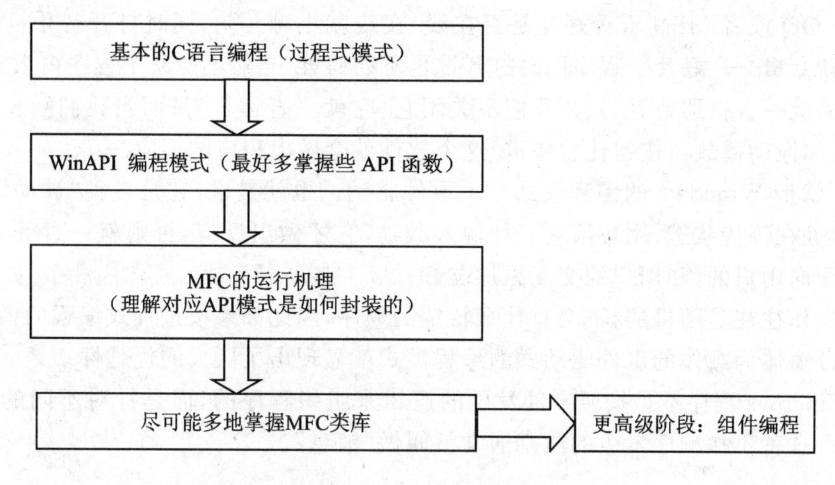

图 2-5　掌握好 VC(着眼于 MFC)的学习顺序

2.4 Windows 编程模式

2.4.1 过程式编程模式

在学习语言时,第一个例子一般都是经典的“Hello World!”程序。这个程序最早起源于 C 语言发明人的经典著作“The C Programming Language”。具体在 C 语言里的形式是:只有一个主函数 main(),在标准输出设备(显示器)上输出“Hello World!”。其代码如下:

```
#include<stdio.h>
int main(void)
{
    printf("Hello World!");
    return 0;
}
```

这是一个经典的过程式的程序,它是一个控制台程序(运行于 DOS 下,黑底白字那种)。这样的程序的共同点是:都有且只有一个入口函数,也就是主函数——main()。可以在主函数 main()中调用其他函数来完成各种各样的功能。但是所有的函数调用以及执行都是按照程序员事先预定好的顺序来进行的,这就是最初的过程式编程模式。

过程式编程应该是老一代程序员都经历过的,即使现在它也是学习编程的基础模式。它主要就是有顺序、选择、循环 3 种程序结构组成一个语句序列来完成特定的功能。由于执行的顺序都是预先定好的,因此它与用户的交互性较差,界面也不友好(老是那种黑底白字的样子很枯燥)。过程式编程在面向对象兴起之前是占主导地位的。现在有很多人都觉得过时了。一些初学者动辄把面向对象挂在嘴边,把面向过程视作淘汰的东西。其实,这是非常错误的。面向过程是非常基础的东西,即使是在面向对象编程中,最为基础性的编程因子还是用面向过程的方法来写的。因此,学好过程式语言(如 C 语言),熟练掌握过程式编程,是一项很重要的基本功。

2.4.2 Windows 的全新编程模式——事件驱动式编程

下面来看 Windows 下的编程模式。

回想一下人们一般是如何使用 Windows 上的软件的。我们经常是这样:打开 IE 浏览器看看网页，打开 QQ 或者 MSN 看看好友是否在线，在线就小聊几句，同时打开音乐播放器听听喜爱歌星的最新专辑——好几个程序同时打开谁也不妨碍谁（当然不能某个程序占太大内存）。这些程序打开后就一直在那待着，只要我们不关闭它，它就一直运行着；而当我们触发软件上的某个操作时（比如拖动播放器按钮让它快进）这个软件就会做出相应的反应。

其实，这就是 Windows 的编程模式——事件驱动。也就是说，它是一种"被动"的模式。程序运行了，就处在等待状态，用户给它一种输入激励，它才做出反应，否则就一直等下去。显然，这种模式是面向用户的，和用户的交互更加友好。

用户的操作往往是随机的，不会有什么特定的顺序，因此如果按过程式编程的模式就不太合适了。这种以窗体为载体的事件驱动式的编程模式就显现出了巨大的优越性。

可见，Windows 程序不是按照事件发生的逻辑来组织程序的，而是针对不同的激励来安排程序执行的。这种不按顺序发生的激励通常就叫做"消息"。

2.4.3　Windows 系统的消息(Message)

消息在 Windows 程序设计（这里包括 API 方式、MFC 方式等）中是非常重要的概念。该如何理解它呢？学过工科的，尤其是偏向机电、控制、计算机方向的人估计都学过"微机原理"这门课。这门课最重要的内容就是告诉了我们 CPU 的工作原理。对 CPU 工作原理的理解是一个软件达人（比如黑客）必备素质之一。CPU 的工作原理中有一个重要的方式就是"中断"。何谓中断呢？就是当 CPU 外部接口有事件发生时（比如串口接收到数据了），CPU 此时接到通知，如若事件比较紧急，CPU 赶紧把"手头的活"放一放，去处理这个紧急的外部事件。由于外部事件是不确定的，CPU 是没有事先准备的，所以就称为中断，就是说打断了 CPU 正在执行的工作（另外一种 CPU 主动去查看外部端口有没有事件发生叫"查询"或"轮询"，显然中断方式使 CPU 的工作效率更高）。其实，"消息"正是对于 CPU 的"中断"方式在软件层次上的一种模拟：一个窗体生成了放在那里，你单击鼠标，它就有所反应，不单击它，它则啥都不干。看看，是不是很像呢？

在 Windows 系统中，消息是一种数据结构（C 语言中的结构体），其中包含消息名称、一些相关参数以及处理这个消息的指针。比如单击鼠标左键，就会触发鼠标左键单击事件，此事件通过消息的形式通知 Windows 系统。如果程序中有针对此消息的处理函数，Windows 就会调用你的处理函数；否则，就按 Windows 默认的处理方式。根据消息的来源不同，一般有：

① 输入消息：包括鼠标、键盘的输入。此类消息会被 Windows 放入消息队列，由应用程序来处理。

② 控件消息：主要是与 Windows 控件，如按钮、文本框等通信。此类消息一般不经过消息队列，直接发到控件对象上去。

③ 系统消息：如创建窗体等消息。

④ 用户自定义消息：这类消息是用户自己定义的。这类消息十分重要。比如，你要编个类似 QQ 的软件，那就得好好规划一下自定义消息，如系统登录、好友在线等。在通信程序中，用户自定义消息非常重要。

2.5　Windows API 编程

按照既定的学习顺序，下面应该开始学习 Windows API 编程模式了。Windows API 编程模式是 Windows 程序开发最为基础的模式，后面所要学习的 MFC 就是对 Windows API 模式的面向对象层面的封装。从上面这句话你也应能领会，Windows API 模式不是面向对象层面的，对，它是 C 语言模式的。

作为一个成功的操作系统，提供给用户（这里指程序员）编程接口是非常重要的。Windows 有，Linux 也有。Windows API 可以说是当今世界上最为著名的 API。Windows 本身也是基于 API 实现的。所以，只有学习好 Windows API，才能真正理解 Windows 系统及 Windows 应用程序，MFC 当然也不在话下。由此可见，掌握好 API 才是在 Windows 上编程的根本。

现在 Windows 上的类库不少，像 MFC、.NET 等的出现使得 Windows 开发变得越来越容易了。有许多初学者觉得，一说 API 编程，就是低效、落伍的代名词，这是非常错误的。虽然我们比较少用 API 模式编程，但是理解它是非常必要的，用句流行的话说就是："那是必须的"。关于 Windows API 模式的学习，给大家推荐不朽经典——Charles Petzold 著的《Windows 程序设计》。

2.5.1 C 程序与 Windows 程序的比较

先不引入消息循环的概念，而是例举一个最为简单的 Windows 程序，和 C 语言的程序做一个比较，让大家有个感性的认识。

先把 C 语言那个最经典的程序重写一下：

```
#include<stdio.h>
int main(void)
{
    printf("Hello World!");
    return 0;
}
```

这个程序除了包含入口主函数 main()外，还包含一个 #include 声明，一个运行库函数 printf 和一个 return 语句。stdio.h 称为头文件。

下面我们照着以上格式也写个类似的 Windows 程序，看看是什么样子的。

首先打开 Visual C++ 6.0，选中"File"|"New"新建一个工程，在选项里有许多选项，如图 2-6 所示。选择不同选项可以进行不同类型 Windows 程序的编写。这里我们选中"Win32 Application"一项。意为要进行 Windows API 程序的编写。

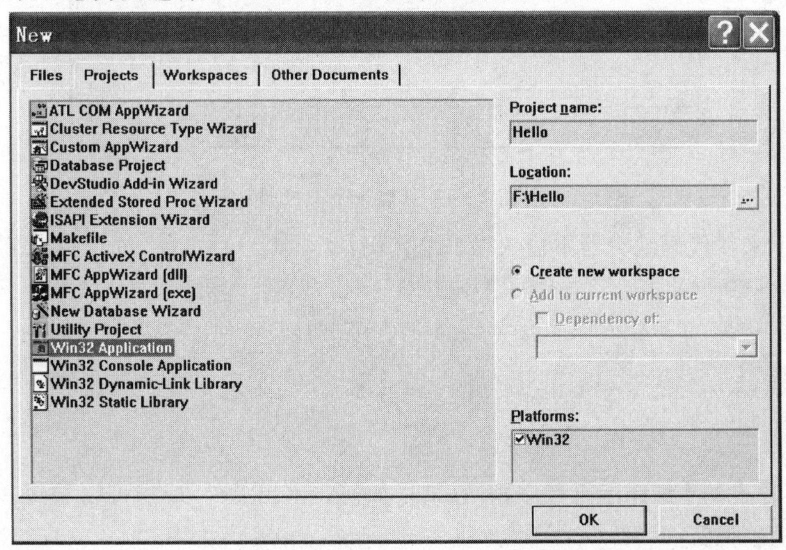

图 2-6 新建一个 Win32 工程

单击“OK”按钮后，出现图 2－7 所示的界面。这里有 3 个选项供选择，我们先选择“An empty project”。因为后两项系统都会为我们添加代码，这里为了向读者展示一个最简单的 Win32 程序，所以选了第一项。单击“Finish”按钮完成工程的创建，如图 2－7 所示。

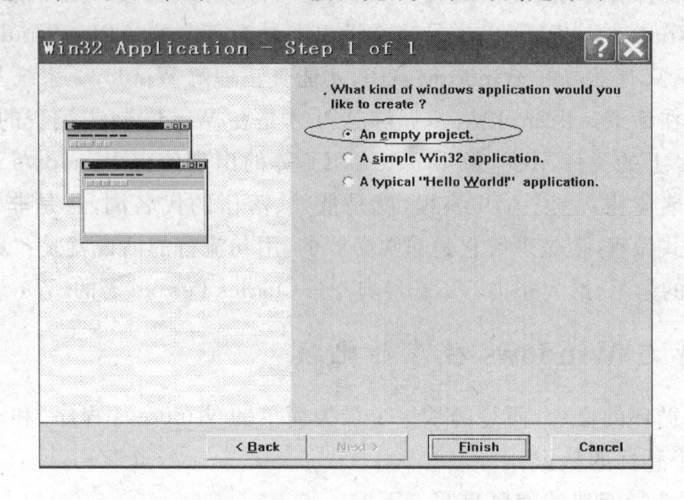

图 2－7　新建一个 Win32 空的工程

由于我们的工程还是空的，因此要新建一个文件。我们新建一个 hello.c 文件。注意：扩展名.c 不要忘了写，因为我们此时是在按 C 语言的模式来编程的，如图 2－8 所示。

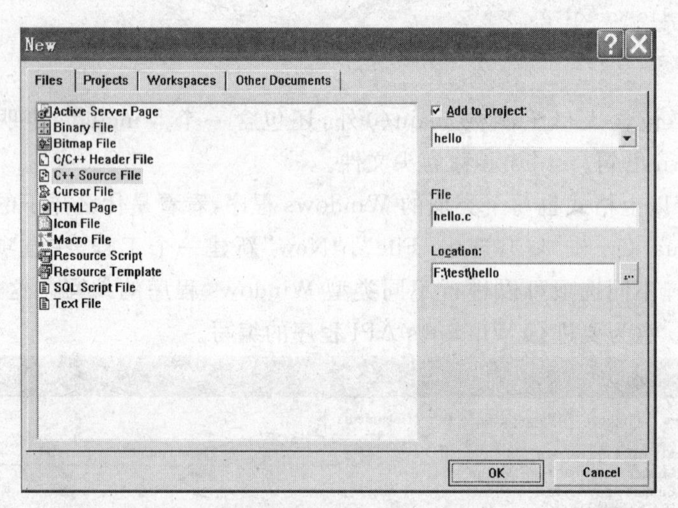

图 2－8　新建一个 C 文件

好了，接下来在代码编辑器中输入以下源代码：

```
#include <windows.h>        //使用 Windows API 必须包含的头文件

int WINAPI WinMain( HINSTANCE hInstance, HINSTANCE hPrevInstance, LPSTR lpCmdLine, int nShowCmd)
{
    MessageBox(NULL,TEXT("Hello,World"),TEXT("hello"),0);
    return 0;
}
```

单击工具栏上的 ! 编译运行程序，看看结果如何。不出意外，应当可以看到一个对话框的弹出。怎么样，简单吧？

下面来分析一下这个和以上的 C 语言经典程序等价的 Windows 程序。与 C 程序对应，它有一个#include声明、一个程序进入点主函数WinMain()、一个函数调用MessageBox和一个ruturn语句。看一下区别：#include包含的头文件由stdio.h变成了windows.h；主函数main()变成了WinMain()；主函数的参数变成了4个；printf函数变成了MessageBox。哇，其实多么相近啊！是不是非常有意思呢？看来和以前所学的黑底白字的C语言程序还是很相近的嘛，只是我们的平台从控制台(Console)变成了可以有窗体的Windows操作系统上了。我们所要关注的就是一些与平台(Windows系统)有关的东西。下面就来看一下这些新东西吧。首先看头文件windows.h。windows.h是Windows程序设计中的一个主要包含文件，它定义了我们进行Windows程序设计中的数据类型、数据结构、常数、函数原型。

再看主函数。同C语言不同，Windows程序设计中的主函数是WinMain()，它的原型是：

```
int WINAPI WinMain(HINSTANCE hInstance, HINSTANCE hPreInstance, LPSTR lpCmdLine,
                   int nShowCmd);
```

WinMain函数返回一个int类型值，WINAPI是指示编译的识别字。所谓指示如何编译就是规定在编译时告诉编译器如何生成二进制代码、函数参数的入栈顺序、参数放置位置等。其实WINAPI的定义如下：

```
#define WINAPI _stdcall
```

_stdcall就是Windows下程序的通用函数调用方式。

WinMain的第一、二个参数都是HINSTANCE类型的，它叫做句柄类型。句柄是个啥类型呢？和指针有点相似，可以把它理解为Windows为每个程序或资源分配的一个编号，以便查找。第一个参数是指示当前程序执行实例的。第二个参数由于历史的原因永远置零就行了。第三个参数为LPSTR类型，其实就是指向字符串的指针，指向什么字符串呢，一般就是程序启动时的一些命令参数。最后一个参数指示了程序最初的显示方式，如最大化显示、最小化显示等。

MessageBox函数的作用相当于C语言里的printf，用于显示比较短的信息，只不过此时的平台是Windows了，所以显示形式也变成了对话框式的了。MessageBox函数有4个参数(注意：一般刚学Windows程序设计的感觉API函数的特点就是参数多，这点其实可以理解，因为我们的平台变得复杂了，有了更多的东西，因此参数就会随之增多)。

4个参数的含义如下：第一个指的是所在的母窗体的代号，没有就写NULL；第二个是窗体显示的内容；第三个是窗体标题上显示的内容；第四个是弹出的MessageBox的风格。想必你也见过许多不同风格的吧。如仅有一个"确定"按钮，就是MB_OK；一个"确定"加一个"取消"就是MB_OKCANCEL。还有许多，这些符号都是用#define定义的一些系统常量。有兴趣的读者可以自行到MSDN中查看。

好了，这个最简单的Windows程序就讲完了，真是和C语言的"Hello World!"有异曲同工之妙啊。

2.5.2 真正的Windows程序

以上通过与经典的C语言程序作对比分析了一个可以说是最简单的Windows程序，让大家有了个感性认识。但是不得不说，其实它还算不上一个真正的Windows应用程序。为什么？很简单，正如前面所说，Windows平台上真正有用的程序必须是针对用户的输入，根据消息随时做出反应的程序，也就是消息驱动的。可是，我们这个最精简的程序是没有消息处理功能的，因此它是不完备的。下面就要开始分析一个真正意义上的Windows API模式的程序了。第一步还是新建一个Win32 Application工程，我们取工程名为"hi"。而后选择"A typical 'Hello

World!' application”,如图 2-9 所示。

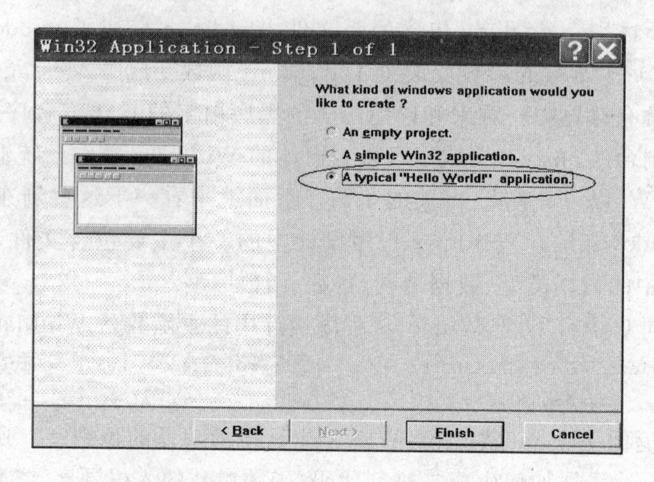

图 2-9 选择一个 Win32 程序类型

单击“Finish”按钮,这时系统就为我们生成了一个添加好基本代码的程序。

编译运行一下,运行结果如图 2-10 所示。这个程序已经具备 Windows 上程序的基本要素——标题栏、菜单栏、关闭按钮等,单击相应的选项,就会有响应(如单击“Help”菜单下的“About”选项就会弹出一个对话框),可见其有了消息处理能力。

下面我们来解读这个经典的 Win32 程序,如图 2-11 所示。

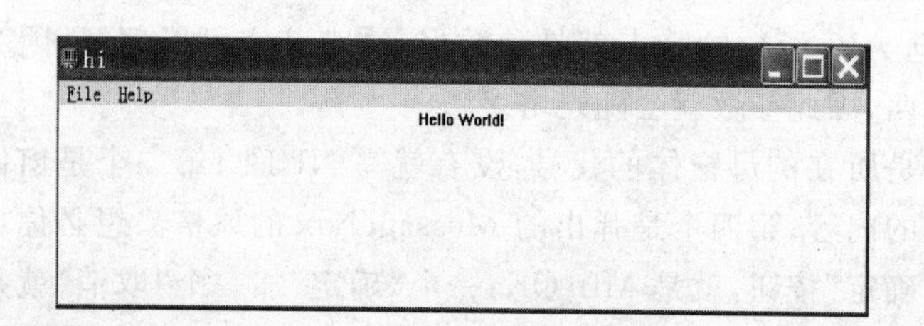

图 2-10 Win32 程序运行结果

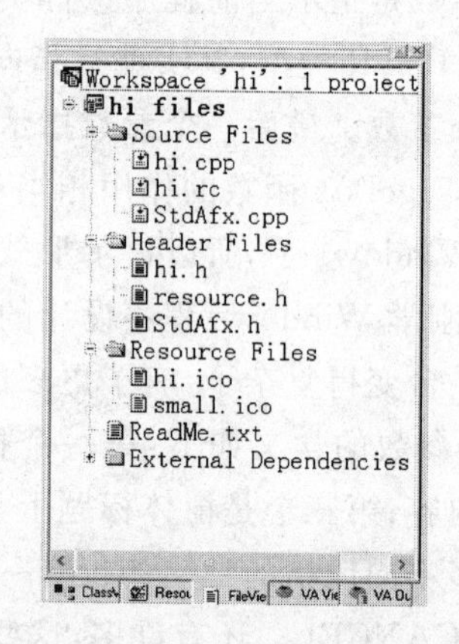

图 2-11 Win32 程序所含文件一览

整个工程包含 4 个文件夹。

Source Files:是程序的主要实现部分,有 C、CPP 等文件,包含了应用程序的类、函数的具体实现,还有以.rc 为扩展名的资源文件。

Header Files:头文件,包括源文件中的数据、类、函数的说明。

Resource Files:资源文件,在我们这个工程中是以.ico 为扩展名的图标文件。

External Dependencies:其他一些需要用到的文件。

首先注意一下 StdAfx.h 和 StdAfx.cpp 这一对,以后我们所建立的所有 Visual C++ 6.0 工程中都含有这两个文件。它们叫预编译文件,就是把程序所需要的系统头文件提前进行预编译,以减少工程的编译时间。StdAfx.cpp 中就一条语句:

```
#include"StdAfx.h"
```

而在 StdAfx. h 中具体包含了必要的系统头文件：

```
#include <windows.h>
#include <stdlib.h>
#include <malloc.h>
#include <memory.h>
#include <tchar.h>
```

看看，<windows. h>赫然在目吧，下面几个是 C 语言的运行库头文件。hi. rc 文件是资源脚本文件，有它特定的格式，一般我们不用动它。resource. h 文件可以看一下，里面有各种资源符号的定义，可见都是一些系统分配的整数值。以后在 MFC 的编程技巧中，我们还会说到关于资源这里面的一些学问，现在暂且放放，主要关注最为重要的模块。

hi. cpp 是程序源代码的存放地，是程序核心，现在来详细介绍。先把源代码列一下，方便大家看。

```
// hi.cpp  : Defines the entry point for the application.
#include "stdafx.h"                    //包含系统需要用的头文件
#include "resource.h"                  //包含系统资源的定义

#define MAX_LOADSTRING 100
//全局变量：
HINSTANCE hInst;                       //应用程序的句柄
TCHAR szTitle[MAX_LOADSTRING];
TCHAR szWindowClass[MAX_LOADSTRING];
// 函数定义
ATOM             MyRegisterClass(HINSTANCE hInstance);
BOOL             InitInstance(HINSTANCE, int);
LRESULT CALLBACK WndProc(HWND, UINT, WPARAM, LPARAM);
LRESULT CALLBACK About(HWND, UINT, WPARAM, LPARAM);

//Windows 程序的主函数
int APIENTRY WinMain(HINSTANCE hInstance,
                     HINSTANCE hPrevInstance,
                     LPSTR     lpCmdLine,
                     int       nCmdShow)
{
    MSG msg;
    HACCEL hAccelTable;
    //初始化全局变量的字符串
    LoadString(hInstance, IDS_APP_TITLE, szTitle, MAX_LOADSTRING);
    LoadString(hInstance, IDC_HI, szWindowClass, MAX_LOADSTRING);
    MyRegisterClass(hInstance);  //注册窗体类，具体实现见下面
    if (!InitInstance (hInstance, nCmdShow)) //初始化程序，具体实现见下面
    {
        return FALSE;
    }
    hAccelTable = LoadAccelerators(hInstance, (LPCTSTR)IDC_HI);
    //主消息循环
    while (GetMessage(&msg, NULL, 0, 0))    //获取消息
    {
        if (!TranslateAccelerator(msg.hwnd, hAccelTable, &msg))
        {
            TranslateMessage(&msg);    //翻译消息
            DispatchMessage(&msg);     //分发消息给其相应的处理函数
```

```
        }
    }
    return msg.wParam;
}
//注册窗体类
ATOM MyRegisterClass(HINSTANCE hInstance)
{
    WNDCLASSEX wcex;    //声明窗体结构,下面的代码就是填充其成员内容
    wcex.cbSize             = sizeof(WNDCLASSEX);
    wcex.style              = CS_HREDRAW | CS_VREDRAW;
    wcex.lpfnWndProc        = (WNDPROC)WndProc; //指定窗体的消息函数
    wcex.cbClsExtra         = 0;
    wcex.cbWndExtra         = 0;
    wcex.hInstance          = hInstance;
    wcex.hIcon              = LoadIcon(hInstance, (LPCTSTR)IDI_HI);
    wcex.hCursor            = LoadCursor(NULL, IDC_ARROW);
    wcex.hbrBackground      = (HBRUSH)(COLOR_WINDOW + 1);
    wcex.lpszMenuName       = (LPCSTR)IDC_HI;
    wcex.lpszClassName      = szWindowClass;
    wcex.hIconSm            = LoadIcon(wcex.hInstance, (LPCTSTR)IDI_SMALL);
    return RegisterClassEx(&wcex);    //注册窗体
}
BOOL InitInstance(HINSTANCE hInstance, int nCmdShow)
{
    HWND hWnd;
    hInst = hInstance; // Store instance handle in our global variable
    //产生窗体
    hWnd = CreateWindow(szWindowClass, szTitle, WS_OVERLAPPEDWINDOW, CW_USEDEFAULT, 0, CW_USEDE-
FAULT, 0, NULL, NULL, hInstance,NULL);
    if (!hWnd)
    {
        return FALSE;
    }
    ShowWindow(hWnd, nCmdShow); //这两句用来显示窗体
    UpdateWindow(hWnd);
    return TRUE;
}
//窗体的消息处理函数,我们程序的功能就是在这个程序里实现的,通过前面窗体类的
//注册过程与我们的窗体绑定
LRESULT CALLBACK WndProc(HWND hWnd, UINT message, WPARAM wParam, LPARAM lParam)
{
    int wmId, wmEvent;
    PAINTSTRUCT ps;
    HDC hdc;
    TCHAR szHello[MAX_LOADSTRING];
    LoadString(hInst, IDS_HELLO, szHello, MAX_LOADSTRING);
    switch (message) //判断消息,根据类别处理之,是个大的 switch 语句
    {
        case WM_COMMAND:      //菜单消息
            wmId    = LOWORD(wParam);
            wmEvent = HIWORD(wParam);
            // Parse the menu selections:
```

```
            switch (wmId)
            {
                case IDM_ABOUT:
              DialogBox(hInst,(LPCTSTR)IDD_ABOUTBOX,hWnd, (DLGPROC)About);
                   break;
                case IDM_EXIT:
                   DestroyWindow(hWnd);
                   break;
                default:
                   return DefWindowProc(hWnd, message, wParam, lParam);
            }
            break;
        case WM_PAINT:    //窗体重绘消息,一般执行绘图操作
            hdc = BeginPaint(hWnd, &ps);
            RECT rt;
            GetClientRect(hWnd, &rt);
            DrawText(hdc, szHello, strlen(szHello), &rt, DT_CENTER);
            EndPaint(hWnd, &ps);
            break;
        case WM_DESTROY:
            PostQuitMessage(0);
            break;
        default:
            return DefWindowProc(hWnd, message, wParam, lParam);
    }
    return 0;
}
//About 对话框中的消息处理函数,结构同 WndPro,只是简单了些
LRESULT CALLBACK About(HWND hDlg, UINT message, WPARAM wParam, LPARAM lParam)
{
    switch (message)
    {
        case WM_INITDIALOG:
                return TRUE;
        case WM_COMMAND:
            if (LOWORD(wParam) == IDOK || LOWORD(wParam) == IDCANCEL)
            {
                EndDialog(hDlg, LOWORD(wParam));
                return TRUE;
            }
            break;
    }
    return FALSE;
}
```

怎么样,是不是看得头都有点大了?如果是初学者肯定觉得这些代码很难懂,如果有点基础的话经常回过头来看一看会感到常读常新。不管多么复杂的程序只要耐心看,一点一点分析,就会化繁为简、逐步吃透的。下面我们就一点一点来分析。首先看看这个程序包含了哪些东西,如图 2-12 所示。

由图 2-12 可知,主程序文件中共包含 3 个全局变量和 5 个全局函数。

3 个全局变量的解释如下:

- HINSTANCE hInst:前面已经解释过,HINSTANCE 是 Windows 中的句柄类型,可以简单地把它理解为指针。这个变量就是标示此 Win32 程序的运行实例的。

- TCHAR szTitle[MAX_LOADSTRING]：这是一个字符数组，用来记录程序的标题，显示在标题栏上。TCHAR 类型实际上就是字符类型，但却是为了更好地兼容不同的编码规范，如 ANSI、UNICODE，请参看 MSDN 中的解释。
- TCHAR szWindowsClass[MAX_LOADSTRING]：也是一个字符数组，用来记录窗体类的类名。

下面来解释一下 5 个函数。

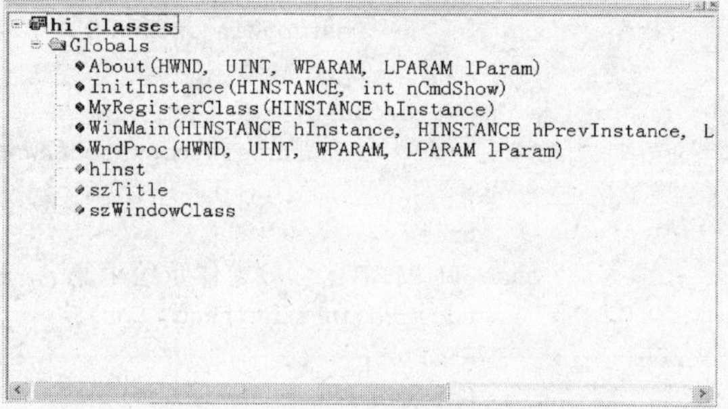

图 2-12　工程中的函数与变量

这 5 个函数的地位其实是不一样的。最基本的两个函数是 WinMain 函数和 WndProc 函数。前者是主函数，相当于 C 语言里的 main 函数，是所有 Windows 程序都必须含有的，而 WndProc 函数是窗口的消息处理函数。前面我们说过，如果没有针对消息处理的功能，那就算不上一个真正有用的 Windows 程序。因此，以上这两个函数是最为基本、不可或缺的。

MyRegister 和 InitInstance 这两个函数包含在 WinMain 中，其实把它们的代码直接写在 WinMain 里也没有任何问题，之所以把相关的代码做成两个函数放在那里，目的是让 WinMain 的执行流程更加清晰，而且我们后面讲到 MFC 的运行原理时也好有个对比。MyRegisterClass 用来注册窗口类。InitInstance 函数用于产生并显示主窗体，请大家记住这个函数，因为在后面讲 MFC 的运行机制时，在它的 CWinApp 类里面有一个非常重要的函数也是 InitInstace，作用类似，通过理解它就会很容易理解 MFC 的流程了。

About 函数是用在 WndProc 函数中的。我们知道 WndProc 函数是生成主窗口的函数，可是我们的程序中可能还会生成其他窗体，这些窗体同样需要消息处理函数，所以就会有其他功能各异的针对不同子窗体的消息处理函数了。About 在这里算是比较简单的一个，它的功能也就是用来处理发送给 About 对话框的消息。

整个程序的执行流程如图 2-13 所示。大家的脑子里应有一个整体的运行图，我们在分析任何程序的时候一般都要自己动手、动脑，搞清楚程序的流程。

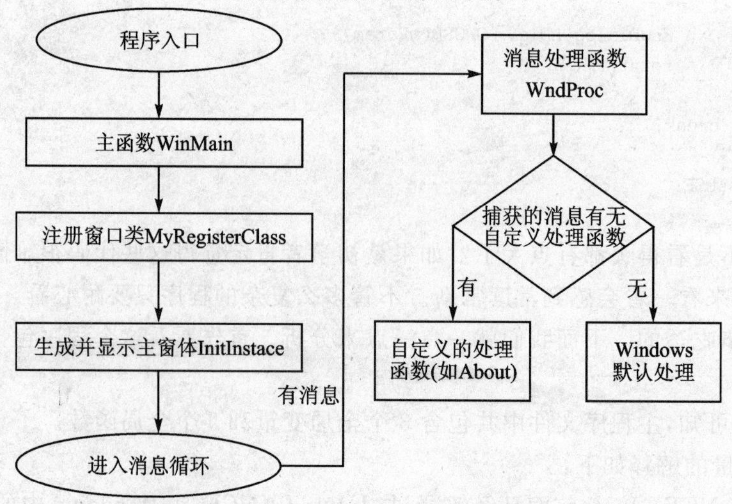

图 2-13　Win32 程序执行的流程图

2.5.3 Windows 程序中几个函数的分析解读

1. Windows 程序入口点函数——WinMain

WinMain 函数就如同 C 语言中的 main 函数，是 Windows 程序的唯一入口点。我们编写的程序都是从它开始的。后面我们要学习的 MFC 的执行过程当然也不例外，只是 MFC 将 WinMain 函数封装了，所以看不到。这样虽然简化了一些东西，但是容易让学习者摸不到“根”。WinMain 函数主要完成了两项任务：一是注册并生成主窗体；二是启动消息循环。第一项任务由两个函数完成，稍后仔细介绍。下面我们分析 WinMain 的源代码（这里省去了标题栏显示的一些无关紧要的代码，只突出最核心的部分）。

```
int APIENTRY WinMain(HINSTANCE hInstance, HINSTANCE hPrevInstance,
                     LPSTR  lpCmdLine, int nCmdShow)
{
    MSG msg;          //定义消息结构体，我们讲过消息在 Windows 中是一种数据结构
    MyRegisterClass(hInstance);  //注册窗口类
    if (!InitInstance (hInstance, nCmdShow))  //产生主窗体
    {
        return FALSE;                    //产生失败返回，程序退出
    }
    //以上完成了建立主窗体的工作
    //以下是建立消息循环的工作
    while (GetMessage(&msg, NULL, 0, 0))  //获取消息队列中的消息
    {
        TranslateMessage(&msg);      //解释消息
        DispatchMessage(&msg);       //发送消息到主窗口函数
    }
    return msg.wParam;
}
```

2. 注册窗体类函数——MyRegisterClass

请注意，这里的窗口类和后面的 MFC 类库中的类可不一样，它是 Windows 操作系统中的一种数据结构，其实是个结构体。这个结构体说明了要产生的窗体的一些属性，其中最重要的就是窗体的消息处理函数。它的定义如下：

```
typedef struct _WNDCLASSEX {
    UINT        cbSize;              //结构大小
    UINT        style;               //窗体风格
    WNDPROC     lpfnWndProc;         //窗体函数指针
    int         cbClsExtra;          //为窗体类额外分配的字节
    int         cbWndExtra;          //为窗体实例额外分配的字节
    HINSTANCE   hInstance;           //窗体类所属的程序实例句柄
    HICON       hIcon;               //窗体大图标句柄
    HCURSOR     hCursor;             //窗体光标句柄
    HBRUSH      hbrBackground;       //窗体背景色
    LPCTSTR     lpszMenuName;        //窗体菜单
    LPCTSTR     lpszClassName;       //窗体类名称
    HICON       hIconSm;             //窗体小图标
} WNDCLASSEX, *PWNDCLASSEX;
```

窗体类像个说明书，通过用户填写窗体类的各个成员变量来设置所要产生的窗体的属性。以下是 MyRegisterClass 的源代码。

```
ATOM MyRegisterClass(HINSTANCE hInstance)
{
    WNDCLASSEX wcex;          //声明窗体类
    wcex.cbSize = sizeof(WNDCLASSEX); //取得窗体类所占内存的大小
    wcex.style          = CS_HREDRAW | CS_VREDRAW; //窗体的风格
    wcex.lpfnWndProc    = (WNDPROC)WndProc;  //窗体的消息处理函数(重要!)
    wcex.cbClsExtra     = 0;           //为窗体类分配的额外字节
    wcex.cbWndExtra     = 0;
    wcex.hInstance      = hInstance;        //窗体的应用程序句柄
    wcex.hIcon          = LoadIcon(hInstance, (LPCTSTR)IDI_HI); //图标
    wcex.hCursor        = LoadCursor(NULL, IDC_ARROW);         //光标
    wcex.hbrBackground  = (HBRUSH)(COLOR_WINDOW + 1);              //背景
    wcex.lpszMenuName   = (LPCSTR)IDC_HI;                      //菜单名
    wcex.lpszClassName  = szWindowClass;                      //窗体类名
    wcex.hIconSm        = LoadIcon(wcex.hInstance, (LPCTSTR)IDI_SMALL);
    return RegisterClassEx(&wcex);  //注册窗体类
}
```

可见,注册窗体类其实就是在对窗体类的不同属性值进行设置。我们的窗体消息处理函数就是在这里设置好了。当有消息发生时,就送到我们指定的处理函数中进行处理。

有人可能会问,为什么不直接产生窗体,而非要先弄一个注册呢?其实细想一下,这正是高明之处。窗体类就好比是一个模子,定制出一类窗体的样式,注册好以后就可以直接"批量生产"了。你也许要生产许多窗体,那再生产时直接在注册好的类上生成就可以了,是不是很方便?

3. 产生并显示主窗口——InitInstance

注册好窗体类了,下面的工作顺理成章地就是生成主窗体了,也就是照着模子来"生产"了。InitInstance 就是完成这个工作的。

```
BOOL InitInstance(HINSTANCE hInstance, int nCmdShow)
{
   HWND hWnd;
   hInst = hInstance; //应用程序句柄
   //CreateWindow 函数用来产生窗体
   hWnd = CreateWindow(szWindowClass, szTitle, WS_OVERLAPPEDWINDOW,
          CW_USEDEFAULT, 0, CW_USEDEFAULT, 0, NULL, NULL, hInstance, NULL);
   if (! hWnd)
   {
      return FALSE;
   }
   ShowWindow(hWnd, nCmdShow); //这两句显示窗体
   UpdateWindow(hWnd);
   return TRUE;
}
```

此函数先声明了一个窗口句柄 hWnd,用来表示产生的窗体,而后调用 API 函数 CreateWindow 产生一个具体窗体对象。可以看到,Window API 函数的命名都非常通俗易懂,可以做到望名知意,我们平时写程序也应当学习这种命名规范。

CreateWindow 的原型如下:

```
HWND CreateWindow(
  LPCTSTR lpClassName,     //注册了的窗体类名称
  LPCTSTR lpWindowName,    //窗体的标题
  DWORD dwStyle,           //窗体的风格
```

```
    int x,                      //窗体位置的 X 坐标
    int y,                      //窗体位置的 Y 坐标
    int nWidth,                 //窗体宽度
    int nHeight,                //窗体长度
    HWND hWndParent,            //父窗体句柄
    HMENU hMenu,                //菜单句柄
    HINSTANCE hInstance,        //窗体所属的程序实例句柄
    LPVOID lpParam              //指向 CREATESTRUCT 结构的指针
);
```

第 1 个参数就是上面刚刚注册的窗体类名。

第 2 个参数是窗体的标题,是一个字符串。

第 3 个参数是所创建的窗体的风格。Windows 窗体有许多不同的风格,如 WS_OVERLAPPED、WS_CHILD 等,可以参见 MSDN 中的 Windows Style 一节。

第 4～7 个参数是指示窗体的位置与大小的,因为窗体是要显示出来,所以必须制定这些。

第 8 个参数是要产生的窗体的父窗体句柄,因为有时候我们需要在主窗体里生成新的窗体,此时就有必要指定这个新生成的窗体的父窗体了。这里我们只生成主窗体,因此这一项为 NULL。

第 9 个参数指向菜单。由于在窗体类中已经设定好了,这里为 NULL 即可。

第 10 个参数指向生成的窗体的所属程序运行实例。

第 11 个参数指向一个 CREATESTRUCT 指针,此结构可以记载创建窗体的参数,此处为 NULL。

好了,创建完窗体了,还得让它见人呐,所以下一步顺理成章地就是显示窗体了。这里调用的 API 函数是 ShowWindow。它的原型是:

```
BOOL ShowWindow(HWND hWnd, int nCmdShow);
```

第 1 个参数是窗体的句柄。

第 2 个参数是显示的方式。常用的有:

SW_SHOW:显示窗体。

SW_HIDE:隐藏窗体。

SW_MAXIMIZE:最大化窗体。

SW_MINIMIZE:最小化窗体。

SW_RESTORE:恢复窗体。

而后又调用了一个 UpdateWindow 函数,它会发送一个 WM_PAINT 消息让主窗体重绘,显示“Hello World!”。

这样 WinMain 函数产生窗体的任务就完成了。剩下的就是针对消息循环了,在 WinMain 最后的代码中实现,具体如下:

```
while (GetMessage(&msg, NULL, 0, 0)) //获取消息队列中的消息
{
    TranslateMessage(&msg);          //解释消息
    DispatchMessage(&msg);           //发送消息到主窗体函数
}
```

Windows 是基于消息的操作系统,消息(包括鼠标、键盘等)存放在消息队列中,系统有消息队列,应用程序也有自己的消息队列,GetMessage 函数就是从这两个队列中获取消息,经过 TranslateMessage 函数解释消息后,由 DispatchMessage 发送给窗体消息处理函数。

由于是一个 While 循环,所以在一直准备获取消息,如果有消息就进行处理。

如果读者见的、写的代码多了,就会知道这里还有一个获取消息的函数——PeekMessage,有时初学者很难将它们很好地区分。下面就简要给出它们的区别:

① GetMessage()只有在接收到消息后才将控制权转给程序,而 PeekMessage()无论有没有消息都会将控制权转给程序:如果有消息,返回真;没有消息返回假。

② GetMessage()的主要功能是从消息队列中"取出"消息,消息被取出后,消息队列中就不再有该消息了;而 PeekMessage()的主要功能是"窥视(Peek)"消息,如果有消息,返回真,没有返回假。但 PeekMessage()允许从消息队列中"取出"消息,这就是 PeekMessage()第 4 个参数的用途:如果选用 PM_REMOVE,则消息从队列中取出;如选用 PM_NOREMOVE,则 PeekMessage()只是"偷看",而保留消息。

介绍这些区别具体到程序中有什么用呢?非常有用!我们说有消息时我们获取并处理它,但是没消息的时候是什么样呢?这时候我们称 CPU 处于"闲"的状态(当然也不是什么都不干,这里只是针对我们的消息处理代码而言)。CPU 的这种"闲"时间在某些场合是非常有用的,最为典型的有两个,一个是大家非常熟悉的监控、杀毒软件;另一个就是游戏软件。比如,当你利用 OpenGL(一种 3D 绘图的 API 库)不断刷屏绘图时,就要放在这个时间段中才能使画面流畅。此时用 PeekMessage 就非常合适,因为它不阻塞我们的程序,用 GetMessage 就不好了。

对于这些大家如果觉得有点不好懂也没关系,放到以后回过头来看也可以。其实学技术往往需要不断反复看以前的东西,这样不断地加深理解,最后才能掌握好。尤其是读一些有些难度但又不得不看的书时,抱定的原则就是:看得懂的仔细看,看不懂的先硬着头皮看,随着懂的多了再回头看以前不太懂的。

4. 主窗口消息处理函数——WndProc

WndProc 函数真正体现了 Windows 程序的消息驱动机制。前面实现的最简 Windows 程序虽然可以没有 WndProc 这样的消息处理函数,但却不是真正意义上有用的 Windows 应用程序。

在 WinMain 函数中并没有直接调用 WndProc 函数,是在注册窗体时将它注册入了窗体类,这就是让系统知道有消息了就自动调用此函数来处理。而后 WinMain 启动消息循环,当用 DispatchMessage 函数发消息时就是发给了 WndProc,让它来处理。

消息处理函数的声明如下:

```
LRESULT CALLBACK WndProc(HWND hWnd, UINT message, WPARAM wParam, LPARAM lParam)
```

LRESULT 是返回值,是一个 32 位的值,由 Windows 过程或回调函数返回。CALLBACK 就是指示该函数为回调函数。所谓回调就是给 Windows 系统调用的函数。窗口函数都是回调函数。再看一下它的参数,第 1 个就是所依附的窗体的句柄;第 2 个是消息的名字;第 3、4 个是消息的参数,对于不同的消息,两个参数的意义是不一样的。

下面来分析一下 WndProc 的源代码。

```
LRESULT CALLBACK WndProc(HWND hWnd, UINT message, WPARAM wParam, LPARAM lParam)
{
    //一些变量的声明
    int wmId, wmEvent;
    PAINTSTRUCT ps;          //用于屏幕绘图的结构
    HDC hdc;                 //设备环境句柄,用于屏幕绘图
    TCHAR szHello[MAX_LOADSTRING];
    LoadString(hInst, IDS_HELLO, szHello, MAX_LOADSTRING);
```

```
    //根据不同的消息作出不同的处理
    switch (message)
    {
        case WM_COMMAND:  //菜单消息
            wmId = LOWORD(wParam);
            wmEvent = HIWORD(wParam);
            switch (wmId)  //不同的菜单选项作出不同的处理
            {
                case IDM_ABOUT:  //弹出 About 对话框
                DialogBox(hInst, (LPCTSTR)IDD_ABOUTBOX, hWnd, (DLGPROC)About);
                break;

                case IDM_EXIT:      //退出
                   DestroyWindow(hWnd);
                   break;

                default:        //默认菜单处理
                   return DefWindowProc(hWnd, message, wParam, lParam);
            }
            break;

        case WM_PAINT:        //重绘消息处理
            hdc = BeginPaint(hWnd, &ps); //开始屏幕绘图
            RECT rt;
            GetClientRect(hWnd, &rt);  //获取屏幕客户区的大小
            DrawText(hdc, szHello, strlen(szHello), &rt, DT_CENTER);//绘文本
            EndPaint(hWnd, &ps);          //结束绘图
            break;
        case WM_DESTROY:          //销毁窗体
            PostQuitMessage(0);  //发送退出消息
            break;
        default:                         //Windows 默认处理
            return DefWindowProc(hWnd, message, wParam, lParam);
    }
    return 0;
}
```

可见,WndProc 函数的核心,是由一个巨型(当然这里算不上"巨",但是真正开发时就很大了)的 switch 语句构成的。这样的结构当然比较好理解,比起 MFC 的消息映射可谓清晰易懂,缺点就是让一个函数变得"巨大"无比。我们这里处理的消息比较少,因此也较简单,大家其实一看就能明白,总共处理了 3 个消息:

WM_COMMAND:菜单消息。由于菜单还有许多项,因此又嵌套了一个小的 switch 结构(由此也看出 API 模式的复杂)。

WM_PAINT:窗体重绘消息。当我们把一部分被挡住或最小化的窗体刷新让它完全显示时,被挡住的部分会重新显示,此时就是 WM_PAINT 消息的功劳。如果你对计算机游戏编程有兴趣并下工夫钻研的话,对于 WM_PAINT 消息的处理是必须掌握的。

WM_DESTROY:窗体对象被销毁时,Windows 系统向窗体函数发送的消息。

其余的没有处理的消息由 Windows 进行默认处理。

5. About 对话框消息处理函数——About

About 函数与 WndProc 有着相同的格式。它是针对弹出的子窗体 About 对话框的消息处理函数,它的声明如下:

```
LRESULT CALLBACK About(HWND hDlg, UINT message, WPARAM wParam, LPARAM lParam)
```

About 函数的结构也同 WndProc 一样,也是一个 switch 结构。读者可以自行分析。

以上我们对于 Windows API 编程模式进行了较为详细的介绍,这些是理解 MFC 重要的基础,希望读者务必熟悉,彻底弄懂。

2.6 Windows 下常用数据类型

C 语言具有很强的魅力,这从编程语言排行榜上就能看出来。它的魅力来源于哪里呢?那就是"简约而不简单"。就那么几个数据类型,就那么几个关键字,却制造出操作系统、大型数据库管理系统等庞然大物。有时候真羡慕搞单片机的那帮哥们儿,平台简单,用的 C 语言一般还是简化版本的。我们在 PC 上编程就不一样了,再怎么着也不能绕开操作系统吧,Windows 操作系统中的数据类型往往就让人眼花缭乱,许多初学者被这些东西弄得感觉 Windows 好复杂,使学习 VC 的信心受挫。我自己也曾有过如此感觉,所以我觉得有必要单写一节专门介绍一下 Windows 中的常用数据类型,把它们集中摆出来亮一亮相,而不是在程序中不断出现不断解释。相信通过这一节,读者朋友会减弱一些对于 VC 中碰到的繁多的数据类型犯怵的感觉。Windows API 编程与 MFC 编程中大部分类型是通用的,有很少几个是 MFC 中出现的。通用的有:

- BOOL:布尔类型,TRUE 或 FALSE。
- BSTR:一个 32 位的字符指针。
- BYTE:字节类型,8 位(无符号),等价于 C 中的 unsigned char。
- COLORREF:用于表示颜色的 32 位值,在 GDI 编程中常用到。
- DWORD:32 位无符号整数。
- LONG:32 位有符号整数。
- LPARAM:32 位的值,一般用做函数参数。
- LPCSTR:指向常字符串的 32 位指针。
- LPSTR:一个指向字符串的 32 位指针。
- LPCTSTR:一个指向常字符串的 32 位指针,适合于 Unicode 和 DBCS 两种编码方式。
- LPTSTR:一个指向字符串的 32 位指针,适合于 Unicode 和 DBCS 两种编码方式。
- LPVOID:指向任意类型的 32 位指针。
- LRESULT:Windows 过程或回调函数返回的 32 位值。
- UINT:Win32 中为 32 位无符号整数。
- WNDPROC:一个 32 位的指向 Windows 函数的指针。
- WORD:一个 16 位的无符号整数。
- WPARAM:在 Win32 中为一个 32 位值,通常作为函数参数。

下面两种类型为 MFC 所特有的:

- POSITION:用于标记集合中一个元素的位置的值,被 MFC 中的集合类所使用。
- LPCRECT:一个 32 位指针,指向一个常量 RECT(矩形)结构。

除去这些基本的数据类型,VC 中还有许多常量(宏定义的),比如各种各样的风格参数(窗体的风格、各种控件的风格等),这些东西随着不断的积累编程者会逐渐熟悉起来。

在 MFC 的编程中,会看到大量的宏,让人眼花缭乱,这也是许多人觉得 MFC 难学的原因之一。对于这些宏,可以在不影响理解的情况下,只记住一些比较关键的,而一些无关大碍的可以先放一放，谁也不可能把所有的东西一下子吃到肚子里去，先抓住主要的，待有时间了再回过头去看看过去不太理解的内容。这应该是学习技术的一种方法。每个人的精力是有限的，对世界上的任何一门学问要想研究透都可能要花大半辈子的时间，这里的关键是：学的务必有用。

2.7　Windows 编程由 C 模式(API)向面向对象模式(MFC)转换的必要准备知识

Windows API 的编程模式(也称为 SDK 模式)是 Windows 下基于 C 的编程模式，而 MFC 则是基于 C++的编程模式。因此 MFC 相对于 Windows API 模式编程的优势就是 C++相对于 C 语言的优势，那就是加入了面向对象的技术。Windows API 函数有上千个，杂乱无章，要想掌握是非常需要时间和耐心的。我曾经在某个程序员网站看到一个程序员写的博客，其中他有个系列性的文章，几乎每日更新，名字就叫做《Windows API 每日一练》。可见他把 Windows API 的学习当成了每天的必修课了。对于普通的开发者而言(比如说许许多多的本科生、研究生)，他们未必有这个时间与耐心学习 Windows API。MFC 正是对于这些杂乱无章的 API 函数进行了面向对象的封装，把几千个 API 函数封装成几百个类，而且这些类通过继承派生而形成紧密的联系，从而大大简化了记忆负担。我想，如果你拿出背四、六级英语单词的劲头儿来记这些类应该不是什么难事吧。如果你把这些类大部分倒背如流，成员函数信手拈来，那你不就已经俨然成了万里挑一的"武林高手"了吗？

所以从 API 模式转换到 MFC，第一个准备就是要学好 C++，封装、继承、多态这些东西的掌握就是关键。这些其实是 C++的基础知识了，有了这些理解和掌握 MFC 就足够了。C++还有高级特性，包括多继承、模板、STL，这些内容可以说是造成 C++这门语言复杂的根源。一般的 C++程序员没有四五年恐怕根本无法掌握好这些东西(注意：看懂和掌握可不是一回事)，C++学的时间越长越感觉不会的东西多。饭是一口一口吃的，技术是一步一步加深的，对于初级阶段的技术人员，当务之急是学精 MFC，作为知识基础，掌握 C++的一般知识就够了，对于高级特性可以不予深究。

掌握 MFC 的另一个知识基础，就是对于 Windows 程序运行过程的理解，这一章其实就是解决这个问题的。这里的关键问题是，当我们学习 MFC 的时候，要掌握在 MFC 里面和 Windows API 模式运行过程的对应关系，这样我们就不会被那些花花绿绿的宏所迷惑，头脑里有个清晰的运行图景。在第 3 章我们会就这个对应关系进行讲解。

好了，以上说了两点了，还有最后一点，其实上文也有提到，那就是多掌握点 Windows API 函数。这个只有好处没有坏处。请你试想一下，Windows 只要一天不消失(估计在可见的未来它不会消失)，Windows API 就存在，它是 Windows 的基础，而且 Windows 是保持向上兼容的，名称不会改变，可以说记住了就是一劳永逸的事儿。而类库这东西可是仁者见仁智者见智的事儿，你爱这么封装，他还爱那么封装呢，所以类库可能变，但 API 是稳定的。Windows API 虽然有几千个，可是也不是完全没法记。我们可以按功能分类来记。比如针对文件操作的函数，针对窗体的函数，针对网络的函数等，每一类先记住它几个最经典、最重要的，慢慢不就掌握得多了吗？

从第 3 章开始，我们就正式开讲 MFC 了。

第3章 MFC基础与MFC类库纵览

第2章中对于Windows API模式编程进行了详细介绍，MFC就是对其面向对象的封装。本章将就MFC的基本原理、必备基础进行介绍，着重突出的是对于MFC类库的介绍。其实学习MFC的关键之处就在于对类库的把握，但是现在大部分讲VC的书都比较忽视这一点，总是在一些表面现象上做文章。本书力图突破这一点，真正在VC的教学上做些新的突破。好了，我们开始吧。

3.1 MFC的前世今生

MFC是Microsoft Foundation Classes（微软基础类库）的英文缩写，它是微软公司对于Windows API进行的C++封装，从而提供给开发人员的一个面向对象的Windows编程接口。MFC类库提供了一组通用的类供编程人员开发使用，大部分类从一个基类CObject派生而来，类之间的继承层次清晰严整，开发人员通过从其若干类派生出几个新类，结合一些自己定义的类即可构建一个程序解决方案。

其实在MFC之前，Windows平台上就已经有了非常优秀的开发工具——Borland公司的C++ Builder，与之集成的类库是OWL。这也是一个相当成功的类库。作为Windows的开发者，微软公司岂能坐视不理，于是就建立了一个AFX小组。AFX的意思是Application Framework（X并没什么实际意义，只是微软公司一贯喜欢X这个字母），成立这个小组的目的是也建立一个抽象的C++封装的Windows API类库，从而与OWL类库竞争。

这里说个插曲吧。一提到Borland公司，真是令许多老程序员感慨万千。它的辉煌与衰落正是一部IT界激烈竞争的历史。在这场竞争中，IT巨头微软公司笑到了最后，无怪乎许多人慨叹：学技术还是捡腿粗的抱吧。有兴趣的读者可以看看《Borland传奇》（李维，电子工业出版社）这本书。有空研究研究IT史，挺有意思的，而且又不长，比起《明朝那些事儿》可少多了啊，呵呵。

好了，言归正传吧。AFX小组采用自顶向下的设计方法，逐步将对象抽象出来，并施加到Windows上。然后，他们试着花了几个月的时间用这个类库来编写应用程序，结果发现这个类库偏离Windows API实在太远，过分抽象并没有太大的实用性，相反大大降低了应用程序的效率。于是，AFX小组对类库进行重新设计。这次，他们采用了自底向上的方法，从已有的Windows API着手，将类建立在Windows API对象基础上，设计出后来称为MFC 1.0的一个类库。现在，如果你已熟悉了MFC，即可从中看到AFX时期的痕迹，许多源程序文件有afx前缀，如afxabort.cpp、afxmem.cpp。MFC延用了许多AFX类库的宏，因此我们经常会看到以AFX开头的宏。

AFX小组实际上做了两项工作：MFC类库和对MFC的IDE支持（即资源编译器和操作向导）。在1994年4月之后，AFX的名字停止使用，该小组成员成为Visual C++开发组的一部分，即现在的MFC小组。

MFC 1.0版本与1992年同Microsoft C/C++ 7.0(Visual C++的前身)同时发布,它提供了对于Windows API函数的简单的抽象和封装,还没有文档/视图结构,但引入了CObject,通过Carchive的持续化和其他一些特性奠定了MFC的基础。

以后MFC就同Visual C++紧密集成了。

Visual C++ 1.0,集成了MFC 2.0,是Visual C++第一代版本,1992年推出,可同时支持16位处理器与32位处理器版,是Microsoft C/C++ 7.0的更新版本。Visual C++ 1.5,集成了MFC 2.5,增加了目标文件链接嵌入(OLE)2.0和支持MFC的开放的数据库连接(ODBC)。

Visual C++ 2.0,集成了MFC 3.0,第一个只发行32位的版本。

Visual C++ 4.0,集成了MFC 4.0,增加了一些线程同步类等。微软公司直接从Visual C++ 2.0跳过了一个版本号,升级到了4.0,以保持MFC与VC版本号的一致性。

MFC 4.21于1997年3月19日同Visual C++ 5.0一起发布。

Visual C++ 6.0,集成了MFC 6.0(mfc42.dll),于1998发行。发行至今一直被广泛地用于大大小小的项目开发。

此后微软公司专注于.NET的开发,因此Visual Studio 98保持了相当长的稳定性,结果使得Visual C++ 6.0程序员的数量逐步积累,大大超过VC.NET用户的数量。又由于其较好的稳定性与运行效率,因此一直是VC学习与开发的首选工具。

Visual C++2010是最新的版本,MFC有了较为重大的升级,增加了一些类并支持Windows Vista、Windows 7风格的界面。

从以上介绍可以看出,MFC一直处于升级、发展当中。微软公司对于MFC的开发始终是重视的。尤其是通过Visual Studio 2010的发布可见一斑。微软公司对于VC进行了比较大的升级改进,从而给予了C++开发者更多的关怀。我们有理由相信,MFC将一直在Visual Studio中处于重要的地位,它还会继续发展下去,我们为学习它所付出汗水也是值得的。

学好MFC并不难,只要你理解了第2章所讲的Windows API模式下Windows程序的运行原理,在这一章通过对照大体理解MFC的运行原理后,在“实用”原则指引下多多掌握MFC类库中的类就行了。

3.2 MFC运行原理剖析

下面来对MFC的运行原理进行剖析。希望你已经读懂了第2章的内容,对于Windows程序的运行机理已经基本理解。那么,我们就会在这里不断同Windows API模式的对比中向你展示MFC如何运行,毕竟MFC是利用C++封装Windows API的产物嘛!

3.2.1 简易的MFC程序

为了最为简明地说明问题,首先建立一个基于对话框的MFC程序。

① 启动VC 6,选择“File”|“New”菜单命令,选择“MFC AppWizard”,输入工程名hi,如图3-1所示。

② 单击“OK”按钮,在弹出的对话框中选择“Dialog based”,建立一个基于对话框的MFC工程,如图3-2所示。这里之所以没选择“Single document”(单文档结构)的工程,是因为“Dialog based”最能直观地说明问题,而“Single document”涉及一些容易让初学者迷糊的宏,所以先不用它。

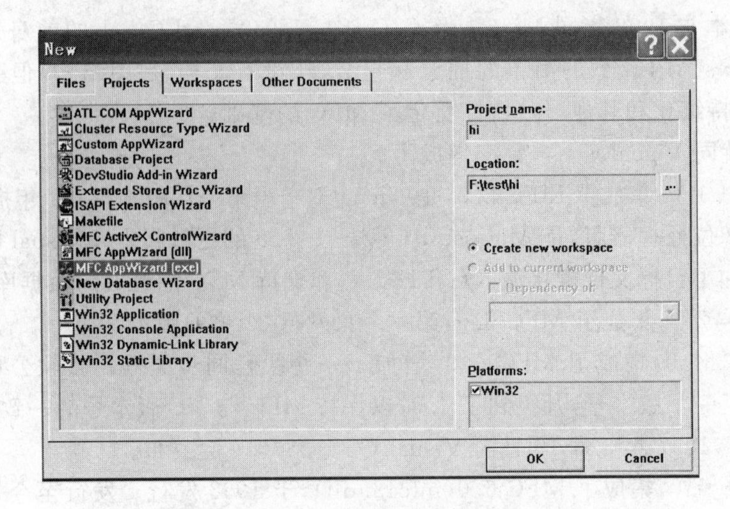

图 3-1 新建 MFC 工程

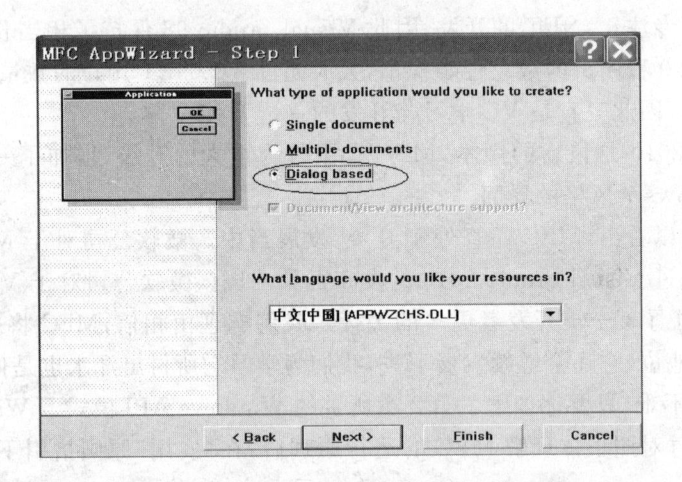

图 3-2 建立一个基于对话框的 MFC 工程

③ 单击“Finish”按钮，完成工程的建立。直接编译、运行程序。不用编写一行代码，运行结果就是一个对话框程序，如图 3-3 所示。

图 3-3 利用 AppWizard 建立的对话框程序的运行结果

3.2.2　MFC程序运行机理分析

建立好了以上这个最简单的MFC程序,下面就来分析它。

如果选择ClasView查看一下过程里的类,可以看到一共有3个类和一个全局变量,如图3-4所示。单击各个类查看类的定义可以知道,CHiApp继承自CWinApp类,代表应用程序;CHiDlg与CAboutDlg类都继承自CDialog类,前者是主对话框,后者是About对话框。全局变量theApp是一个CHiApp类的变量。

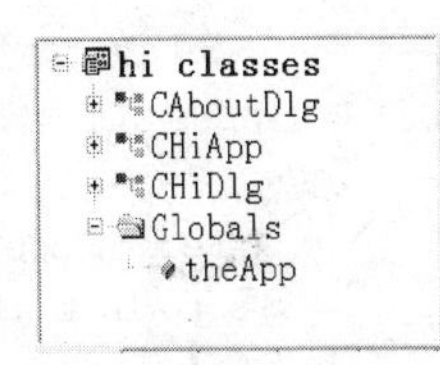

图3-4　工程里的类视图

看完了类视图,下面的疑问自然是:这个程序是如何执行的呢?它与第2章讲的API编程模式是如何对应的呢(也就是它是如何封装API模式的呢)?下面就来看一看。

我们知道,Windows程序的入口主函数是WinMain函数,在MFC中先要找到它。WinMain其实就在MFC的源代码中。可以在VC的安装文件中找到它。比如,VC安装在D:\Program Files\Visual Studio\VC98\MFC\SRC中,通过搜索可以找到含有WinMain函数的源文件。实际上,WinMain函数在APPMODUL.cpp文件中,其代码如下:

```
extern "C" int WINAPI
_tWinMain(HINSTANCE hInstance, HINSTANCE hPrevInstance,
LPTSTR lpCmdLine, int nCmdShow)
{
    // call shared/exported WinMain
    return AfxWinMain(hInstance, hPrevInstance, lpCmdLine, nCmdShow);
}
```

其中,_tWinMain就是WinMain函数,它的定义在D(磁盘分区):\Program Files\Visual Studio\VC98\Include\TCHAR.h中,是个宏定义:

```
#define _tWinMain    WinMain
```

好了,WinMain找到了,我们试着看看MFC执行时是不是从它开始。在_tWinMain函数中按“F9”键设置一个断点,而后按“F5”键测试一下,可以看到程序运行时先进入此函数,看来是没问题的。

在WinMain函数体中,可以看到只有一个函数,那就是AfxWinMain。可见,程序的执行全在这个函数中。下面我们分析这个函数,其代码如下:

```
int AFXAPI AfxWinMain(HINSTANCE hInstance, HINSTANCE hPrevInstance,
                      LPTSTR lpCmdLine, int nCmdShow)
{
    ASSERT(hPrevInstance == NULL);

    int nReturnCode = -1;
    CWinThread* pThread = AfxGetThread();
    CWinApp* pApp = AfxGetApp();

    // AFX internal initialization
    if (!AfxWinInit(hInstance, hPrevInstance, lpCmdLine, nCmdShow))
        goto InitFailure;

    // App global initializations (rare)
    if (pApp! = NULL && ! pApp->InitApplication())
        goto InitFailure;
    // Perform specific initializations
```

```
    if (!pThread->InitInstance())
    {
        if (pThread->m_pMainWnd!= NULL)
        {
            TRACE0("Warning: Destroying non-NULL m_pMainWnd\n");
            pThread->m_pMainWnd->DestroyWindow();
        }
        nReturnCode = pThread->ExitInstance();
        goto InitFailure;
    }
    nReturnCode = pThread->Run();
    InitFailure:
    #ifdef _DEBUG
    // Check for missing AfxLockTempMap calls
    if (AfxGetModuleThreadState()->m_nTempMapLock!= 0)
    {
        TRACE1("Warning: Temp map lock count non-zero (%ld).\n",
            AfxGetModuleThreadState()->m_nTempMapLock);
    }
    AfxLockTempMaps();
    AfxUnlockTempMaps(-1);
    #endif
    AfxWinTerm();
    return nReturnCode;
}
```

可以把上面的代码做一下精简并做些不影响理解的修改，就可以理出 MFC 的执行顺序。其核心就是下面的几句：

```
CWinApp* pApp = AfxGetApp();     //取得应用程序类的指针
pApp->InitInstance();            //作用其实等同于 WinAPI 中的 InitInstance 函数
nReturnCode = pApp>Run();        //启动消息循环
```

前面两句声明了一个指针，为 CWinApp 类型。CWinApp 是 MFC 中的应用程序类，它派生于 CWinThread 类。这里 AfxGetApp 返回一个指针，那么这个指针指向的是什么呢？它们其实是一个 this 指针，指向的是应用程序对象。在我们的工程里就是指向全局对象 theApp。学过 C++的应该知道，全局对象在内存中的构建是先于主函数的，因此在我们这里就是先有了继承于 CWinApp 的 CHiApp 类的全局对象 theApp，而后执行的 WinMain，而在 WinMain 中又调用了 CHiApp 的 InitInstance、Run 两个函数。注意：它们是虚函数，虽然指针赋给了 CWinApp 类型的指针，但在调用时调用的是子类的函数。

InitInstance 函数是 CWinApp 的成员函数，非常重要，它完成的就是生成主窗体的任务。在我们的工程中可以打开看一看它的代码，在程序里主窗体就是一个对话框，即用 CHiDlg 类声明的一个对象，而后调用对话框类的 DoModal 函数显示对话框。

```
BOOL CHiApp::InitInstance()
{
    AfxEnableControlContainer();
    #ifdef _AFXDLL
    Enable3dControls();
    Enable3dControlsStatic();
    #endif
    CHiDlg dlg;        //声明主窗体——对话框
    m_pMainWnd = &dlg;
```

```
        int nResponse = dlg.DoModal(); //DoModal 弹出对话框
        if (nResponse == IDOK)
        {
            // TODO: Place code here to handle when the dialog is
            //  dismissed with OK
        }
        else if (nResponse == IDCANCEL)
        {
            // TODO: Place code here to handle when the dialog is
            // dismissed with Cancel
        }
        return FALSE;
    }
```

细心的读者可能会问，Windows API 编程模式中还有注册窗体的过程呢，在 MFC 里呢。当然是有了，但这一部分代码已经包含进 MFC 的源代码中了。窗体类的注册是由 AfxEndDeferRegisterClass 函数来完成的，这个函数位于 WINCORE. cpp 文件中，有兴趣的读者可以看一看。值得注意的是，在注册窗体类时，窗体类的事件处理函数是一个默认的事件处理函数——DefWindowProc，但 MFC 又不是把所有消息都给这个默认函数处理，而是用到了一种消息映射的机制。由于其重要性，我们把它放到 3.2.3 小节中讲解。

再看 AfxWinMain 的代码，读者应该可以猜到了，Windows API 模式中的消息循环启动是由 CWinApp 的 Run 函数来实现的。它的定义位于 THRDCORE. cpp 文件，它的核心也就不出所料的是 GetMessage(PeekMessage)、TranslateMessage、DispatchMessage 的组合了。

由上可见，MFC 执行的流程和 Windows API 模式是完全一致的，只不过是把其中的一部分放到 MFC 的源代码中，一部分放到 MFC 类库中的类中完成，因此看起来有点乱，但是通过梳理我们看到，它万变不离其宗，MFC 的运行流程与 Windows API 模式是一致的。我们通过下面的流程图（见图 3-5）给读者一个较为清晰的认识。

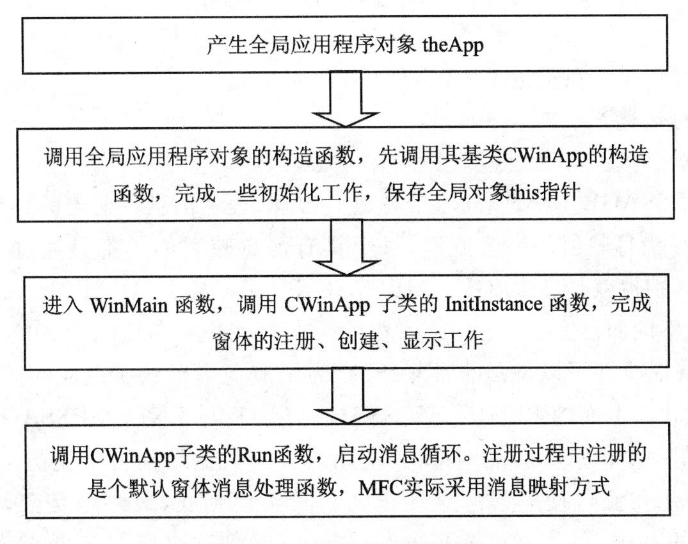

图 3-5　MFC 执行流程图

3.2.3　MFC 的消息映射机制

在 Windows API 编程模式中，窗体消息处理函数由 WndProc 函数来完成。该函数是通过一个巨型的 switch - case 结构来对不同消息分类处理的。MFC 中并不是采用这种方式处理的，而是采用消息映射机制来完成。

其实，如果直接推理——因为 MFC 是一个类库，而许多类都是由一个基类派生而来的，所以可以这样做：在每个基类里针对每一种消息定义一个虚函数，当子类需要对这个消息进行处理时只需重写此虚函数即可；如果没有重写，则调用基类的默认处理函数就行了。但是这样做有个很大的缺陷，就是太占用内存了。C++要为每个虚函数维护一个虚函数表，对于 MFC 这么多的类，这个表的空间支出是比较大的。因此这种方法虽然看上去顺理成章，但是却不好。MFC 具体是怎么做的呢，还是先来点感性认识，看看代码吧。

在已建立的简易工程 hi 中，可以看到 MFC 实现消息映射的方式，大体结构如下：

在头文件类的定义中：

```
class CHiDlg  : public CDialog
{
    ……
    DECLARE_MESSAGE_MAP()
};
```

在 CPP 文件类的实现中：

```
BEGIN_MESSAGE_MAP(CHiDlg, CDialog)
        //{{AFX_MSG_MAP(CHiDlg)
    ON_WM_SYSCOMMAND()
    ON_WM_PAINT()
    ON_WM_QUERYDRAGICON()
    //}}AFX_MSG_MAP
END_MESSAGE_MAP()
```

可见这里面有几个宏，简单地说明一下：

```
DECLARE_MESSAGE_MAP()
```

声明消息映射的宏，用在头文件(.h)中，声明此类含有消息映射。

```
BEGIN_MESSAGE_MAP
```

表明消息映射的开始，在类的 CPP 文件中，此宏带有两个参数，一个是拥有此消息映射的类；另一个是此类的基类。

```
END_MESSAGE_MAP
```

与 BEGIN_MESSAGE_MAP 对应，二者成对出现，表示消息映射宏的结束。

以上就是 MFC 消息映射的一般流程，每个具有消息映射的类都是通过上面的过程添加消息映射的，具体的区别也就是在 BEGIN_MESSAGE_MAP 与 END_MESSAGE_MAP 两个宏之间添加的消息宏的不同而已。

MFC 的消息映射机制可以说是非常复杂的，为了避免虚函数所造成的大的内存开销，MFC 采用了宏定义的方式。上面的 BEGIN_MESSAGE_MAP 与 END_MESSAGE_MAP 两个宏其实就是在构建、编制一个消息流转的网络，其中用链表的数据结构将子类与基类联系在了一起。正是由于这些宏的存在使得理解起来难度很大。其实说到底，最终还是会调用一个 CWnd 类（它是所有窗体类的基类）的函数——WindowProc。看到这名字是不是感觉很亲切？它位于 WinCore.cpp 文件中，代码如下：

```
LRESULT CWnd::WindowProc(UINT message, WPARAM wParam, LPARAM lParam)
{
    // OnWndMsg does most of the work, except for DefWindowProc call
```

```
    LRESULT lResult = 0;
    if (!OnWndMsg(message, wParam, lParam, &lResult))
        lResult = DefWindowProc(message, wParam, lParam);
    return lResult;
}
```

此函数是个虚函数，它的内部调用了一个 OnWndMsg 函数，这个函数是实现消息映射的关键所在。它根据不同的消息到子类中查找是否有相应的处理函数，没有就交给基类去处理。

其实对于初学者而言，倒不如把它当成一个“黑盒子”，只要知道上面的消息映射的一般流程，会进行消息的处理就行了。

3.2.4 MFC 中具有消息映射机制的类

我们知道窗体是处理消息的主体，因此在 MFC 中窗体类——CWnd 及其派生类都可以接收并处理消息。

更广泛一点说，在 MFC 中，凡是从 CCmdTarget 类继承的类都是具有消息接收和处理能力的。但是这些类中除了窗体类以外，只处理 WM_COMMAND 消息。

3.2.5 小改进——弹出单文档式窗体

上面对于 MFC 的整体执行流程做了一个说明，通过与 Windows API 模式的对照，相信读者应该有了一个基本的认识。对于这些 MFC 的基本原理部分，读者朋友可以通过不断学习来加深，开始的时候只要能够对比 Windows API 模式的流程理解 MFC 的执行流程就已经足够了。其实对于一般的开发者而言，这些知识已经足够了。

可以看到，在 MFC 的整个执行流程中，有一些是其自身就做好了的，有些则是程序员可以编码控制的。这里最为主要的就是 CWinApp 类的 InitInstance 函数，我们总是从它里面产生主窗体，所以可以认为它就是程序的入口点。以后我们分析一个 MFC 程序时，先要看一看它的代码，因为它是程序的起始点，从它入手可以一步一步分析出程序的流程。在以上创建的简易工程中，在 InitInstance 函数中产生的主窗体就是一个对话框。如果我们想要一个单文档式窗体，则办法也很简单，下面来做一下。将 InitInstance 中的相关代码改动如下：

```
BOOL CHiApp::InitInstance()
{
    AfxEnableControlContainer();
    #ifdef _AFXDLL
        Enable3dControls();      // Call this when using MFC in a shared DLL
    #else
        Enable3dControlsStatic();     // Call this when linking to MFC statically
    #endif
    CFrameWnd * pWnd = new CFrameWnd; //产生 CFrameWnd 类对象
    pWnd->Create(0,"Hi");             //创建窗体
    m_pMainWnd = pWnd;                //指明主窗体指针
    pWnd->ShowWindow(SW_NORMAL);      //显示我们生成的窗体
    pWnd->UpdateWindow();
    return TRUE;
}
```

编译运行，可得到如图 3-6 所示的结果。

看一下改动后的代码。

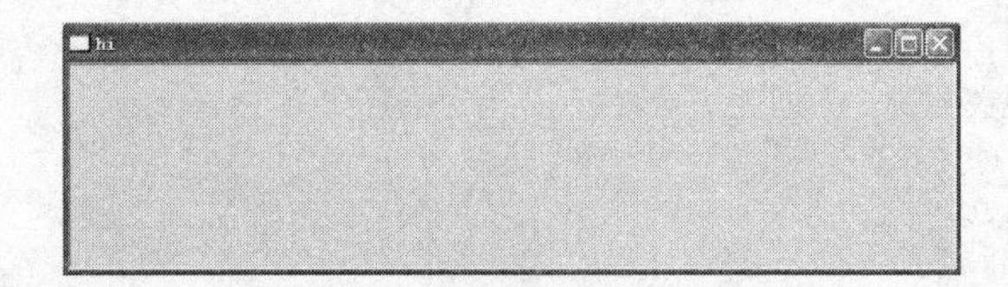

图 3-6 将对话框改为单文档式窗体

我们用到了 CFrameWnd 类，即框架窗体类，它是一个非常重要且常用的 MFC 类，继承自 CWnd 类，可以创建基本的框架式窗体。它的成员函数 Create 完成创建窗体工作。创建完窗体后就是显示与更新工作，这些流程想必读者都已是轻车熟路了。这里要注意的是，把当前创建窗体的指针赋给应用程序类的 m_pMainWnd，这样在需要获取当前主窗体时就不会出错。

如果想加入菜单，可以先在资源编辑器中制作一个菜单，比如名为 IDR_MENU1，然后在 Create 函数后添加如下代码：

```
CMenu menu;    //声明菜单类
menu.LoadMenu(IDR_MENU1); //加载菜单资源
pWnd->SetMenu(&menu);       //为主窗体设置菜单
```

编译运行，得到如图 3-7 所示的结果。

图 3-7 加入菜单后的结果

此时基于对话框的程序已经向单文档靠拢了。其实大家也经常遇到这种情况，就是可能并不需要文档/视图结构的程序，但是程序里面需要有窗体（非对话框形式）的出现，此时就可以用以上这种方式。文档/视图结构的缺点是有些复杂，涉及一些让人比较难懂的宏（MFC 里面宏用得确实是多了一些），而且我们有时候也并不是非要 CDocument，完全可以根据自己的需要利用其他更简洁、更熟悉的方式来处理数据问题（比如 C++中的流函数）。

以上所举的这个例子比较简单，而且符合 Windows API 模式的流程，二者有很好的对照性，请读者好好理解，熟练掌握。

3.3 MFC 类库纵览

3.3.1 学习类库的重要性

学习一门计算机编程语言，一般语法的学习只是一部分而已，尤其是像主流的编程语言（如图 1-1 所示排行榜中排在前面的语言）一般都有相似之处，熟悉精通一门语言后再学习其他的，基本语法部分很快就能学会了。

真正重要的是对于库函数、类库的掌握，如 C 语言的标准库函数、C++的标准库的掌握。这些标准库都是经过严格测试的，稳定性与效率都比自己编的要高，开发人员掌握了它们就可以避免重复作业甚至是做无用功，可大大提高开发效率。MFC 是 Windows 平台上进行 C++开发的重要类库，掌握它可以提高开发效率。许多优秀代码的存在，为 MFC 学习者提供了宝贵的学习资源。我们在学习 MFC 的过程中，可以体会一般类库的学习方法，这样再学习其他类库时就会感到轻松而顺利。这一点才是最为宝贵的，因为它已经超越了学习 MFC 本身。从这一点可以得出一个结论，也是很多入门级的开发者经常碰到的问题，就是总探讨一门技术是否过时，其实是没多大必要的，技术不像是自然科学可以长期不变或变动很小，而是变化很快的，开发者几年之间可能就有落伍的危险，IT 界表现的尤其明显。这样看来，**技术总是会过时的，但有些背后的东西却会长久不变，那就是在细心钻研技术过程中所掌握的思想与方法。**只要真正钻研过并掌握了一门技术，那么在学新技术时也不会费很大力气。如果整天东挑西拣，专盯着所谓热门技术，一个还没学好就扔掉学另一个，则最终的结果是啥也学不好。MFC 是一个经典类库，学习它就可以大概了解一个类库应该含有哪些基本类，比如现在的.NET 和 Qt 类库都是挺受欢迎的。其实你要是仔细看看，大多都跑不出那点东西，无非是增增减减一些所谓更先进的东西而已。

3.3.2　MFC 类库

MFC 类库大约有 200 多个类，并且在不断增加中。这些类并不是杂乱无章的，而是按照继承派生的关系组成一个层次分明的整体。启动 MSDN，在“索引”选项卡中输入“hierarchy char”并按下“Enter”键，这时就会出现 MFC 整个类的继承关系图，如图 3－8 所示。

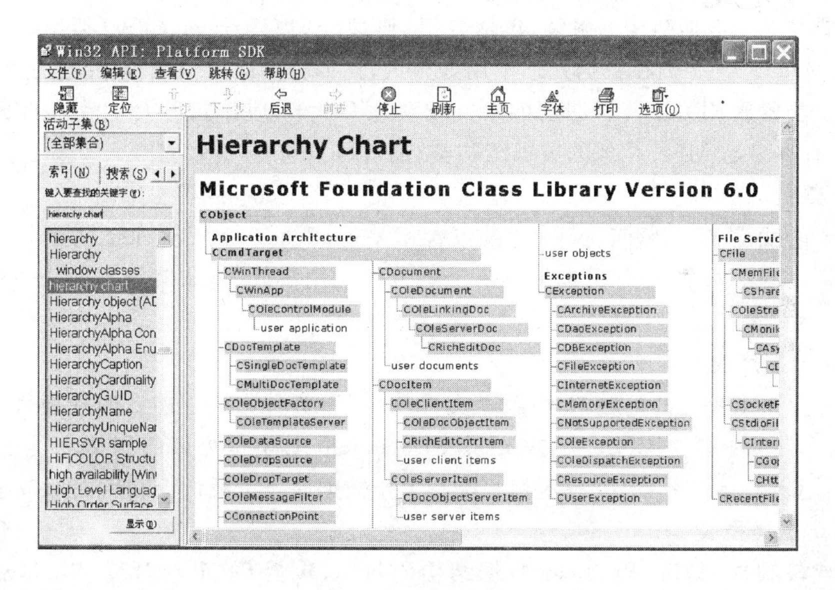

图 3－8　MFC 类图

请大家先熟悉一下整个类图的结构，不断地记忆类图中的类，争取早日记住绝大多数常用的类，做到“类库在我心中”，这样就基本奠定了向高手迈进的基础。下面就这个类图，做一些说明，以便于读者更加容易记忆。MFC 的类大体可以分成以下几类：

1. 抽象基类 CObject

可以从类图中看到，CObject 是绝大多数类的基类，不仅可以作为 CWnd、CFile 等类的基类，也可以派生出自己的类，它包含一些基本的特性，如串行化、动态创建。

2. 应用程序类、线程类

它们主要与进程、线程有关，是 MFC 程序中的主干类，CWinApp 是必不可少的，在涉及多线程的程序中此类很重要。

3. 窗体类 CWnd

这是一个非常大的类系，封装了关于 Windows 窗体的操作，它派生了几个重要的类。

① 框架窗体类，如上面用到的 CFrameWnd 类。

② 对话框类，最典型的就是 CDialog，用于以对话框为主窗体的程序，此类工程便于应用各种控件。

③ 各种控件类。丰富多彩的控件真正体现出了编程的趣味。

④ 视图类，如 CView，是文档视图结构的骨干类。

⑤ 其他一些类，如属性页等。

4. 绘图相关类

计算机图形学一直是计算机技术的重要分支。绘图是 Windows 操作系统提供的一类重要的功能。在 Windows API 里与绘图相关的函数称为 GDI(Graphics Device Interface，图形设备接口)。应用程序可以通过这些 GDI 函数同图形硬件打交道而不必知道其细节，实现了设备无关性。Windows 的 3 个最重要的动态链接库之一就是 GDI32. DLL。MFC 绘图相关类包含了 Graphical Drawing(绘图类)和 Graphical Drawing Objects(绘图对象类)两类。前者是对各种图形操作有关函数的封装；后者则是对诸如位图、画刷、字体等图形对象的封装。

5. 数据结构类

该类主要是对于数据结构的封装，包括数组(典型的如 CArray)、链表(典型的如 CList)、图(典型的如 CMap)。这些类在数据处理中用处很大，比如在网络通信编程中，往往协议的制定与处理都与这些类紧密相关。读者朋友如果比较熟悉 C++，应该知道大名鼎鼎的 STL 吧，你可以发现 STL 有许多与 MFC 相似的数据结构类，两者可以进行一些对比。

6. 网络类

最为重要的就是 Windows Socket 类，包含 CAsyncSocket 和 CSocket 两个类，后者由前者派生出来。别看就这两个类，却可以编制出千千万的应用协议，是非常重要的类。还有，就是与 Internet 有关的一些类。

7. 文件、数据库类

数据的保存是个重要的问题，一般就是文件、数据库两种方式。前者的规模较小，后者则比较大。MFC 文件类主要是 CFile 类，文档类 CDocument 其实也可以归到文件类里。数据库类有 CDatebase、CRecordSet、DAO 技术相关类。关于数据库技术我们会在后面章节中重点介绍。

8. 简单数据类型类

这些类比较独立，是对 Windows 数据结构的封装，包括 CPoint(封装 Windows 的 POINT 结构，对于点的操作)、CRect(封装 Windows 的 RECT 结构，对于矩形的操作)、CSize(封装 Windows 的 SIZE 结构)、CString(对字符串的处理)、CTime(用于表现时间)、CTimeSpan(时间跨度类)几个类，这些类都很常用，应该算是 MFC 里最应该信手拈来的类了。

以上都是一些最为常用的类，此外还有其他一些类，比如异常处理类、OLE 相关类等，可以在学习中不断熟悉。

3.4 一些重要且常用的类及范例

3.3 节对整个 MFC 类库进行了概略性的介绍与解读，相信读者朋友已经对其有了大体的印象。在了解了 MFC 类库的整体构成后，下一步的学习任务无疑就是逐步熟悉尽可能多的类，对于常用的类做到信手拈来、烂熟于胸，对于目前不常用的类随着自己技术的不断提升和知识的不断拓宽与加深也会慢慢熟悉起来。日积月累，你就是一个"Walking MSDN"了，那时候的你无疑就是一个高手了。

3.4.1 CWinApp 类及其范例

CWinApp 类是 MFC 的应用程序类，派生自 CWinThread 类。它负责管理整个 Windows 程序，每个 MFC 程序只能含有一个派生自 CWinApp 的对象实例，用于标识应用程序自身。

CWinApp 最为重要的成员函数就是 InitInstance。我们在此函数中生成主窗体并做一些初始化工作。与之对应的是 ExitInstance，主要是在退出程序时做一些清理性的工作。都有什么需要清理呢，比如用 new 产生的一些内存，一些资源的释放，com 对象的释放等，这里涉及一个编程原则，那就是"成对编程原则"：前面申请了内存的代码一定马上写出与之对应的释放相应内存的代码，这是一个很好的编程习惯，可以避免诸如内存泄露这样的问题。由于 CWinApp 类是程序的灵魂所在，因此必不可少地要不时访问它。MFC 中提供了一些全局函数来访问 CWinApp 对象，主要有：

AfxGetApp：获取 CWinApp 对象指针，这个最为常用。

AfxGetInstanceHandle：获取当前应用程序实例句柄。

AfxGetResourceHandle：获取应用程序资源句柄。

AfxGetAppName：获取一个字符串，该字符串包含了应用程序的名字。

【例 3.4-1】 在 CWinApp 类防止程序的重复运行。

在开发中经常遇到这种情况，就是希望程序只有一个实例进行运行，当重复单击.exe 图标时，要阻止其重复启动。一般我们就在 CWinApp 里实现之。

① 新建一个基于对话框的 MFC 工程，命名为 CSolAppPro。

② 进入工程后，在应用程序类的 InitInstance 函数中加入如下代码：

```
HANDLE hMutex = ::CreateMutex(NULL,TRUE, m_pszAppName);
if(GetLastError() == ERROR_ALREADY_EXISTS)  //判断 CreateMutex()的错误信息
{
    MessageBox(NULL,"程序已经启动了!","提示",MB_ICONINFORMATION);
    CloseHandle(hMutex);
    return FALSE;
}
```

CreateMutex 函数创建了一个在系统全局内的互斥对象，注意第 3 个参数是 CWinApp 类的成员变量，代表当前的进程名字。当有程序试图创建一个重名的对象时，CreateMutex 返回一个空值，并且用 GetLastError 函数会返回 ERROR_ALREADY_EXISTS。利用这个返回值，可以判断程序是否正在运行。

这段代码具有相当的通用性，读者在不希望重复运行程序的场合直接复制到自己的应用程序类的 InitInstance 函数中即可。

3.4.2 CFrameWnd 类及其范例

CFrameWnd 类继承自 CWnd 类，它提供了一个 Windows 单文档界面的窗体的功能，这样的窗体带有边框，含有标题栏、最大与最小按钮，这是程序中最为常用的窗体。

一般在程序中从 CFrameWnd 类派生一个类作为程序的主窗体，而后加入数据处理功能，这样其实已经算是一个文档/视图模式的程序了。CFrameWnd 窗体的构造有 3 种方法：

- 利用 Create 函数直接构造。
- 使用 LoadFrame 直接构造。
- 使用模板类间接构造。

需要注意的是，在调用 Create 或 LoadFrame 函数构造前，应该先利用 new 运算符在堆上生成 CFrameWnd 窗体对象。在调用 Create 函数之前，可以先用 AfxRegisterWndClass 全局函数注册窗体类，从而设置窗体的一些属性。如果没注册，Create 函数中的类名一项要填 NULL。

LoadFrame 函数比较有趣，它可以从资源中获取默认值，如菜单、图标等，但是要注意这些资源必须用同一个 ID 号。

【例 3.4-2】 用 CFrameWnd 类创建窗体。

在前面已建立的 Hi 工程中，插入一个图标，ID 号设为 ID_MAINFRAME，然后在资源 String Table 中插入一个字符串"Hello!"，也将其 ID 设为 ID_MAINFRAME，如图 3-9 所示。

ID	Value	Caption
IDS_ABOUTBOX	101	关于 hi(&A)...
ID_MAINFRAME	129	Hello!

图 3-9　插入字符串资源

在 CWinApp 派生类的 InitInstance 函数中加入如下代码：

```
BOOL CHiApp::InitInstance()
{
    ......
    CFrameWnd * pWnd = new CFrameWnd;
    pWnd->LoadFrame(ID_MAINFRAME);    //利用 LoadFrame 产生窗体
    m_pMainWnd = pWnd;
    pWnd->ShowWindow(SW_NORMAL);
    pWnd->UpdateWindow();
    return TRUE;
}
```

编译运行结果如图 3-10 所示，可见图标改变了，标题文字也相应地改变为"Hello!"了。

图 3-10　LoadFrame 函数运行结果

3.4.3　CDialog 类及其范例

对话框是 Windows 程序中重要的窗体界面。它最吸引人之处就是可以处理来自对话框控件传来的消息。由于控件的丰富多彩，使得对话框程序的功能也非常灵活多样；由于对话框的良好人机交互性，它几乎成了应用程序中不可缺少的组成部分。

从 MFC 编程的角度来看，一个对话框由两部分组成：一个是对话框资源，通过资源编辑器，在对话框中摆放各种控件来设计界面；二是对话框类。两者是对应的，是"一表一里"的关系。下面结合上面几个类，制作一个带有启动画面程序的例子。

【例 3.4－3】　利用对话框类制作启动画面。

① 建立一个基于对话框的 MFC 工程，名为 Splash。注意在第 2 步中去掉“About Box”选项。建立好的工程只有 CSplashApp 主程序类和 CSplashDlg 主对话框类两大类，如图 3－11 所示。

② 在资源管理器中插入一个对话框资源和一个位图资源（位图大小要适中）。去掉对话框设计模板默认的“OK”、“Cancel”按钮，单击属性，在“Style”选项卡的“Border”中选择“None”，此时这个对话框就没有边框了，可用它来做启动画面，如图 3－12 所示。

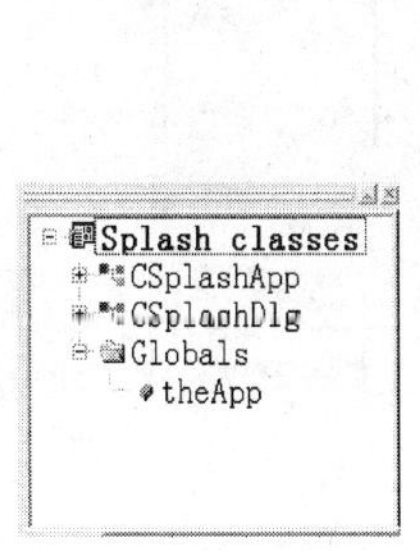
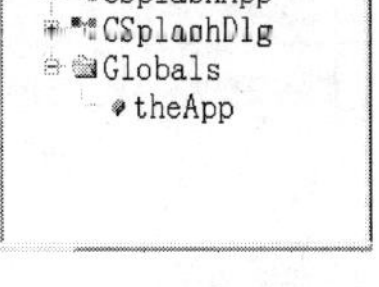

图 3－11　类图

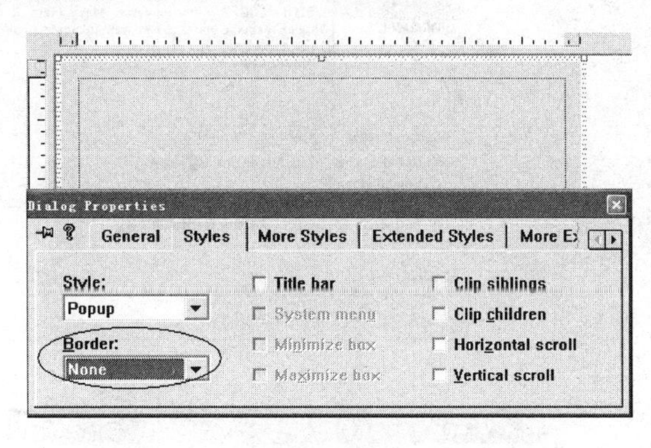

图 3－12　启动画面用的对话框设计

③ 在对话框资源中拖动一个 Picture 控件，单击其属性，“Type”选择 Bitmap，此时下面的 Image 选项中就会出现刚刚插入的位图资源的 ID 号（默认为 IDB_BITMAP1）。这样，一个启动画面就做好了，如图 3－13 所示。

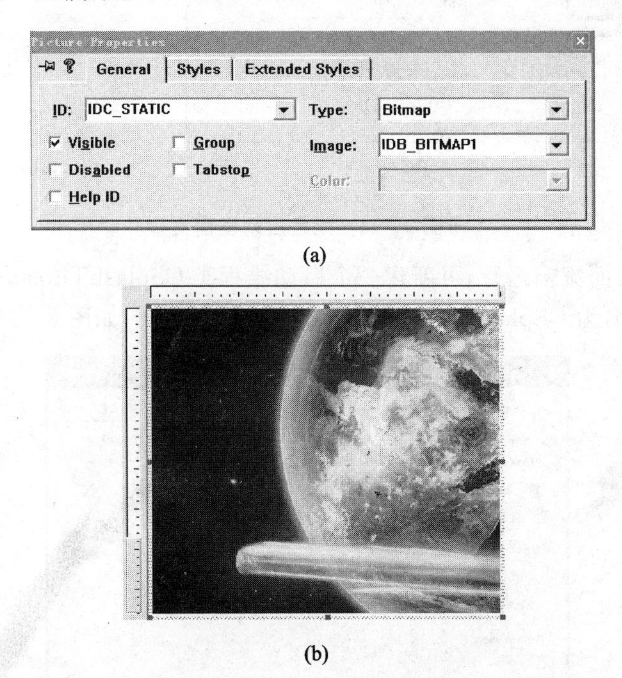

(a)

(b)

图 3－13　启动画面的设计

④ 启动画面资源设计好了，下一步的工作就是为其添加相应的对话框类，上面说过它们是“一表一里”的关系。按“Ctrl＋W”快捷键启动 ClassWizard，这时会出现一个提示框，要求为刚

刚建立的资源建立一个新的类。单击“OK”按钮，出现建立新类的对话框，可将启动对话框类名取为“CStartDlg”，基类为“CDialog”，其他默认。这样就建立好了启动画面的类，如图 3-14 所示。

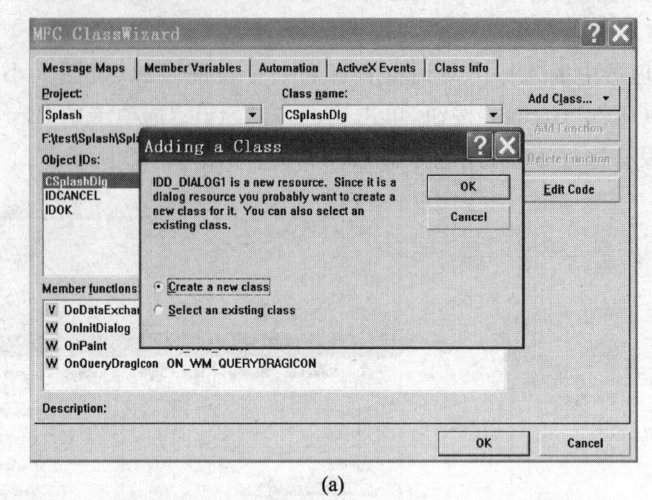

(a)

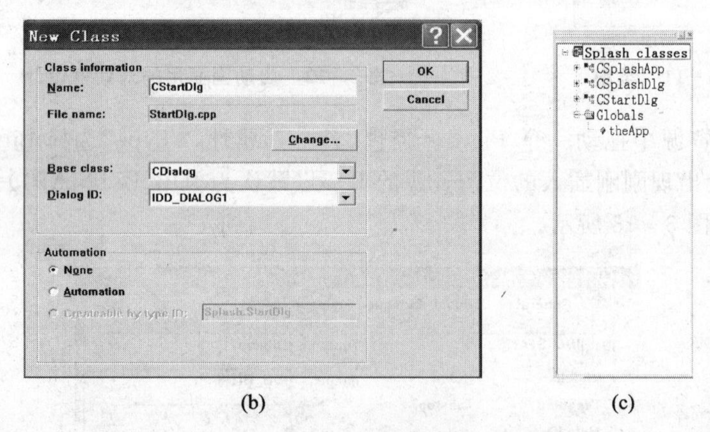

(b)　　　　(c)

图 3-14　建立启动画面类

⑤ 为了让启动画面流畅运行，可新建一个启动线程类 CSplashThread。单击“Insert”|“New Class”项，插入新类，名为 CSplashThread，继承自 CWinThread，如图 3-15 所示。

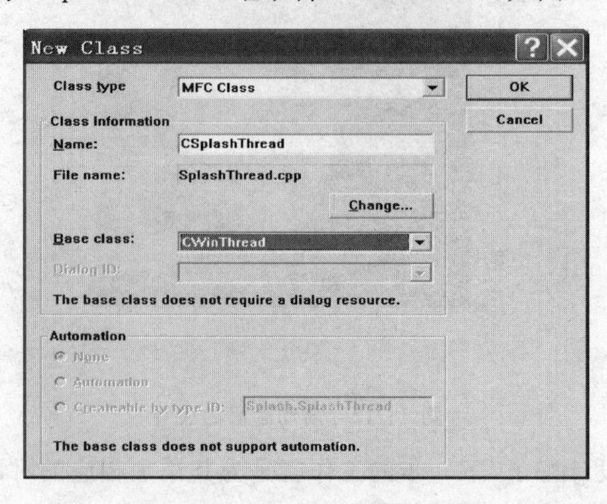

图 3-15　建立启动画面线程类

在 CSplashThread 类中添加成员类 CStartDlg * m_pStartDlg(注意:要包含 CStartDlg 类的头文件,否则编译出错)。而后在其 InitInstance 和与之对应的 ExitInstance(还记得上面提到的成对编程原则吧)添加如下代码:

```
BOOL CSplashThread::InitInstance()
{
    m_pStartDlg = new CStartDlg;          //产生对话框类对象
    m_pStartDlg->Create(IDD_DIALOG1);//生成对话框
    m_pStartDlg->ShowWindow(SW_SHOW);//显示对话框
    m_pStartDlg->UpdateWindow();
    return TRUE;
}
int CSplashThread::ExitInstance()
{
    m_pStartDlg->DestroyWindow();      //销毁窗体
    delete m_pStartDlg;                //清除对象
    return CWinThread::ExitInstance();
}
void CSplashThread::HideStartDlg()
{
    m_pStartDlg->SendMessage(WM_CLOSE); //发送退出消息,启动窗体关闭
}
```

最后一个函数是用于启动画面隐藏的,它是在类视图中直接为 CSplashThread 类添加的。方法是右击"Add Member Function",填入返回值及声明即可。

⑥ 在主程序函数中实现启动画面。

先在主程序类 CSplashApp 中添加成员变量 CSplashThread * m_pSplashThread;(注意添加 CSplashThread 头文件)。

在 CSplashApp 的 InitInstance 函数中添加如下代码:

```
m_pSplashThread = (CSplashThread *)AfxBeginThread(RUNTIME_CLASS(CSplashThread,,0,0);//启动画面
                                                                                   //线程
Sleep(500);  //启动画面停留 0.5 秒
```

这里用了 AfxBeginThread 函数启动刚才建立的启动画面线程,这个函数在多线程编程中经常用到。它的原型是:

```
CWinThread * AfxBeginThread( CRuntimeClass * pThreadClass, int nPriority = THREAD_PRIORITY_NOR-
MAL, UINT nStackSize = 0, DWORD dwCreateFlags = 0, LPSECURITY_ATTRIBUTES lpSecurityAttrs = NULL );
```

其中:

pThreadClass:一个 CRuntimeClass 类指针,通过 RUNTIME_CLASS 宏可以获得。

nPriority:线程的优先级,默认为一般级别。

nStackSize:为新线程分配的堆栈字节大小,默认为 0。

dwCreateFlags:线程运行控制的标识,为 0 则生成后立即运行该线程。

lpSecurityAttrs:一个指向 SECURITY_ATTRIBUTES 结构的指针,默认为 0。

⑦ 隐藏启动画面的代码,在对话框的 OnInitDialog 函数的最后加入即可,也就是主对话框初始化好了,就可以隐藏启动对话框并显示主对话框了。

```
BOOL CSplashDlg::OnInitDialog()
{
    ……
```

```
        //隐藏启动窗体
    ((CSplashApp * )AfxGetApp()) - >m_pSplashThread - >HideStartDlg();
        return TRUE;
    }
```

至此,这个带有启动画面的程序就完成了。读者可以运行代码试一试,是不是有点专业级别软件的意思了?

3.4.4　CDC 类及其范例

CDC 类及其派生类也是 MFC 中的一个大类,和绘图相关。绘图是构成界面丰富多彩的重要手段。举个例子,在工业控制领域,涉及许多工业曲线、参量显示,这是 CDC 类非常重要且实用的用武之地。计算机游戏则更为典型,在三维游戏之前的二维游戏编程中,对于贴图的操作随处可见。CDC 类操控图形大体分两类,一类是"画画儿";另一个是"贴图"。前者好比你拿着画笔、画刷自己描线、涂染料;后者则是用现成的画儿通过贴、拼来完成画作。

CDC 类最为常用的几个子类是:CPaintDC 类、CClientDC 类和 CWindowDC 类。

CClientDC 与 CPaintDC 的区别:CPaintDC 的对象,一般用在 OnPaint 内以响应 Windows 消息 WM_PAINT,自动完成绘制,在整个窗口内进行重画,维持原有窗口的完整性;CClientDC 应用在非响应 Windows 消息 WM_PAINT 的情况下,进行实时绘制,绘制的区域内被重画。

CWindowDC 与 CClientDC、CPaintDC 的区别:CWindowDC 可在非客户区绘制图形,而 CClientDC、CPaintDC 只能在客户区绘制图形;CWindowDC 下坐标原点是在屏幕的左上角,CClientDC、CPaintDC 下坐标原点是在客户区的左上角。下面举一个位图贴图的例子。

【例 3.4-4】 利用 CDC 相关类进行位图背景贴图。

① 建立一个基于对话框的 MFC 程序,命名为 BMPTest,去掉"About Box"选项,直接单击"Finish"完成工程创建。

② 单击"Insert"|"New Class"选项,命名为 CBmpWnd,继承自 CFrameWnd(注意:要把它的构造函数与析构函数改为 public,否则编译出错),如图 3-16 所示。

③ 为了清晰起见,在"File View"视图中删除对话框类 CBmpTestDlg 的头文件与实现文件。在 CBmpTestApp 类的实现文件中删除 CBmpTestDlg 的相关代码(主要是头文件与 InitInstance 中的代码)。此时只有应用程序类和已插入的窗体类,如图 3-17 所示。

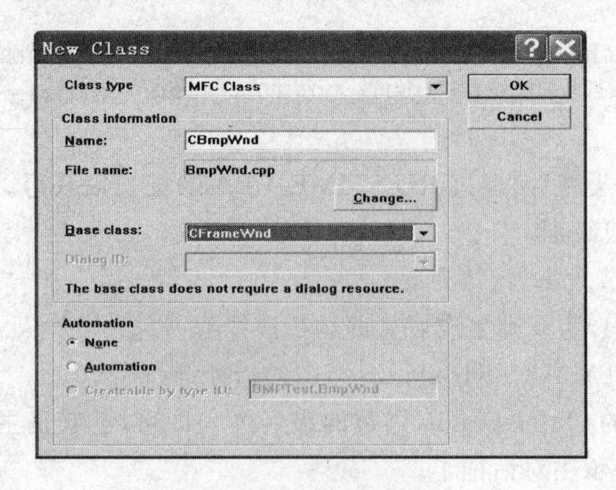

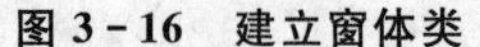
图 3-16　建立窗体类

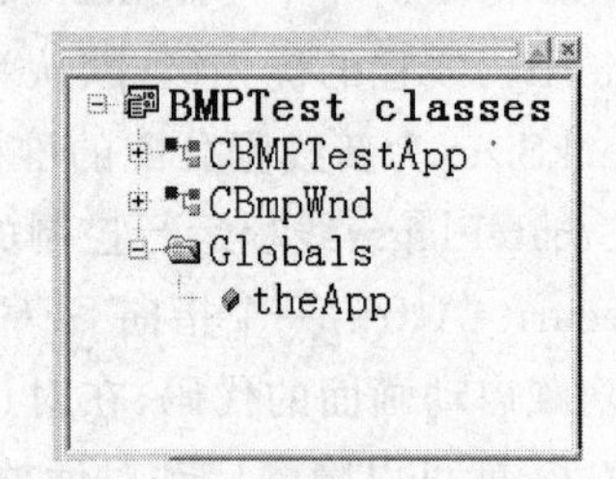

图 3-17　工程中只有两个类

④ 为 CBmpWnd 类添加 WM_PAINT 的消息处理函数,方法是按"Ctrl+W"快捷键弹出

“Class Wizard”对话框，选中 WM_PAINT 消息，单击“Add Function”，而后单击“Edit Code”按钮，如图 3-18 所示。

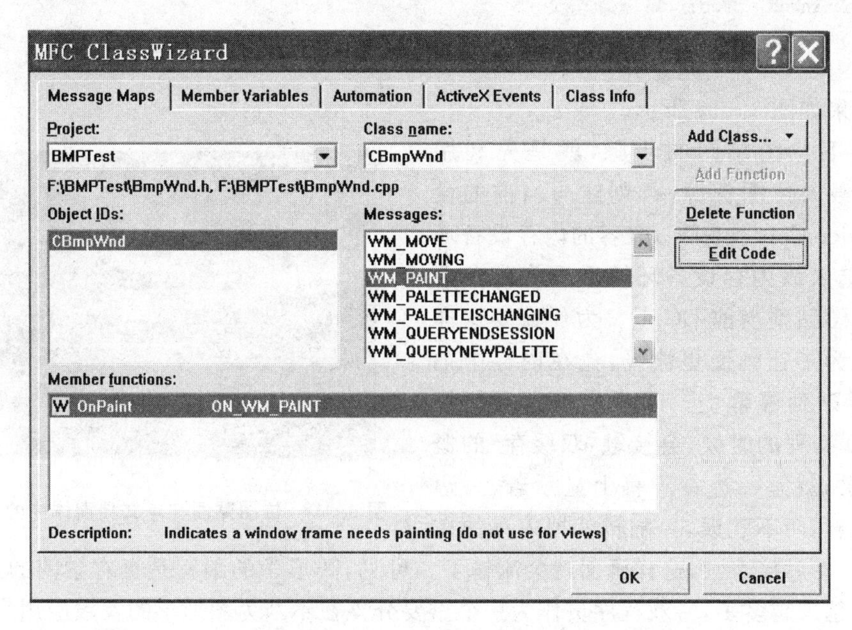

图 3-18　为 CBmpWnd 类添加 WM_PAINT 处理函数

在资源编辑器中插入位图资源，默认 ID 为 IDB_BITMAP1。在 OnPaint 函数中添加如下代码：

```
void CBmpWnd::OnPaint()
{
    CPaintDC dc(this);      // 设备环境,用 CPaintDC 类
    CBitmap bmp;            //声明位图类
    bmp.LoadBitmap(IDB_BITMAP1);        //载入位图
    BITMAP bmpInfo;
    bmp.GetObject(sizeof(bmpInfo),&bmpInfo); //获取位图信息
    CDC dcMemory;
    dcMemory.CreateCompatibleDC(&dc);   //创建兼容内存环境
    dcMemory.SelectObject(&bmp);        //将位图选入兼容内存环境
    CRect rt;
    GetClientRect(rt);    //获取视图窗口的大小
    //pdc->BitBlt(0,0,rt.Width(),rt.Height(),&dcCompatible,0,0,SRCCOPY);
    dc.StretchBlt(0,0,rt.Width(),rt.Height(),&dcMemory,0,0,bmpInfo.bmWidth, bmpInfo.bmHeight,
SRCCOPY);         //位图贴图(拉伸式),BitBlt 则不拉伸
    bmp.DeleteObject();      //这两句清除资源
    dcMemory.DeleteDC();
}
```

⑤ 在应用程序类的 InitInstance 函数中添加生成主窗体的代码(注意添加相应头文件)。

```
BOOL CBMPTestApp::InitInstance()
{
    ……
    CBmpWnd * pWnd = new CBmpWnd;    //生成窗体对象
    pWnd->Create(0,"My Bitmap Window");    //创建窗体
```

```
    pWnd->ShowWindow(SW_NORMAL);          //显示窗体
    pWnd->UpdateWindow();
    m_pMainWnd = pWnd;
    return TRUE;
}
```

运行结果如图 3-19 所示。

图 3-19 位图贴图在单文档窗体中的显示效果

总结一下位图贴图的步骤，就是先利用 CBitmap 类载入位图资源，再创建与当前的设备环境(Device Context,DC)兼容的内存设备环境，将位图选入该内存设备环境后再将内存中已经做好的图贴到当前 DC 上。为什么要这样做呢？就是为了让画面更流畅，先在内存中把画儿画好再贴到屏幕上。以后如果大家接触 OpenGL 3D 编程的时候，会接触“双缓存”的概念，通俗地讲，就是一边在屏幕上显示着，一边在内存中画着，两不耽误，一翻转就把内存的东西显示上去，然后接着画，这样画面就会流畅了。可见，图形学的编程是挺有学问的。现在编程的分支变得越来越多了，游戏程序员作为一个重要分支在不断为图形学的实践应用发挥光和热。如果你想成为一名游戏开发者(PC 客户端)，那么得好好研究研究图形学，而后就是 Windows GDI 编程了，继而是 3D API 的掌握(如 DX、OpenGL)，客户端这块也没太多选择，Windows 是绝对主流。

3.4.5 CFile 类及其范例

文件系统是操作系统的重要组成部分，也是编程开发的必备环节，是程序员经常打交道的对象。在 MFC 里，提供文件支持的类是 CFile 类，它提供了无缓存的二进制格式的磁盘文件的输入输出功能。由它还派生出其他一些类，间接地支持文本文件和内存文件。CFile 提供了文件操作的方法，大家如果熟悉 C 语言的文件操作库函数，对比一下可以发现二者有诸多类似之处。主要有：

打开、关闭文件：Open、Close。

读文件、写文件：Read、Write。

文件读写指针定位：Seek、SeekToBegin、SeekToEnd。

下面举一个小例子。

【例 3.4-5】 用 CFile 类进行文件读写。

① 新建一个基于对话框的 MFC 工程，命名为 FileTest。

② 编辑对话框资源，如图 3-20 所示。

③ 利用 Class Wizard 为 3 个文本编辑框控件添加变量，如图 3-21 所示。

④ 为“写入文件”按钮添加单击处理代码。

```
void CFileTestDlg::OnBtnWrite()
{
    UpdateData(TRUE);                  //使对话框接收控件内的数据
    m_strName.TrimLeft();              //对于文件名字符串，去除左边空格
    m_strName.TrimRight();             //对于文件名字符串，去除右边空格
    if (m_strName.GetLength() == 0)
```

```
    {
        MessageBox("文件名不能为空!");
    }
    else
    {
        CFile myfile(m_strName,CFile::modeCreate|CFile::modeWrite);
        myfile.Write(m_strWrite,m_strWrite.GetLength());
        myfile.Close();
    }
    m_strWrite = "";
    UpdateData(FALSE);    //更新控件的显示内容
}
```

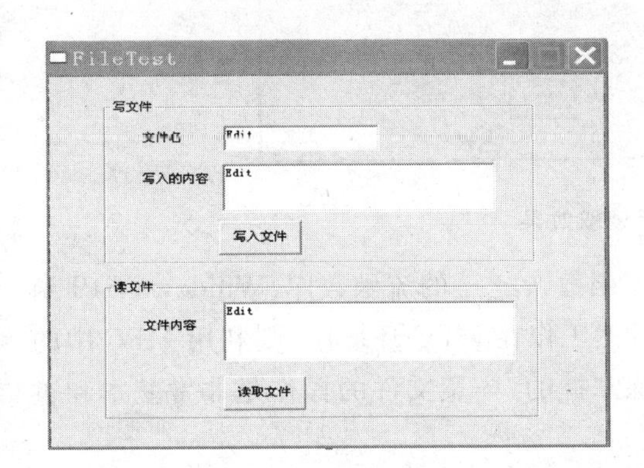

图 3-20　文件读取对话框

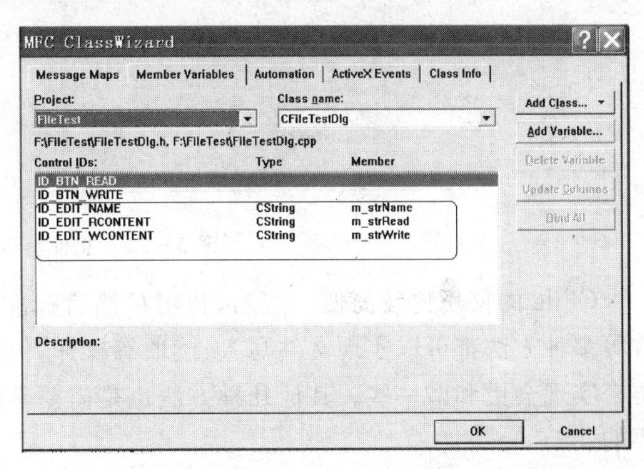

图 3-21　添加变量

先对输入文件名进行必要的检查，如果不为空，则构造一个 CFile 对象，访问方式为 CFile::modeCreate 加 CFile::modeWrite 组合，而后将输入的内容通过 Write 函数写到文件里去。

⑤ 为"读出文件"按钮添加单击代码。

```
void CFileTestDlg::OnBtnRead()
{
    UpdateData(TRUE);           //使对话框接收控件内的数据
    m_strName.TrimLeft();       //对于文件名字符串,去除左边空格
    m_strName.TrimRight();      //对于文件名字符串,去除右边空格
    if (m_strName.GetLength() == 0)
    {
        MessageBox("无文件可读!");
    }
    else
    {
        CFile myFile(m_strName,CFile::modeRead);
        char * pBuf;
        UINT length = myFile.GetLength(); //获取文件长度
        pBuf = new char[length + 1];  //接收数据缓冲区
        pBuf[length] = 0;
        myFile.Read(pBuf,length);       //读文件内容到缓冲区中
        myFile.Close();                 //关闭文件
        m_strRead.Format("%s",pBuf);
        UpdateData(FALSE);
    }
}
```

如果文件名非空(防止用户直接点读取),构造一个 CFile 对象,此时的文件访问方式为 CFile::modeRead,利用 CFile 类的 GetLength 方法取得文件的长度,利用这个长度分配一个字符串内存,利用 CFile 的 Read 方法读出。

运行效果如图 3-22 所示。

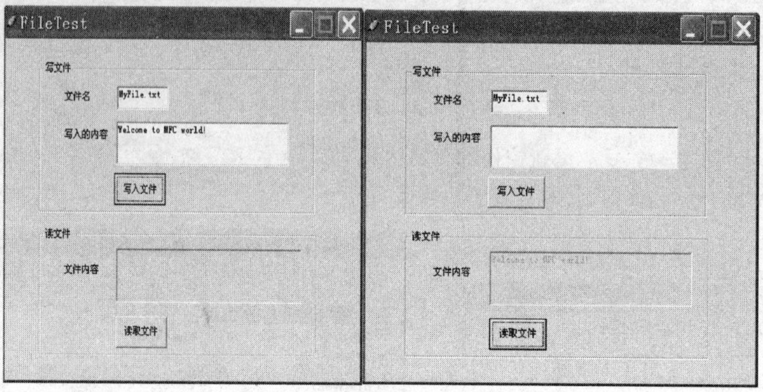

图 3-22　文件写入、读取效果

CFile 的使用比较简便。当然,利用 C 语言标准库函数、C＋＋的流函数库、Windows API 函数等多种方法都可以实现文件写入、读取等操作,但既然工作在 MFC 环境中,则利用 MFC 中的类来实现会更和谐一些。其他几种方法也是需要熟练掌握的,毕竟文件的操作是非常基本和重要的。

3.4.6　CSocket 类及其范例

CSokcet 继承自 CAsyncSocket 类,封装了 Windows Socket 函数。给自己的应用软件加入网络功能显得比较有技术含量,因此这个类是比较重要的。关于网络编程后面有专门的讲解。

3.4.7　CRect 类及其范例

CRect 类是对 Windows 中的 RECT 结构的封装。因为在 MFC 的界面编程中经常要碰到有关"区域"的操作,而矩形是最常见、最常用的区域了,因此 CRect 登场的机会很多。比如人们常利用 CWnd 类的 GetClientRect 函数与之配合获得客户区矩形,类似的还有 GetWindowRect。

有时候需要判断鼠标是否在某个矩形区域,此时就可以用到 CRect 类的一个比较重要的成员函数:PtInRect。在一些界面编程里,往往需要在鼠标移到特定点时界面有所变化,此时这个函数就可以派上用场了。比如下面这个小例子。

【例 3.4-6】 用 CRect 类进行鼠标位置判断。

建立一个基于对话框的 MFC 工程。准备好两个不同的图标,插入工程中,而后放入一个静态图片控件,属性设置为"icon"。通过 Class Wizard 为其绑定一个变量 CPicture m_picture。

针对 WM_MOUSEMOVE(鼠标移到消息)添加处理函数。通过判断鼠标位置来确定图片控件所显示的图标。

代码如下:

```
void CCRectTestDlg::OnMouseMove(UINT nFlags, CPoint point)
{
    CRect rt;
```

```
    m_picture.GetWindowRect(rt);    //获取图标的矩形(屏幕坐标系下)
    ScreenToClient(&rt);        //将矩形区域的屏幕坐标转换为客户区坐标
    if (rt.PtInRect(point))   //如果鼠标在图片区域内
    {
        m_picture.SetIcon(AfxGetApp() - >LoadIcon(IDI_ICON_IN)); //加载特定图标
    }
    else
    {
        m_picture.SetIcon(AfxGetApp() - >LoadIcon(IDI_ICON_OUT));
    }
    CDialog::OnMouseMove(nFlags, point);
}
```

这里面还有一个函数需要注意，就是ScrennToClient函数，它是CWnd类的成员函数，用于将屏幕坐标转换为客户区坐标。这里的鼠标位置(point)是相对客户区的，GetWindowRect获取的矩形则是相对于屏幕坐标的。因此必须将矩形区域、鼠标位置的坐标统一。

程序运行结果如图3-23所示。

图3-23　鼠标移入、移出矩形区域效果

3.4.8　CString类及其范例

CString类算是MFC中使用频率最高的类了。因为可想而知，与用户交互的东西是离不开文字的。字符串的操作向来都是颇具技巧性的东西，看看各个公司招聘程序员的试题就可见一斑。利用C++的基本语法实现一个字符串类是对编程基本功的一个很好的考查。

MFC的CString类非常强大，简化了许多有关字符串的操作，熟练掌握相关技巧对于提高编程效率大有帮助。下面就对相关技巧进行说明。

① CString重载了不少运算符，如"+""=""+="等，对于字符串的构造、连接都非常方便，编程时可以灵活应用。例如：

```
CString str1 = "hello";           //通过"="号初始化一个字符串
CString str2("World!");           //通过构造函数初始化一个字符串
CString str3 = str1 + str2;       //通过"+"号连接两个字符串
```

② 其他类型向CString类型的转换。经常会遇到将数学运算的结果通过字符串的形式显示出来。数学运算一般就是整型、实型变量，这时就会用到CString类的一个非常有用的函数：Format。它可以轻松地把其他类型的数据转换成CString类型。Format函数有点像C语言里面的printf函数，主要有%d(整型)、%f(实型)和%s(字符型)几种参数类型。

比如将一个数值型的变量转换为字符串显示在某个窗体上，代码如下：

```
CDialog dlg;            //声明一个对话框
int num = 1000;         //一个整型变量
CString str;
str.Format("%d",num); //整型变量转换为字符串
dlg.SetWindowText(str);  //将字符串显示在对话框窗体上
```

③ CString 向其他类型转换。其他类型向字符串转换一般是"由里及表",就是说要达到在用户界面上显示的目的;而字符串向其他类型转换就是"由表及里",也就是将用户界面输入的字符串类型的内容转换为后台算法要求的数据类型。

- CString 向 char * 转换:使用强制类型转换符(LPCTSTR)。
- CString 向整型、实型等数学类型转换:可以先转换为 C 风格的 char * 类型,再通过 atoi, atof 等函数转换。

④ 字符串的截取,主要是 Mid、Left、Right 函数。比如在网络通信中对协议字符串处理的时候常常需要截取一段字符,此时 Mid 函数就很有用处了。

⑤ 其他成员函数,比如 GetBuffer、ReleaseBuffer、TrimLeft、TrimRight、Remove、Insert 等也经常用到,读者可自行查看 MSDN 对其用法进行学习。

以上对于 MFC 中常用的类进行了选择性的介绍,由于篇幅有限,很多都没有讲到,读者可以在学习中慢慢积累。见得多了、用得多了,自然就会逐渐熟悉起来。如果你对 MFC 的运行原理已经基本掌握,那后面的工作就是对类库的长期学习了,没有这个积累想成为 VC 高手是不可能的。如果类库也学得差不离了,下一步学什么呢? 第 4 章会回答这个问题。

3.5 扩展实例与技巧

在用 VC 新建项目时,MFC AppWizard 与 Win32 Console Application 是两种不同的类型,如图 3-24 所示。前者是 MFC 工程,可以利用 MFC 生成 Windows 窗体程序,是 VC 应用的"主战场";后者则是传统的黑屏的 DOS 背景的程序,一般直接利用 C/C++编写一些处理程序,许多人在开始学习 C/C++语言时就是从编写 Console 控制台环境下的程序开始的。

现在的问题是,有没有可能在 MFC 的工程里,生成黑屏的 Console 窗体呢? 为什么要这样呢? 因为像 C++中的 cout 这样好用的函数在 MFC 工程中一般是用不了的,但如果想为了调试方便或者显示方便的话(比如你运行一个控制程序,在运行时间内想显示电机的转速等,此时在黑屏的 Console 窗体上显示是个不错的主意),如何生成 Console 的黑屏窗体,以便可以用 C++中的 cout 函数呢? 方法如下:

图 3-24 VC 下 MFC 与 Console 程序是两种不同的工程类型

① 新建一个基于对话框的 MFC 工程,命名为 testConsole。完成工程创建后,新建一个 C++文件并命名为 mfcconsole.cpp,添加到工程的 Source Files 中。

```
#include <stdio.h>
#include <windows.h>
#include "StdAfx.h"
extern "C"
{
    int PASCAL WinMain(HINSTANCE inst,HINSTANCE dumb,LPSTR param,int show);
```

```
};
int main(int ac,char * av[])
{
    char buf[256];
    int i;
    HINSTANCE inst;
    inst = (HINSTANCE)GetModuleHandle(NULL);
    buf[0] = 0;
    for(i = 1; i<ac; i++)
    {
        strcat(buf,av[i]);
        strcat(buf," ");
    }
    return WinMain(inst,NULL,buf,SW_SHOWNORMAL);
}
```

② 选择“Project”|“Settings”|“Link”|“Project Options”，找到“subsystem:windows”，将其改成 subsystem:**console**，如图 3－25 所示。

③ 在运行程序时，就会跳出 Console 调试窗口。继而可以利用 cout 显示了，非常方便。比如在对话框的 CPP 文件中包含了<iostream. h>后，为“确定”按钮添加一行代码：

```
void CTestConsoleDlg::OnOK()
{
    cout<<"hello"<<endl; //利用 C++ 的 cout 函数在 console 的黑屏上显示
//    CDialog::OnOK();
}
```

④ 编译运行程序，单击“确定”按钮，可以看到在 Console 黑屏上显示出了字符，如图 3－26 所示。

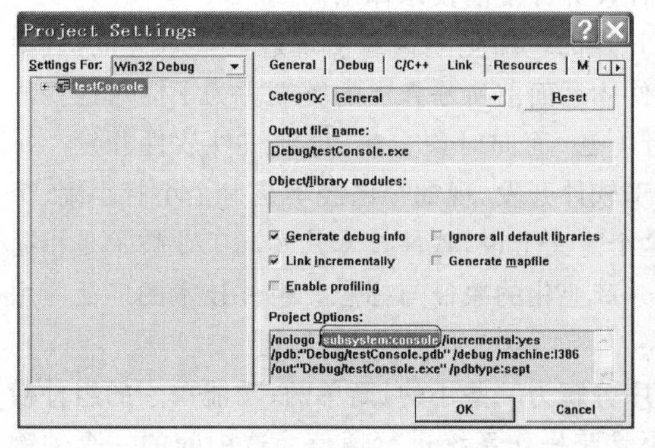

图 3－25　修改 Link 中的工程选项

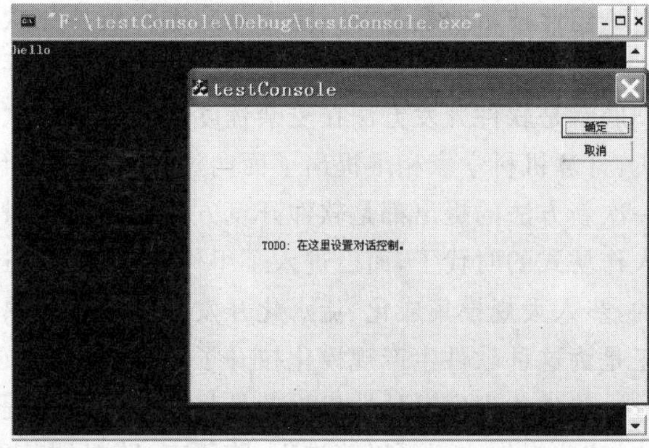

图 3－26　在 MFC 工程中显示 Console 黑屏，利用 cout 进行输出显示

第 4 章

组件技术——COM、ActiveX

如果你现在已经比较熟悉 MFC 类库，对于常用的 MFC 类已经运用自如，那么此时就具备了向高手进阶的基础了。下一步要学的技术是什么呢？就是组件技术。MFC 类库与组件技术都是软件复用思想的体现，但前者是源代码级的复用；而后者是二进制级的复用。更通俗一点说，利用 MFC 类库编好了程序后要经过统一的编译，往往会出现牵一发而动全局的情况，而组件都是编译好的模块无须再编译，这样使得组件技术非常适用于大型软件的开发与维护。组件技术是比类库更高一层次的技术，但是学好 MFC 类库是学组件技术的前提与基础。

组件技术是较难学的，不过对于经常用到的 ActiveX 技术，通过类比 VC 的控件也可以大体上理解。后面所要讲到的串口、数据库技术都要用到 ActiveX 的知识。

4.1 组件技术概述

4.1.1 概　述

要开发完成的软件好比是要搭出来的一个模型，而组件就是一个个的积木块。具体到真实的软件开发中，会涉及组件的开发、组件如何连接通信等很多问题。如果所有这些相关技术形成规范，就是可以标准化的组件技术了。

组件技术就是遵循一定规范来进行组件化软件设计开发的技术体系。

组件技术的出现其实是应对日益复杂的软件开发的。历史上曾经出现过几次软件危机，说到底就是软件开发方法在复杂程度越来越高的软件体系面前所暴露出的弊端。为了应对这些危机，计算机科学家相继提出了面向过程的程序设计方法、面向对象方法、再到组件软件开发。每一次新方法的提出都是软件开发方法的革命。对于软件开发，现如今已经不是一个小打小闹、个人作坊式的时代了，而已进入了组件化时代。从这个意义上说，软件技术其实同工业技术是相通的，步入大规模集成化、流水化开发是其技术成熟并产业化的象征与标志。组件技术的广泛应用正是为这种软件生产规模化拉开了序幕。

组件化程序设计的思想就是将复杂的应用程序分解为一些小的、简单的、功能单一的组件模块，这些组件之间可以跨进程、跨语言、跨机器甚至是跨操作系统进行通信。这中间的一个关键问题就是组件的设计要遵守严格的规范，正所谓“没有规矩不成方圆”嘛。目前软件行业处于主流地位的组件规范主要有 3 个：微软公司的 COM(Component Object Model)、Sun 公司(现在被 Oracle 公司收购)的 EJB(Enterprise Java Beans)和 OMG 的 CORBA(Common Object Request Broker Architecture，公共对象请求代理体系结构)。

CORBA 标准是由对象管理组织(OMG)设立并进行控制的组件规范。OMG 是一个国际性的非营利组织，这样 CORBA 就得到了很多成员的支持。微软公司也是 OMG 的成员，但是以微软公司一贯的作风，它会力挺自己的 COM 标准。这样，CORBA 作为一个有影响力的组件标准主要还是在非 Windows 平台发光发热。

EJB 是 Sun 公司的服务器端组件模型，是大名鼎鼎的 J2EE 的一部分，搞 Java 的人估计没人不知道它，而且也算是重点学习内容吧（作为非 Java 阵营的人了解一下也不是坏事）。Sun 公司其实是一个挺让人尊敬的公司，但是技术的成功并没有给它带来如微软公司那样的成就，最终还是被 Oracle（甲骨文公司）所收购。不过，以 Oracle 公司的实力，Java 技术应该会继续发扬光大的。

COM（Component Object Model，组件对象模型）是世界头号软件巨头微软公司所提出的建立组件的二进制和网络规范。由于 COM 是一个二进制的标准，因此它是与语言无关的，比如用 VB 开发的 COM 组件可以被 VC 所使用。只要遵守 COM 标准规范，软件开发人员就可以将不同的组件组合起来完成软件，而且在必要时升级旧的组件。COM 提供了组件之间通信的标准，两个 COM 对象可以在不同进程中，甚至是运行在大洋彼岸的两个不同的机器上。

COM 组件其实并不神秘，它的外在表现形式一般就是以动态链接库（DLL）或可执行文件（.exe）等形式发布的二进制代码。一般以 DLL 形式的是进程内的组件，EXE 形式的则是进程间通信的组件。

COM 组件代码在被链接运行时，它的运行实例被称为 COM 对象。COM 对象包含属性与方法。COM 对象的属性表征了 COM 对象的存在，用以区分其他 COM 对象；COM 对象方法则是 COM 对象提供给外界的接口。接口这个概念很重要，它是 COM 对象与用户交互的唯一途径。由于 COM 对象与外界交互的唯一途径就是接口，它实际上就是一组有用的函数，因此接口是 COM 对象功能的体现，是其“自身价值”的体现，这样就使得接口成了 COM 规范中最为重要的部分。COM 规范的核心内容就是围绕接口的。

4.1.2　组件的优点

一个应用程序如果是一个整体，那么在后期的维护中一旦发现问题需要修改，就要进行重新编译，而且有可能在修改过程中不慎引入新的更多的 BUG（这实际上对于大型软件而言几乎是不可避免的）。这种牵一发而动全局的开发方法效率低下，耗费大量的人力物力，显然对于大型软件的开发维护是非常不适合的。

组件技术着眼于大型软件的开发，借鉴了工业领域的思想。如飞机的生产，飞机的不同组件分别外包给不同厂商来加工，只要这些厂商所生产的部件严格遵守统一的规范，就可以最后组装成一架飞机。当其中某个部件出现问题时，只要生产它的厂商遵守了生产规范，那么很容易做出一个新的合格品将问题部件替换掉。

具体到软件领域，复杂庞大的软件被分解为很多个模块，这些模块不是简单的代码库，而是经过严格测试的独立性非常强的组件。这些组件遵循统一的标准规范，最后就可以组装成一个复杂的程序。当程序的某个模块出现问题或者某个模块有了新版本时，只要将相应的模块修改后再次加入进来即可，不用对软件整体进行再编译。这样的开发维护模式大大提高了效率，而且便于多人合作式开发。

单一模块程序与应用组件技术的程序的对比如图 4-1 所示。

4.1.3　COM 技术

在实际应用中，经常会碰到 COM、OLE、ActiveX 这 3 个混在一起的名词。三者之间有着紧密的联系，但也有所区别，区别如下。

OLE（Object Linking and Embedding，对象链接与嵌入）技术是客户应用程序间传输和共享信息的一组综合标准，允许创建带有指向应用程序的链接的混合文档以使用户修改时不必在应

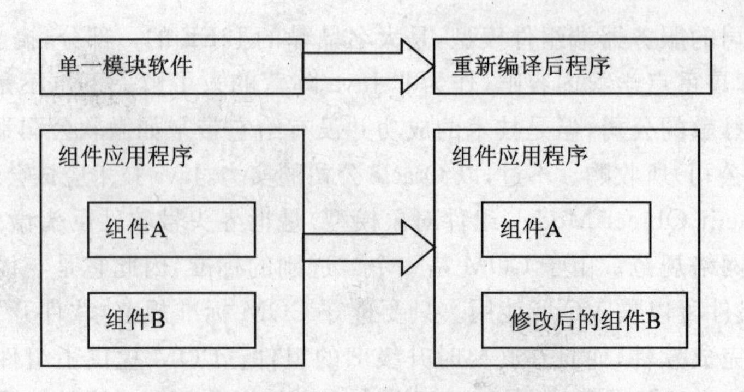

图 4-1 组件技术较单一模块程序的优势

用程序间切换的协议。大家平时使用的 Word 里面可以任意插入图片、表格等，就是在应用 OLE 技术。OLE 是建立在 COM 规范基础之上的。

继 OLE 技术之后，微软公司推出了一系列以 COM 技术为基础的技术，统称为 ActiveX 技术。大家应该对于 ActiveX 比较熟悉，在用 IE 浏览网页时，可能就会提示安装 ActiveX 控件。正是由于在 Internet 领域的广泛应用，ActiveX 技术显示了很强的应用价值，而作为其基础的 COM 技术则显现了自己的生命力。

不光是 ActiveX，另一个读者可能比较熟悉的、大名鼎鼎的 DirectX 也是以 COM 为基础的。在游戏开发领域不会 DirectX 的人估计是混不下去的吧(除非你是 OpenGL 大牛)。现在是网游很火的时期，读者如果决心进军游戏编程，潜心钻研 DX 游戏开发，那应该对于作为其基础的 COM 技术有所了解。

COM 技术已经成为 Windows 整体的一部分，渗透到了 Windows 的诸多方面。COM 技术解决了 Windows 程序之间相互通信的标准问题，是研究 Windows 操作系统及其软件开发人员必不可少的重要知识。

4.2 ActiveX 基础知识

4.2.1 概 述

ActiveX 这个名称相信许多即使根本不干编程的人都经常看到，也正是因为它的应用如此广泛、出现频率如此之高，所以作为 Windows 程序员、VC 工程师的我们必须得知道它、学习它。

ActiveX 算是 COM 技术的实用性代表，它的出现使得软件开发的速度和效率提高了，成本下降了。由于只要遵从相应的标准就可以开发出五花八门的 ActiveX 控件来，所以也算是给了众多中小型开发团体一个“饭碗”。所以，如果你会而且精于 ActiveX 控件的开发，还是挺有“钱”途的哦。

ActiveX 是以 OLE 技术为基础的，但较之又有了改进与提高扩展。1991 年的时候微软公司推出了 Visual Basic，支持可以定制的控件叫做 VBX，由于 VBX 的通用性非常好，获得了很大的成功。后来由于 Win32 时代的来临，微软公司在 OLE 2.0 的基础上发展出了 OCX 控件，它同 VBX 一样获得了广泛的支持。1996 年的时候，由于微软公司意识到 Internet 的巨大潜力，为了能够适应网络应用技术的发展，推出了 ActiveX 技术，算是对于 OCX 的进一步发展。为了统一起见，后来微软公司就把所有建立在 OLE 和 COM 技术基础上的技术统称为 ActiveX 技术了。

ActiveX技术不仅使得桌面软件的开发更加高效灵活，同时更为重要的是它在Internet上的应用大放异彩。ActiveX控件算是ActiveX技术最为人所熟知的应用。它同VC一般控件有诸多相似，它可供VB、VBScript、JavaScript、Java等语言使用，足可见其强大的功能。

4.2.2 ActiveX控件

"ActiveX控件"这个名称本身就表明，它也是一种控件，只是这里所强调的是，它是由ActiveX技术所开发的可重用的软件模块。

ActiveX控件一般都是带界面的可视化组件。由于它是控件，就需要"容器"，这个"容器"就是包含各种控件的应用程序。ActiveX控件在容器（即程序）中的使用方法和Windows的标准控件（如文本框、按钮等）的使用非常相近，没什么区别，都可以被看做属性、方法和事件三者结合的对象，如图4－2所示。

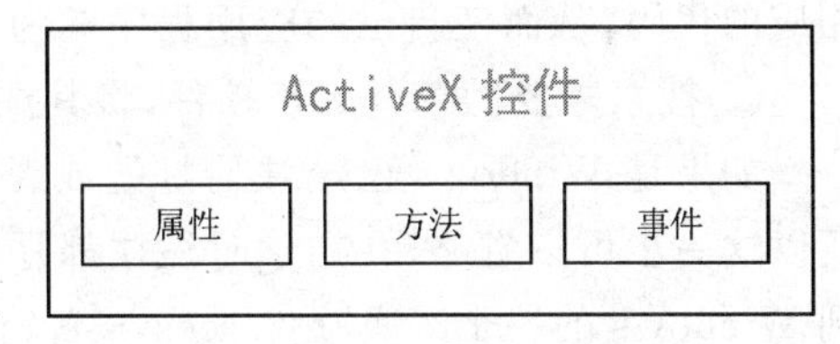

图4－2　ActiveX控件组成

1. 属　性

属性是ActiveX控件的特性、特征，一般的，控件作为界面元素出现在应用程序之中，它的属性大都表现为控件的外观，比如控件的颜色、字体等，用户可以根据自己的需要来进行设置，非常方便。其实这一点和Windows普通控件非常相似。

ActiveX控件有一些属性比较通用，一般是对于外观的设置。比较典型的有Appearance、BackColor、Caption、Font、Enable等。

2. 方　法

类似于C＋＋的成员函数，它能够访问ActiveX控件的属性和数据。通过使用方法可以使外部函数操控控件的外观、行为和属性。

3. 事　件

事件是控件在响应外部作用时由其触发的消息，控件利用事件与其所在的容器程序进行通信。比如鼠标单击事件、键盘输入事件发生时，控件就激发相应的事件来通知容器，这与MFC程序设计中的消息映射类似。

常见的事件有MouseMove、MouseDown、MouseUp、KeyDown、KeyUp、Click、DblClick等。

熟悉C＋＋的人都可以看出来，ActiveX控件的这3个要素其实和C＋＋的成员变量、成员函数、消息是对等的。COM技术虽然是跨语言的，但是和它最近的还是C＋＋语言，谙熟C＋＋对于理解COM和ActiveX是很有帮助的。

4.3 ActiveX控件的使用

4.3.1 概　述

ActiveX控件与其他Windows的标准控件（如按钮、文本框）有什么不同呢？其实两者的用法是基本相同的，它们都是子窗体，在父窗体中创建并显示出来。容器程序在创建ActiveX控件时，并不是直接创建，而是首先把ActiveX控件的代码装进来，而后由ActiveX控件自己负责创建自身的子窗体。ActiveX控件保存于动态链接库中，并在Windows注册表中进行了注册，容器程序会根据注册表中的信息，利用复杂的COM技术，动态地载入动态链接库。

如果读者朋友已经对 MFC 编程比较熟悉了，就知道在 VC 中作为控件父窗体的常用容器就是“对话框”，它其实已经作为了 VC MFC 编程的三大模板之一（另两个是单文档与多文档模式）。利用对话框模板的程序使用控件非常方便，ActiveX 控件自然也一样。但是要注意，其他两种模板也可以作为 ActiveX 父窗体，只是要手工加入一些代码。

在应用程序中使用 ActiveX 控件的一般步骤是：

① 在 AppWizard 中添加对于 ActiveX 控件的支持。

AppWizard 向导中都有“ActiveX Controls”的选项，勾选此项后生成的代码中就会自动添加相应的代码，从而使自己的应用程序成为 ActiveX 控件的容器程序。

② 搜索需要的 ActiveX 控件，将其注册到 Windows 的注册表中。

如果是 Windows 已经注册好的或者 VC 自带的控件，由于它们都已经在系统中注册好了，所以这一步可以省略（在初学时往往都是省略的，因为默认的还学不过来呢）。注册控件时要用到 Windows 的一个工具软件 regsvr32. exe，用法如下：

单击 Windows 的“开始”按钮，选择“运行”，在弹出的对话框中输入：

```
Regsvr32.exe 控件文件名.ocx(或者控件文件名.dll)
```

单击“确定”按钮，将有消息框提示注册成功。需要注意的是，控件文件名要把路径写完整。

③ 将已经注册好的 ActiveX 控件加入到应用程序中。

在 VC 中，选择“Project”|“Add to Project”|“Components and Controls”菜单项，而后就会弹出对话框显示目前已经注册好的 ActiveX 控件，选中后单击“添加”按钮即可将其加入。

④ 在工程中使用 ActiveX 控件。

把 ActiveX 控件加入到自己的工程后，它的实现类代码就加入到工程中来了。此时作为工程的一员，就可以利用它的属性和方法来编写程序了。可以利用 Class Wizard 添加关联变量，并针对需要编写相应的消息处理代码。

4.3.2　ActiveX 控件应用举例

本节举一个简单的使用 ActiveX 控件的例子。“麻雀虽小五脏俱全”，通过这个例子就基本知道该如何使用 ActiveX 控件了。

在这个范例中使用了日期控件，因为它比较简单，也比较典型。

① 建立一个基于对话框的 MFC 程序，注意在设置的第 2 步中要勾选“ActiveX Controls”选项，这样向导程序就会自动加入对于 ActiveX 控件的支持了。

添加了一个头文件（在 stdafx. h 中）：

```
#include <afxdisp.h>          // MFC Automation classes
```

在应用程序中的 InitInstance 函数中加入了如下代码：

```
AfxEnableControlContainer();
```

② 建好工程后，选择“Project”|“Add to Project”|“Components and Controls”菜单项，弹出如图 4 - 3 所示的对话框。

在此对话框中，共有两个文件夹选项，一个就是要用的“Registered ActiveX Controls”，这里面全部是系统已经注册好的 ActiveX 控件；另一个是 Visual C++ Components，提供的是 VC 的一些组件。打开“Registered ActiveX Controls”文件夹，可以看到许许多多的 ActiveX 控件。在控件列表中找到“Microsoft MontnView Control 6.0”，如图 4 - 4 所示。单击“Insert”按钮，弹出确认对话框，确认后出现一个“Confirm Classes”对话框，如图 4 - 5 所示，此对话框中列出了与此 ActiveX 控件相关的 3 个类以及加入项目后默认的头文件和实现文件的默认名称。一般情况下可用这些默认的名称。

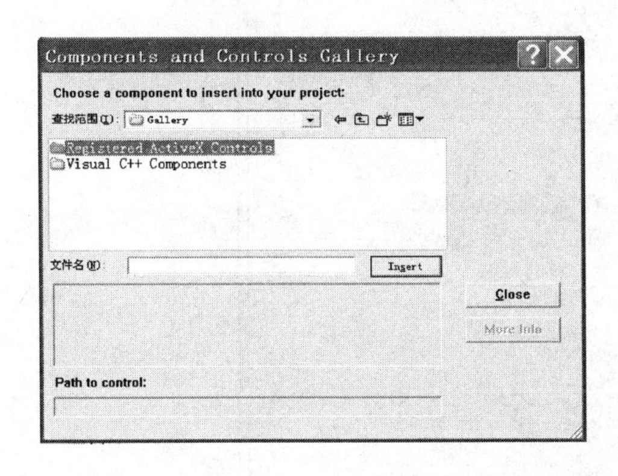

图 4-3　添加 ActiveX 的对话框

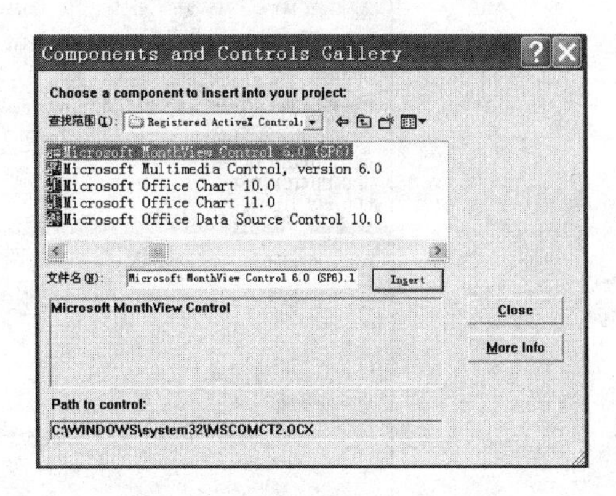

图 4-4　选择需要的 ActiveX 控件

③ 完成以上步骤后，进入工程中的资源编辑器中。此时可以看到已经加入的 Month View 控件已显示在控件资源里了。通过鼠标可拖曳控件，设计的对话框界面如图 4-6 所示。

图 4-7 所示为 Month View 的属性设计页。

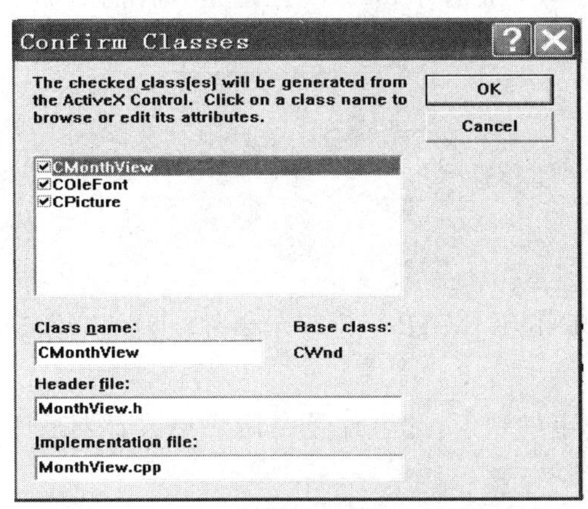

图 4-5　与插入的 ActiveX 控件相关的类

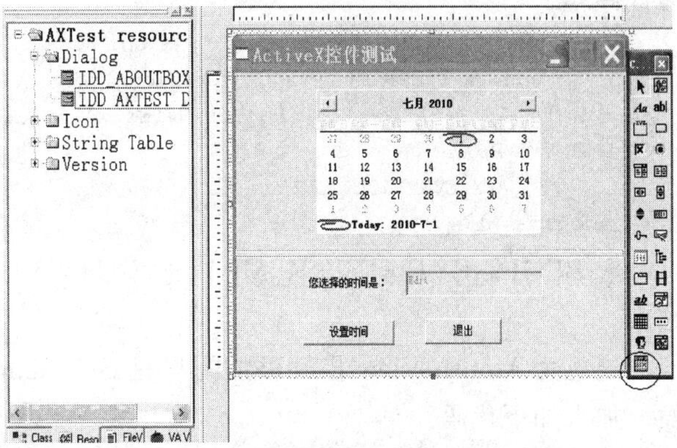

图 4-6　利用 Month View 控件设计的对话框界面

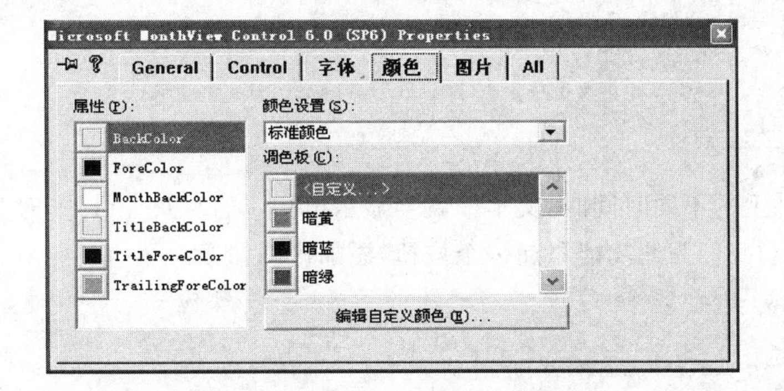

图 4-7　Month View 控件的属性设计页

用 Class Wizard 为 ActiveX 控件添加变量，如图 4-8 所示。

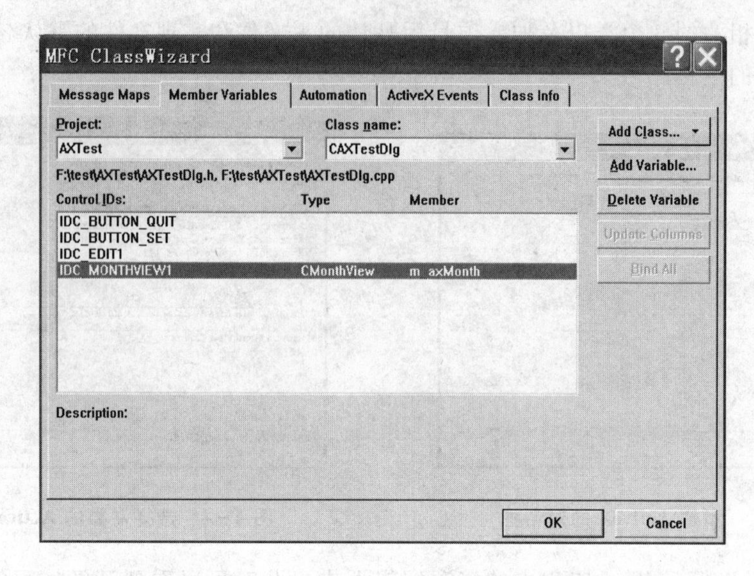

图 4-8 为 Month View 控件添加变量

④ ActiveX 控件的事件映射。

使用 Class Wizard 为 ActiveX 控件添加事件映射同一般的 Windows 控件是一样的。加入的代码如下：

```
BEGIN_EVENTSINK_MAP(CAXTestDlg, CDialog)
    //{{AFX_EVENTSINK_MAP(CAXTestDlg)
    ON_EVENT(CAXTestDlg,IDC_MONTHVIEW1,4/ * SelChange * /,OnSelChangeMonthview1, VTS_DATE VTS_
DATE VTS_PBOOL)
    //}}AFX_EVENTSINK_MAP
END_EVENTSINK_MAP()
```

宏 BEGIN_EVENTSINK_MAP 与 END_EVENTSINK_MAP 分别表示事件映射的开始和结束。

这里为 Month View 控件添加的只是 SelChange 事件映射，此事件是在用户更改日期后激发。加入如下代码：

```
void CAXTestDlg::OnSelChangeMonthview1(DATE StartDate, DATE EndDate, BOOL FAR * Cancel)
{
    int iYear = m_axMonth.GetYear();
    int iMonth = m_axMonth.GetMonth();
    int iDay = m_axMonth.GetDay();
    m_strDate.Format(" %d年 %d月 %d日",iYear,iMonth,iDay);
    UpdateData(FALSE);
}
```

此时单击控件上的不同时间时，文本框就会显示出相应的时间。另外，对于日期控件都要有个设置时间的功能，我们为此功能添加一个按钮，添加代码如下：

```
void CAXTestDlg::OnButtonSet()
{
    int iYear = m_axMonth.GetYear();
    int iMonth = m_axMonth.GetMonth();
    int iDay = m_axMonth.GetDay();
    SYSTEMTIME st;
    GetLocalTime(&st);
```

```
    st.wDay = iDay;
    st.wMonth = iMonth;
    st.wYear = iYear;
    SetLocalTime(&st);
    OnOK();
}
```

这里用到了一个重要的系统结构 SYSTEMTIME，用于获取系统时间。一般在什么时候需要用到系统时间呢？很多呀，比如有日志功能的模块等。

好了，到此为止，对于 VC 的基础部分的学习算是告一段落了。作为基础，这些东西基本上就算够用了。但学习 VC 的目的可不是学习 VC 本身，而是要利用它来编写实用的软件。以下章节就是来教会读者朋友如何利用 VC 来编写实用的软件，希望读者朋友在学习中不断复习前面的知识，温故而知新，尤其需要强调的是：要把 MFC 类库的学习当成一个长期的任务，最好有空就好好研究一个类，这样日积月累就会对 VC 越来越熟悉，运用越来越自如。

第 5 章

信息技术四部曲——信息采集

以上几章的内容是铺路石,即为读者朋友理解 VC 打个基础。我们做事情,先要有个得心应手的工具,然后针对不同的需求利用手中的工具去干活。对于工具本身的了解与学习是要花一定时间的。当然,这个时间是越短越好。VC 这个工具本身确实需要相当一段时间的学习才能掌握,但如果读者朋友抓住了以上几章的要领,相信基本上心中就可以有个轮廓了。有了这个轮廓,再去学习以下真正可以拿来"干活儿"的内容,就可以一马平川了。要强调的是,对于 VC 本身要本着"先求够用,有时间再深入"的原则,等做了几个项目后,有时间再回头深入学学 VC 本身的一些原理,相信会更有效果。

VC 这个工具能帮我们做些什么呢? 这可多了! 从底层的硬件控制到信息系统开发,几乎无所不包,要不我们为什么要费那么大力气学它呢,直接弄 BASIC 玩玩不就得了? 过去,C++曾被认为是万能语言,就是说从底层到高级应用都能来。后来,随着计算机语言的发展,在 C++ 的一些传统领地出现了其他针对性更强、开发更方便的语言,如 Java、各种脚本等。这其实是软件技术的进步。C++把一些领地让位给后起之秀,可以使整体软件的应用开发更加有效率。但是对于一些相对较小的程序(10 万行以内)来说,用 VC 能胜任的实在是够多的。比如,开发学生信息管理系统、数字信号处理软件、单片机系统(上位机程序)、游戏引擎等,用 VC 都是好的选择。

5.1 IT 技术带给我们的启示

IT 技术是当代最炙手可热的技术,它使得人类的生活发生了翻天覆地的变化。现在,人们可以足不出户便知天下事;利用先进的教学软件系统可以使以前枯燥的理论学习变得生动有趣;办公软件的普及使得文秘人员的工作大大减轻;小小的企鹅 QQ 可以让相隔万里的陌生人成为朋友;各形各色的网络游戏使得成千上万异地而居的人一起玩耍……凡此种种都是信息技术带给人们的方便与快捷,是信息技术改变了人们的生活方式。

一说起"谁谁谁是搞 IT 的",人们时常会送去羡慕的目光。显然,IT 在一般人的眼中已成为高科技的代名词。近几年 IT 业所造就的富豪也颇为让世人瞩目,比如百度的李彦宏、腾讯的马化腾等。别的不多说,一个比尔·盖茨估计就可以说明一切了吧,他富可敌国的财富说明了 IT 业所蕴含的巨大价值。在中国,IT 也已经成为国民经济增长的重要的动力。

说到底,IT 是什么呢? IT 是 Information Technology 的英文缩写,意为信息技术。我们经常说人类进入了"信息时代",那信息又是什么东西呢? 被誉为"信息论之父"的香农于 1948 年在题为《通信的数学理论》的论文中系统地提出了关于信息的论述,创立了信息论。香农给出的定义为:信息是"确定性的增加"。想想可不是么! 每当我们掌握了一个陌生事物更多的信息,我们对于它的陌生程度就减少一些。想改造世界就必先认识世界,而信息的获取就是认识世界的手段,从这个意义上说,信息是非常有价值的。当今时代已经由过去的工业经济步入信息经济,如何更多、更快地获取信息与更好地处理信息是衡量一个组织生命力强弱的重要标志。

学习软件开发技术的目的就是掌握信息处理的工具，提高解决问题的能力，从而在这个竞争激烈的社会中赢得自己的一席之地。学 VC 的目的就是要掌握对于信息的掌控技术。VC 的开发方向很多，有的是网络应用，有的是与硬件打交道，有的是多媒体方面的应用，等等。在本书中，并不是根据不同的技术方向来划分章节教授 VC 的内容，而是通过另外的一种新的思路。这个新思路着眼于信息的全程处理，针对其中的每个环节讲授相应的技术，这样的好处是给读者一种高屋建瓴的感觉，使得对于技术的感觉在心中成为一个整体，令人觉得 VC 是浑然一体的，而不是“一小块儿一小块儿的”。当读者有了这样的感觉后，学习的自信心会大大增加。

对于信息的全程处理，其实很好理解，做过一些项目的读者可能会有些体会。首先就是要采集信息；采集好了就要传输给要处理它们的计算机那里去，也就是传输信息；采集好的信息当然不能随便丢弃而要保管好，这就涉及存储信息；采集来的信息都是原始的材料，需要加工，这就是信息的处理了；最后要看到处理的结果呀，那就是信息的显示。VC 针对以上每一个环节都有相应的技术与之对应，这样大家学 VC 相应知识点时就会直观地感受到这一块是干什么的，那一部分是做什么用的，学习的趣味性和针对性都会大大加强。图 5-1 所示的就是一个信息流处理的过程。

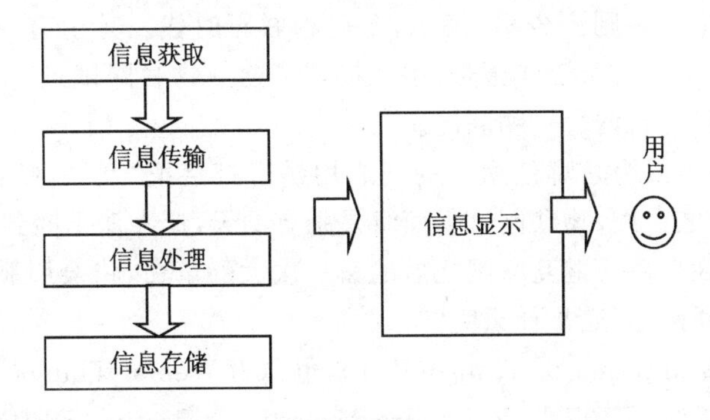

图 5-1　信息处理的技术环节

图中信息处理环节是需要算法支撑的。大家应该或多或少地知道，搞算法往往是很难的。一般在算法上有功力的人往往被称之为“大牛”。为什么呢？因为算法是计算机科技的精髓所在，是高脑力运动。国际中学生信息学奥林匹克竞赛、ACM 竞赛都是计算机天才的摇篮。最近，百度、网易等一些著名 IT 公司纷纷推出了自己公司的程序设计竞赛，其实都是在比拼算法能力，胜出者往往都是当年信息学奥林匹克竞赛、ACM 竞赛的获奖者，高额的奖金体现出“算法能力”的价值。又譬如，像 Google 这样的公司，对于算法的要求非常高，而能够过关斩将者往往手拿高薪，令旁人艳羡不已。但羡慕归羡慕，算法能力的提高绝非一日之功，看看经典的《算法导论》的厚度就可想而知了。如果想进入顶尖的 IT 公司，算法的学习与积累一定要早点起步。

但算法在“信息处理”环节并不是重点内容。为什么呢？因为这涉及读者朋友的专业了。其实应当这么说，你所学的专业其实就是对于一个复杂算法的详细展开。不是吗？比如你是做图形处理的，那么数字图像处理原理的书那厚厚的几本你是一定要啃下来的，然后跟着导师做实际的项目。项目中一般要编点儿程序，里面核心的东西就是关于你的专业的算法，比如图像去噪等方法。又比如你是学自动控制的，必不可少的就是对于 PID 算法的掌握，在一个控制系统的“信息处理”环节，你就要利用 PID 的离散化算法来编程序。

在图 5-1 所示的框图中，“信息处理”环节由于涉及的是各个学科的具体的不同算法，因此就不适合在本书里讨论了。

尽管如此，我还是想告诉各位读者朋友，除了本专业的核心算法必须掌握好外（这可是你的饭碗呀),还要有意识地去花些时间学习一下计算机软件技术中的通用算法,比如查找、排序、贪心、回溯、动态规划等,这些东西一旦学会学好就可以伴随你一生了,比起那些时变时新的开发语言、花样翻新的IDE工具等,算法是非常稳定的。这就好比科学定理,几百年都不变。稳定的东西其价值也是非常大的,掌握了将一生受用。

在构建的VC技术体系中,“信息获取”“信息传输”“信息存储”“信息显示”是具有一般性的。也就是说,它们可以作为比较通用的技术来帮助读者完成各种项目。在科研与工程中,项目多如牛毛,可能来自各个领域。但项目做多了之后,你就会发现共性,将这些共性提炼出来、总结归纳好,作为自己的“解决方案”,这样再接手新的项目时往往能“火眼金睛”般一眼看出其中的技术点,用自己积累的“解决方案”来更加快速地解决项目中的技术点。而对于新的、有个性的技术点则可以作为自己不断积累的技术经验财富。这样若干项目做下来,估计你就成了做项目的高手。

5.2 一张正在编织的新的大网——物联网

最近海尔电器打出了一则广告语:海尔,开启物联新时代。其中有一个新鲜的名词——物联。连温家宝总理所作的《政府工作报告》中也提到了建立物联网试点。由此,就引出了一个最近以来越来越引人注目的名词——物联网。

起初一看,大家还会以为是哪位粗心的同志用拼音打字把“互联网”错打成了“物联网”呢!仔细查询一下,不禁为之一震,物联网这里面真是别有洞天,让人似乎闻到了一股“革命”的味道,有人甚至已经将它的到来视为继互联网之后的又一次大的革命,将会引领人类生活的又一次巨大的飞跃。那么,“物联网”到底是什么呢?

物联网的英文名是Internet of Things(IOT),也称为Web of Things。它是指通过各种信息传感设备,如传感器、无线射频识别(Radio Frequency Identification,RFID)技术、全球定位系统、红外感应器、激光扫描器、气体感应器等各种装置与技术,实时采集任何需要监控、连接、互动的物体或过程,采集其声、光、热、电、力学、化学、生物、位置等各种信息,与互联网结合形成的一个巨大网络。其目的是实现物与物、物与人,所有物品与网络的连接,方便识别、管理和控制。

从以上这个基本的定义与说明可以看出,物联网较之于大家熟悉的互联网,其信息的触角更深,延伸到了生活的方方面面。比如你坐在一个接入物联网络的椅子上,通过其上的传感装置等,你身体的诸多参数,如体温、心跳、血压等就可以传送到某个健康中心的服务器上,分析软件会帮你分析你的健康情况,而后通过手机等形式通知你。这样的情景是不是非常美好?以前在科幻小说中才有的情景,现在正在人类的聪明才智的推动下逐步变为现实。物联网真正新的地方,或者说较之于现有的互联网的先进之处,在于各种感知技术的广泛应用。从本章开头所提出的信息的角度讲,它最大的特色与开创性革新,在于物联网提供了更为深入、更为广泛的信息获取技术。物联网上部署了海量的多种类型传感器,每个传感器都是一个信息源,不同类别的传感器所捕获的信息内容和信息格式不同。传感器获得的数据具有实时性,按一定的频率周期性地采集环境信息,不断更新数据。

人们常说的一句话就是:信息就是财富。那么首要的问题就是如何更多、更好地获取信息。人类已经迈入了信息时代,Internet已经无可辩驳地深刻改变了人类的生产与生活方式。世界变得越来越小,人们之间的距离越来越短。人类的信息生活并不会止步不前,对于信息的深度获取,拓宽更加广阔的信息获取渠道,就是重要的课题之一。物联网技术的兴起,无疑代表了这一趋势。它是一张较之于现有的Internet覆盖面更广大的网络,是一张正在编织的新的大网。有研究机构预计，10年内物联网就可能大规模普及，这一技术将会发展成为一个上万亿元规模的高科技市场，其产业要比互联网大30倍。在这张大网的编织过程中，相信也会涌现出丰富多彩的炫目技术、扣人心弦的商业传奇以及国与国之间的博弈。中国作为信息技术上的后来者，在以往的信息革命中都几乎没有扮演过什么重要角色，在新的信息技术来临之时，及时赶上这班车，做出自己的一份创新性贡献，努力争取一份自己的话语权，是非常重要的，也是与作为当今世界重要经济大国的地位相符合的。值得欣喜的是，中国正在加紧建设物联网的步伐。温家宝总理提出了"感知中国"的概念，物联网被正式列为国家五大新兴战略性产业之一，写入《政府工作报告》。物联网在中国受到了全社会的极大关注，其受关注程度是在美国、欧盟以及其他各国不可比拟的。

图5-2 物联网的愿景——感知世界

图5-2所示为物联网的愿景。

5.3 形形色色的信息、数据采集

5.3.1 概述——看《潜伏》有感

信息采集如果从广义上讲，内涵是很大的。比如说，一个公司职员去搜集竞争对手的商业情报，那也叫信息的采集，而且这样获取的信息是具有金钱价值的。

前两年热播的电视剧《潜伏》，可谓是一部优秀的电视剧，掀起了反特片的一股热浪。其实，从信息技术的角度讲，它也是信息获取、数据采集的优秀影视案例教材。

为什么这样讲呢？其实很简单。如果把国民党的匪窝比作"信息源"的话，那么孙红雷所饰演的余则成显然是我党安插在敌人处的一个"信息数据采集器"。这个信息数据采集器的任务就是源源不断地将其在"信息源"——匪窝处的信息采集到，并且打包发送给"用户"——我党，整个流程如图5-3所示。

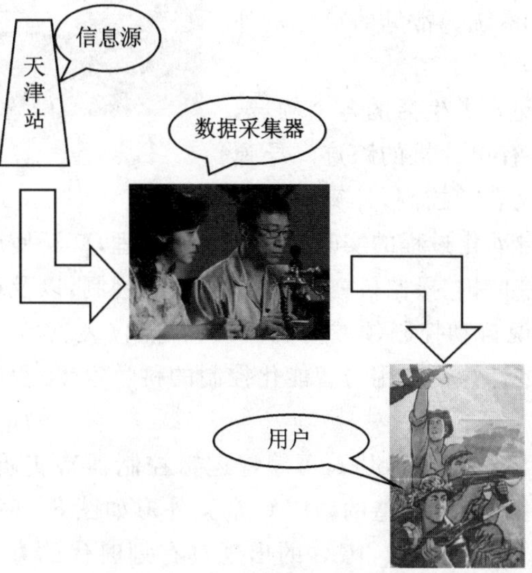

图5-3 《潜伏》里的数据采集

余则成这个"数据采集器"无疑是质量上乘的。一般衡量数据采集的好坏,要看触角多不多,深不深。在电视剧中,可以看到作为一名训练有素的特工,余则成利用了各种手段获取敌人的情报,包括照相机、窃听器、放大镜、手表等,这些其实都可以被称为数据采集的工具。

本书所探讨的数据采集,仅限于工程领域。在工程里面,信息的载体就是数据。因此,这里讲信息采集与数据采集基本就是一个意思了,请读者注意。

数据采集,是利用一些装置,从系统外部采集数据并输入到系统内部的一个过程。数据采集的目的是为了测量电压、电流、温度、压力或声音等物理量。这些被采集数据通常已被转换为电信号,可以是模拟量,也可以是数字量。

读者中应当有不少人开发过或者正在开发数据采集软件,往往是基于 PC,而后配合外围设备,这些设备可谓五花八门,但是目的只有一个,就是将信息吸纳入计算机中进行分析处理。

5.3.2 五彩斑斓的外部数据获取硬件

一般数据采集都是通过专用的外部硬件完成的,而后通过 A-D 转换器转换为数字信号,传送给计算机。形形色色的外部硬件完成着从外部世界获取信息的任务。

软件开发人员,经常要同外部硬件、设备打交道。软件开发人员中很多并非计算机科班出身,他们本身的专业可能是自动控制、电子信息、机械、力学……但他们却组成了计算机各个应用领域的大军,这些专业背景的软件开发人员经常要同硬件打交道。一般同硬件打交道的软件,就是从硬件那里获取信息,处理之后将信息写回硬件,进行相应的动作。这里简介一些常用的外部硬件。

1. 单片机

在电子信息、自动控制专业领域里,单片机的身影可谓无处不在。单片机是一种集成在电路芯片上,采用超大规模集成电路技术,把具有数据处理能力的中央处理器(CPU)、随机存储器(RAM)、只读存储器 ROM、多种 I/O 口和中断系统、定时器/计时器等功能集成到一块硅片上构成的一个小而完善的计算机系统。常见的单片机外形如图 5-4 所示。

图 5-4 单片机

目前,单片机已渗透到人类生活的各个领域,几乎很难找到哪个领域没有单片机的踪迹。导弹的导航装置,飞机上各种仪表的控制,计算机的网络通信与数据传输,工业自动化过程的实时控制和数据处理,广泛使用的各种智能 IC 卡,民用豪华轿车的安全保障系统,录像机、摄像机、全自动洗衣机的控制,以及程控玩具、电子宠物等,这些都离不开单片机,更不用说自动控制领域的机器人、智能仪表、医疗器械了。因此,单片机的学习、开发与应用将造就一批计算机应用与智能化控制的科学家、工程师。

2. PLC

PLC(Programmable logic Controller,可编程逻辑控制器),实质上应当算是微型计算机的一种,是专为工业控制应用而设计制造的。PLC 常见外形如图 5-5 所示,自动控制专业的朋友没有人不知道它的。在自动控制领域,PLC 的出现具有划时代的意义,它代替了传统的继电器实现逻辑控制。PLC 已经广泛应用于钢铁、石油、化工、电力、建材、机械制造、汽车、轻纺、交通

图 5-5　工业控制中的重要硬件设备——PLC

运输、环保及文化娱乐等各个行业，它具有高可靠性、抗干扰能力强、功能强大、灵活、易学易用、体积小、重量轻、价格便宜的特点。

美国、德国等国家的可编程控制器质量优良，功能强大。

3. 射频设备——IC 卡、ID 卡

RFID 技术是近几年来兴起，并应用日益广泛的技术。在现代的城市中，射频卡的身影可谓随处可见，背后的原因就是它为人们的生活、生产带来了非常多的方便。射频卡是一种以无线方式传送数据的集成电路卡片，它具有数据处理及安全认证功能等特有的优点。它成功地将 RFID 技术和 IC 卡技术结合起来，解决了无源（卡中无电源）和免接触这一难题，是电子器件领域的一大突破。由于具有磁卡（避免消磁）和接触式 IC 卡（可以免接触）不可比拟的优点，使之一经问世，便得到了广泛的关注，并以惊人的速度发展。目前在身份鉴别、信用鉴别、自动化控制、安全防范等领域，射频卡技术都有广泛的应用。

IC 卡全称为集成电路卡（Integrated Circuit Card），又称智能卡（Smart Card），可读写，容量大，有加密功能，数据记录可靠，使用更方便，如一卡通系统、消费系统等；ID 卡全称为身份识别卡（Identification Card），是一种不可写入的感应卡，含固定的编号。较之 IC 卡，ID 卡主要还是用于身份的识别，因此更加简单，存储的数据量较少，安全性也稍低。最近由于物联网的日益火热，RFID 技术得到广泛的重视。RFID，俗称电子标签，从它的名字就可以看出它对于物品识别的功用，正是契合物联网的需求。

RFID 是一种非接触式的无线自动识别技术，用于控制、检测和跟踪物体，由一个询问器（或阅读器）和很多应答器（或标签）组成。它通过射频信号自动识别目标对象并获取相关数据，识别工作无须人工干预，可工作于各种恶劣环境。RFID 技术可识别高速运动物体并可同时识别多个标签，操作快捷方便。现在大家所熟知的 ETC，即电子不停车收费系统，正是 RFID 技术的应用之一。当然，这还只是冰山一角。可以想象，未来 RFID 技术会有更加美好而光明的前景。

射频卡的常见外形与原理示意如图 5-6 所示。

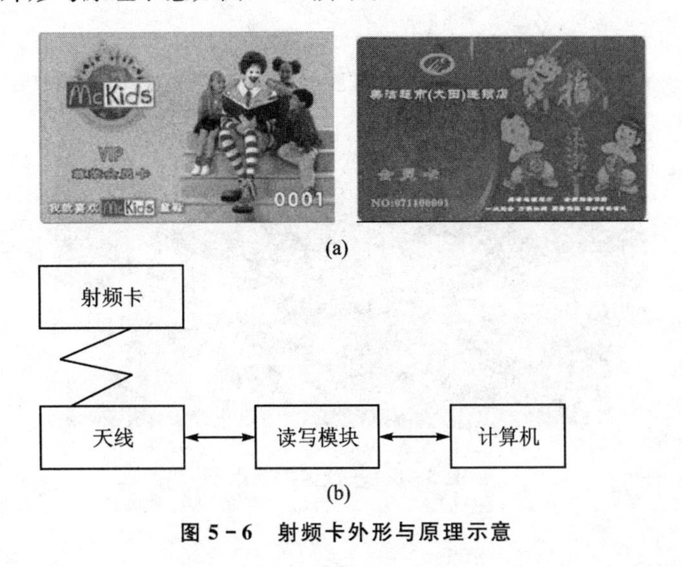

图 5-6　射频卡外形与原理示意

4. 摄像头

摄像头是一种重要的视频、图像信息获取硬件，在人们的日常生活中有着广泛的应用。常见的摄像头如图 5-7 所示。摄像头最为大众所熟悉的功用就是在银行、街道等公共场合的安防系统中发挥着重要作用。大家平日看什么法制节目，在一些案件的侦破中，摄像头往往起到关键的作用。可以说，对于构建平安城市、和谐社会，摄像头都是有功之臣。

图 5-7　摄像头

其实在广大的科研、生产领域，视频技术都有广泛的应用。计算机视觉、机器视觉都是很富挑战性且具有光明前景的课题，而摄像头就是获取视频信息的前端硬件。摄像头获取视频图像信息的一般原理就是光电转换机制，目前根据具体原理分为 CCD 和 CMOS 两种，其中 CCD 是主流。景物通过镜头(LENS)生成的光学图像投射到图像传感器表面上，然后转为电信号，经过 A-D(模-数)转换器转换后变为数字图像信号，再送到数字信号处理芯片(DSP)中进行压缩处理，接着通过接口传输到计算机中进行处理，最后通过显示器就可以看到图像了。

5. 专用板卡、数据采集卡

随着电气、电子技术的不断发展，针对不同行业、不同需求的专业型硬件设备、数据采集板卡不断出现。这些板卡都是通过物理手段，通过 A-D，D-A 的转换将感兴趣的物理量转换为电信号，而后通过数字化的手段同计算机进行通信。

如图 5-8 所示是一款基于以太网总线的数据采集卡。

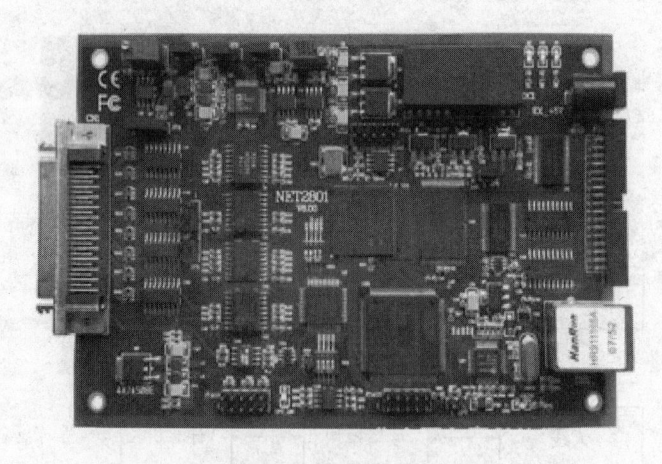

图 5-8　一款数据采集卡

5.4　采集信息的重要阀门——计算机接口技术

5.4.1　概　述

上文讲到的物联网技术，基础在于信息的获取。实际的工程应用中信息获取的例子非常多，比较典型的就是计算机检测系统。这类系统往往也被称为数据采集系统。该系统通过传感器，采集被检测对象的物理量，如温度、湿度、速度、力等，而后将采集的数据送到后端进行处理、显示等操作。此类系统广泛应用在航空、航天、实验室研究、生产自动化领域等。

通过形形色色硬件采集设备采集来的信息，最终都要传送给计算机进行处理，但这些数据也不是很容易就能直达计算机的处理中心——CPU的，需要通过一个中间环节，就是“接口”。

接口是CPU与外界进行信息交换的中转站。接口技术研究CPU如何与外界进行信息的有效交换，从而为信息流入、流出计算机提供一个顺利“通道”。

随着人类社会的发展，利用计算机设备实现生产过程的自动化是提高生产力的有效手段。接口在这个过程中扮演着越来越重要的角色。大家知道，计算机内部信息处理是非常快的，而外部就非常慢了，是整个计算机应用系统的瓶颈。同时，接口技术的好坏，对于计算机所采集的数据也有直接的影响。试想，如果在物联网中，采集来的数据好多都是垃圾，那么即使网络再庞大、处理中心再高效，那又有什么用呢？

因此，对于信息采集技术，计算机接口技术居于重要地位。外部的硬件千千万，要输送信息到计算机CPU，必须过接口这一关。接口在数据采集系统中的重要作用如图5-9所示。

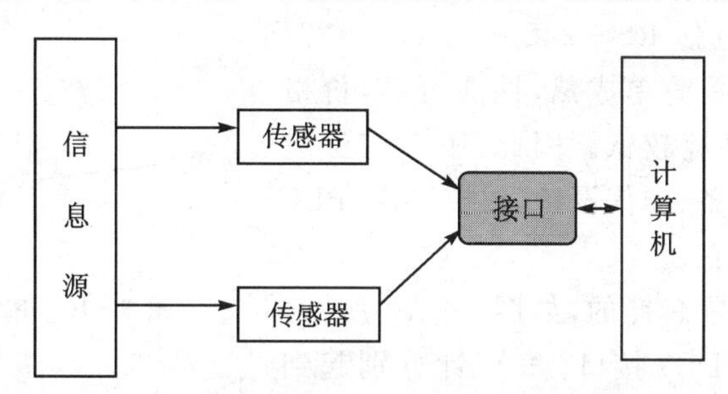

图5-9　接口在数据采集系统中的重要作用

5.4.2　常用接口

1. 串行接口

串行接口简称串口，是计算机的标准接口，是在工业、科研中最为常用的接口之一，由于其数据和控制信息采取一位接一位的串行传输方式而得名。在工业、科研中串口设备数量非常多，许多数据采集设备、通信设备都是采用串口的。

2. USB接口

现在稍微摸过点儿计算机的人估计没有不知道U盘的，对于其采用的USB接口方式也都耳熟能详。USB是英文Universal Serial BUS(通用串行总线)的缩写，USB接口支持设备的即插即用和热插拔功能，对于计算机设备使用的便利性起到了极大的贡献。现在无论是移动存储设备，如U盘、移动硬盘，或者USB鼠标、键盘，还是MP5、手机等，USB几乎是标准且唯一的配置。人们的 IT 生活已经离不开 USB 了。

3. 网　口

网口为计算机与外部网络设备的接口。典型的类型是 RJ－45 以太网接口。现代计算机系统一般都要通过网络化实现信息资源的共享与集成处理,网口已经成为必不可少的接口。

4. 并　口

与串口不同,并口一次传输一个字节或字,其传输速率非常高,当外部设备与计算机距离较近时,可以选择并口传送数据。

5. SCSI 接口

SCSI(Small Computer System Interface)接口的速率、性能和稳定性都非常出色,但价格也要贵一些,主要面向服务器和工作站市场。

当然,还有一些其他接口类型,包括显示器的接口、键盘鼠标 PS/2 接口等,另外有些接口比较偏门,已经逐渐被淘汰,在此不再详述。认识了以上接口,相信你对计算机的外设接口类型已经有了大致的解了。以后看到此接口,就知道大概要接什么设备,具有什么特点了。

5.5 Visual C++的串口通信编程技术

5.5.1 串口概述

串行通信接口简称串口。顾名思义,它在通信的时候数据是按一位一位地顺序进行传送的。串口按电气标准及协议划分,包括 RS-232-C、RS-422、RS485 等。串口的特点是简单成熟,性能可靠,价格低廉,所要求的软硬件环境较低。因此,串口广泛应用在个人计算机、测量设备、通信设备、数控机床、PLC 等设备中,真可谓无处不在。

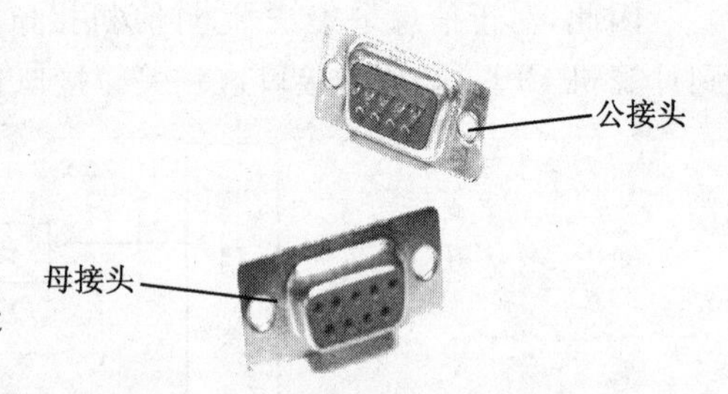

图 5-10　串口(公接头、母接头)

通常看到的串口都是 9 针的,如图 5-10 所示。故把这种形状的串口叫 DB9 接口。9 根针分别起到不同的作用,其中最重要的 3 个作用是:接地、发送数据和接收数据。

5.5.2 VC 串口编程调试准备之一——虚拟串口软件

串口是硬件设备,针对它进行编程调试一般需要有硬件环境,但这样往往很不方便,一是容易损伤硬件,二是自己编程用的计算机上可能串口资源有限,甚至没有,这就为串口程序开发、调试带来了不便。

右击“我的电脑”图标,选择“管理”|“设备管理器”|“端口”,可以看到计算机上配备的串口(一般也就是一两个),如图 5-11 所示。

怎么解决这个问题呢?

一般对于硬件程序的开发,最好有一个该硬件的仿真环境,即在自己的计算机上,通过某种软件模拟出该硬件,而后编程调试。这样做的好处非常明显,就是大大提高了编程调试的安全性与效率。

对于串口编程调试而言,有一种很好的工具,那就是由第三方软件提供的虚拟串口。通过虚

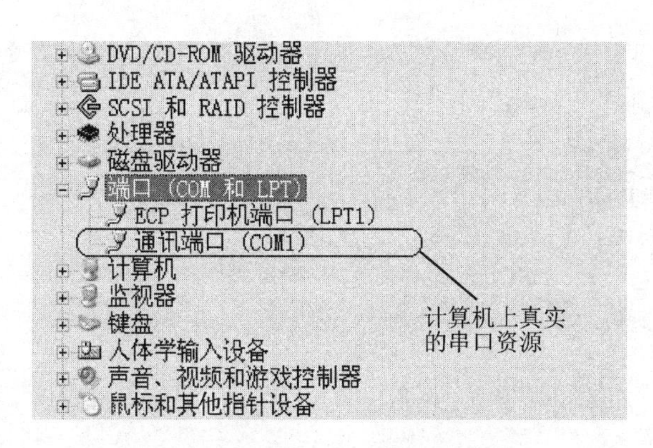

图 5-11　计算机上配备的串口资源

拟串口软件可以扩展出无穷无尽的串口资源。当然，这些扩展出来的串口都是虚拟的，是由软件模拟的，可以在本地像对待真实串口一样进行编程调试，但与其他计算机或设备上的真实串口是不能通信的。

这里向大家推荐的虚拟串口软件是 Virtual Serial Ports Driver，简称 VSPD，由 Eltima 软件公司开发。

通过 VSPD 可以方便地添加串口资源，但是需要注意的是：由 VSPD 产生的虚拟串口仅能在成对产生的串口之间进行通信，不能在非配对的虚拟串口间进行通信，当然更不能在虚拟和真实的串口间进行通信。

VSPD 的使用非常方便，下载安装后，单击 VSPDConfig.exe 程序，对虚拟串口进行配置。假如计算机原本有一个串口资源 COM1，那么此时 VSPD 就会提供 COM2 和 COM3 两个虚拟串口资源(注意是成对添加的)，单击“添加端口”按钮，它们就会被加入了，如图 5-12 所示。

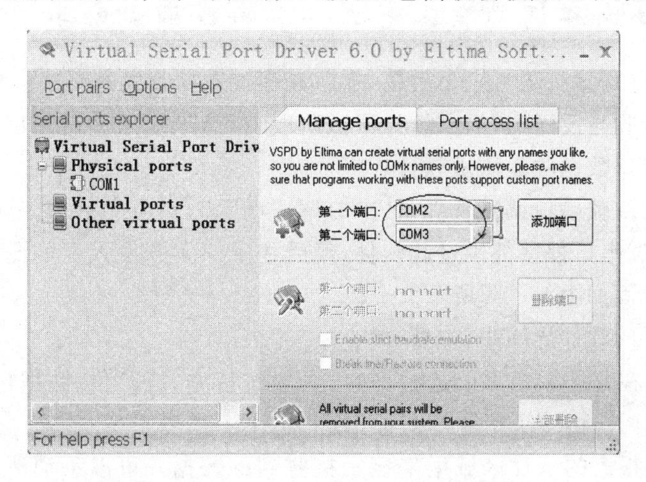

图 5-12　虚拟串口软件 VSPD 的界面

如图 5-12 所示，左上角的“Physical ports”指示原有的真实物理串口，下面的“Virtual ports”指示添加的虚拟串口，右侧则是串口的配置区，一般就是添加、删除虚拟串口的操作。虚拟串口都是成对配置的，这两个串口被认为是连接在一起的。在编程中只能在这两个成对的虚拟串口中通信。单击“添加端口”按钮后，可见“Virtual ports”下面就有成对出现的虚拟串口了。此时可再次通过计算机的设备管理器查看端口，可见刚刚添加的两个串口已经加入了，如图 5-13 所示。

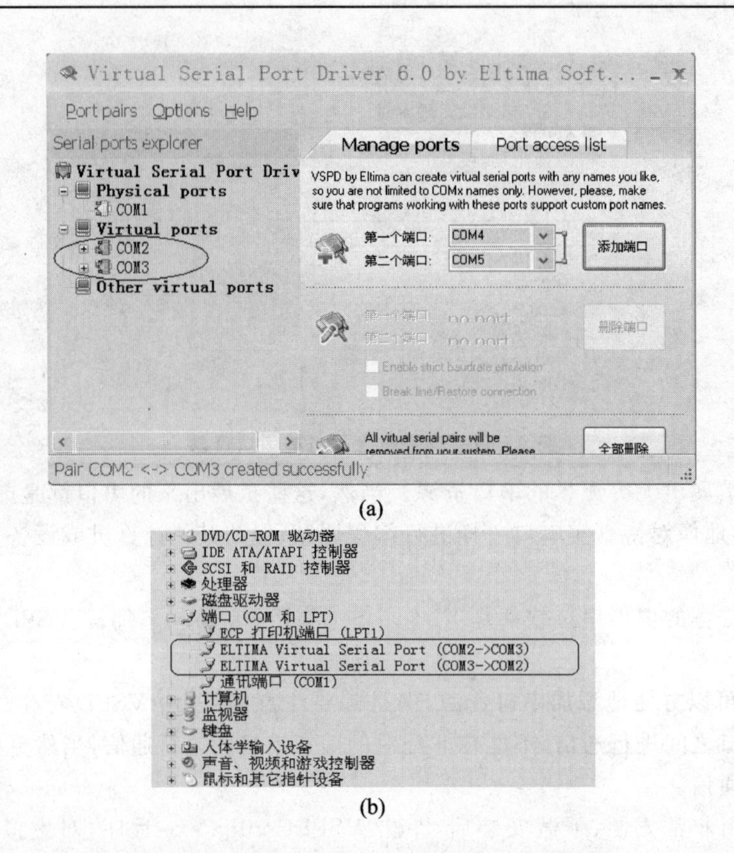

(a)

(b)

图 5-13　VSPD 为计算机添加的虚拟串口资源

5.5.3　VC 串口编程调试准备之二——串口调试助手

解决了串口资源的问题，还有一个问题，那就是串口数据收发的测试。我们要编制的程序是用来进行串口数据接收与发送的，但在软件调试阶段，自然不能用它做测试，最好的办法就是用一个成熟的第三方串口数据收发测试软件。

目前广泛使用的一款串口调试软件是“串口调试助手”，它由北京理工大学的龚建伟博士开发，很多技术人员调试串口程序都用过此软件，经受住了广大开发人员的测试与检验，性能是可以相信的。该软件界面如图 5-14 所示。

在串口调试助手的软件界面中，主要分为 3 个区域：

- 串口设置区：在此区域中可以选择串口，设置波特率、校验位、数据位以及停止位等。串口是否正常打开，由一个指示灯图标指示。
- 接收显示区：很大的一片区域用来显示接收到的数据。可以手动清空此区域；可以设置显示数据的格式，都有相应的功能按钮可以进行设置。
- 数据发送区：用来向串口发送数据。可以手动发送，也就是按一下发送按钮就发一下；也可以自动发送，即每隔一定的时间周期发送一次。

下面就来体验一下串口调试助手吧。同时打开两个串口调试助手，分别用于打开 COM2 和 COM3，设置好参数，如图 5-15 所示。

此时，两个串口都已经打开，由于 COM2、COM3 虚拟串口软件 VSPD 成对生成的虚拟串口对儿，所以是虚拟连接的，这时候单击手动发送，互相就都可以收到数据，效果如图 5-16 所示。

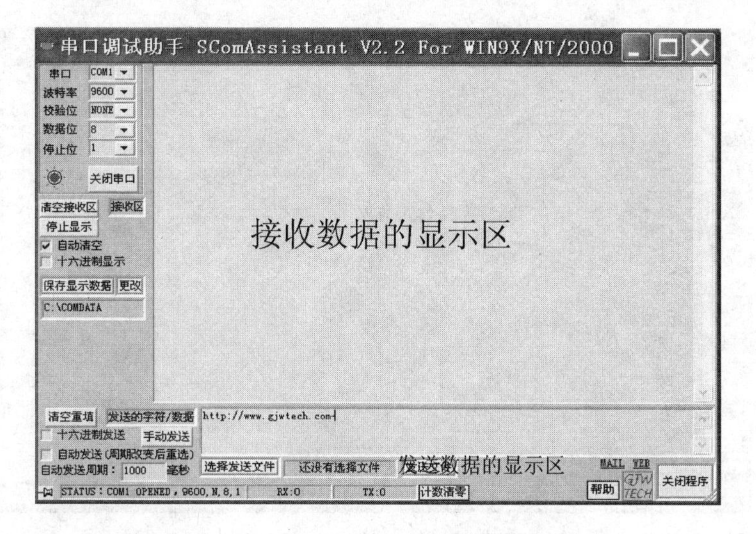

图 5-14　串口调试利器——串口调试助手

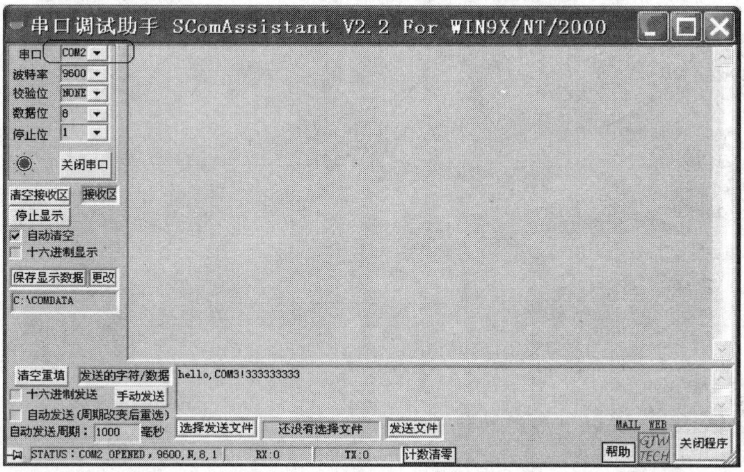

(a)

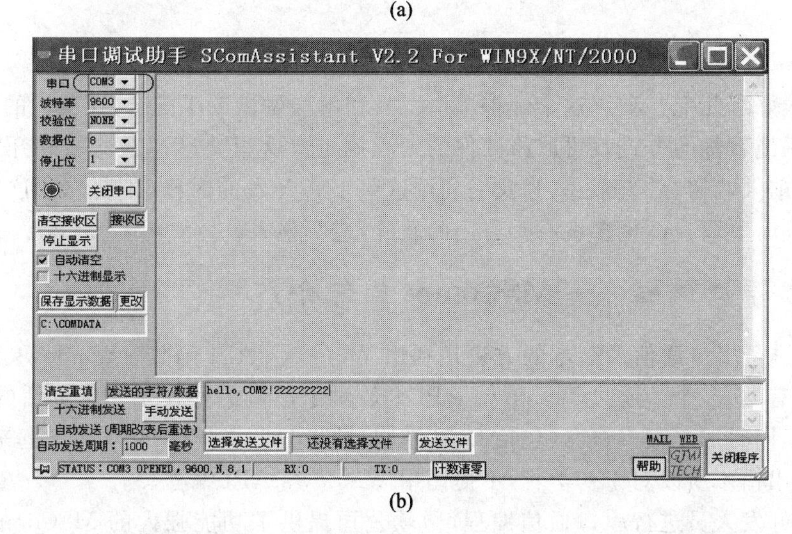

(b)

图 5-15　启动两个串口调试利器进程分别打开 COM2 和 COM3

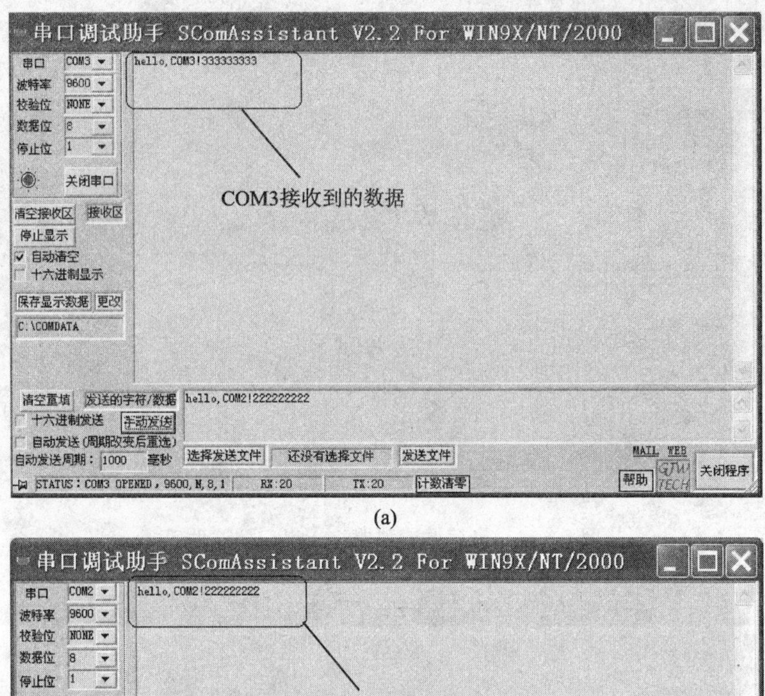

(a)

(b)

图 5-16　COM2 和 COM3 互相收发数据

怎么样,很好玩儿吧? 利用这个虚拟串口工具和串口调试助手配合,让我们的串口编程变得轻松无比,利用纯软件的方式就可以将硬件的编程搞定。这里要感谢这些软件开发者们的辛勤劳动。正所谓前人栽树、后人乘凉,当我们利用这些工具开发的时候,不要忘了这些软件作者们的辛勤汗水,同时争取自己也多编一些有用的软件,造福他人。

5.5.4　VC 串口编程——MSComm 控件介绍

利用 VC 进行串口通信最基本的方法是利用 Windows API 函数。Windows API 函数中涉及串口通信的有 20 多个。通过 Windows API 函数对于串口的操作是非常灵活的,但也正是因为这种灵活性,同时加之很多概念(包括 DCB 结构、异步 I/O 操作等)初学者学起来比较困难,用起来也较容易出错。所以对于初学者,不提倡用 Windows API 编程。

为了方便开发人员进行串口通信编程,微软公司提供了功能强大的 MSComm 控件。这里串口编程的介绍以它为主。

MSComm 控件的全称是 Microsoft Communication Control。它是微软公司提供的简化

Windows 下进行串口通信编程的 ActiveX 控件。通过 MScomm 控件可以非常方便地进行串口数据的接收和发送，程序员可以不必去钻研学习较为复杂烦琐的相关 Windows API 函数。当然，MSComm 控件在执行过程时最终还是要调用 Windows API 函数的，只是它给用户提供了一个简捷的接口。

MSComm 控件是 ActiveX 控件。一提到 ActiveX 控件，就应当马上想到它的 3 个基本要素——属性、方法与事件。这一点请参见本书第 4 章。下面就结合这 3 个要素来介绍 MSComm 控件的使用。

1. MSComm 控件的属性

MSComm 控件属性众多，体现了其强大的功能，读者刚开始只需掌握几个基本而常用的属性，待熟练后或者有更高的需求时再逐步熟悉掌握其他属性。

MSComm 有下列基本属性(读者编程必备)：

(1) CommPort 属性

此属性表示串口号。

对应的方法为：

```
void CMSComm::SetCommPort(short nNewValue) //设置串口号
short CMSComm::GetCommPort()  //获取当前串口号
```

其中 SetCommPort 函数是每次利用 MSComm 控件编程时都要用到的，因为在打开串口等操作前必须设置好串口号，否则后面操作无法进行。

需要注意的是，SetCommPort 函数的参数 nNewValue 只能是 1～16 的任意整数，否则会产生错误(错误号为 68，即为无效设备)。

(2) Setttings 属性

此属性表示串口的波特率、奇偶校验、数据位、停止位参数。

对应的方法为：

```
void CMSComm::SetSettings(LPCTSTR lpszNewValue)
CString CMSComm::GetSetttings()
```

其中 SetSettings 函数用来在成功打开串口后对串口参数进行设置。其参数 lpszNewValue 由 4 个通信参数值组成，格式为

```
"BBBB,P,D,S"
```

其中各参数的含义如下：

BBBB：波特率。

P：奇偶校验。

D：数据位。

S：停止位。

默认情况下，lpszNewValue 的值为"9600,N,8,1"。

(3) InputMode 属性

此属性表示串口传输数据的类型。

对应的方法为：

```
void CMSComm::SetInputMode(long nNewValue)
long CMSComm::GetInputMode()
```

通过 SetInputMode 函数，可以设置串口的传输数据的类型为二进制或者文本方式；GetInputMode 则获取当前的设置，并以容易表达含义的常数宏的形式表示。

InputMode 参数的取值见表 5-1。

表 5-1 InputMode 参数取值

值	意 义	返回常数
0	以文本方式取得数据	comInputModeText
1	以二进制方式取得数据	comInputModeBinary

(4) InBufferSize 属性

此属性表示串口的输入缓冲区的大小(以字节表示)。

对应的方法为:

```
void CMSComm::SetInBufferSize(short nNewValue)
short CMSComm::GetInBufferSize()
```

通过 SetInBufferSize 函数,可以设置输入缓冲区的大小,默认值是 1024 字节。

(5) InBufferCount 属性

此属性表示串口的输入缓冲区内等待读取的字节数。

对应的方法为:

```
void  CMSComm::SetInBufferCount(short nNewValue)
short CMSComm::GetInBufferCount()
```

其实,SetInBufferCount 函数更多的是用来清空接收缓冲区。这是非常常用的操作。

(6) OutBufferSize 属性

此属性表示串口的发送缓冲区的大小(以字节表示)。

对应的方法为:

```
void CMSComm::SetOutBufferSize(short nNewValue)
short CMSComm::GetOutBufferSize()
```

通过 SetOutBufferSize 函数,可以设置发送缓冲区的大小,默认值是 512 字节。这个数值不可过小,否则会使缓冲区溢出。当然,也不能过大,过大会造成内存的浪费。

(7) OutBufferCount 属性

此属性表示串口的发送缓冲区的字节数。

对应的方法为:

```
void CMSComm::SetOutBufferCount(short nNewValue)
short CMSComm::GetOutBufferCount()
```

通常,SetOutBufferCount 函数更多的是用来清空发送缓冲区。这是非常常用的操作。

(8) PortOpen 属性

此属性表示串口的打开、关闭状态。

对应的方法为:

```
void  CMSComm::SetPortOpen(BOOL bNewValue)
BOOL  CMSComm::GetPortOpen()
```

SetPortOpen 函数用来打开和关闭串口。当其参数 bNewValue 为 TRUE 时,为打开串口;为 FALSE 时,则关闭串口。在编程时,最好手动加入代码来控制串口开、闭,虽然程序终止时 MSComm 控件会自动关闭串口,但是以清晰的代码表示出来是良好的编程习惯。

(9) RThreshold 属性

此属性与后面的 OnComm 事件紧密相关,主要用来设置 OnComm 的触发条件,处理串口接收到数据时的情况。

```
void  CMSComm::SetRThreshold (short nNewValue)
short CMSComm::GetRThreshold()
```

当nNewValue为0时，不产生OnComm事件；当nNewValue大于0时，没收到nNewValue个字符就触发一个OnComm事件。

注：OnComm事件是在利用MSComm控件进行串口编程时的唯一事件。

(10) Input属性

此属性表示从接收缓冲区中读取数据。

```
VARIANT CMSComm::GetInput()
```

返回值是VARIANT类型变量。此类型在ActiveX技术中常用来传递数据。

注意：当InputMode属性值为0时(以文本模式获取数据)，变量中的函数为String类型数据；为1时(以二进制模式获取数据)，变量中含有Byte数组型数据。

(11) Output属性

此属性表示向发送缓冲区中写数据，或返回当前发送缓冲区中的数据。

```
void  CMSComm::SetOutput(const VARIANT & newValue)
VARIANT CMSComm::GetOutput()
```

此属性在串口没有打开时不可用。SetOutput函数可以发送文本或者二进制数据，发送数据统一先要转换为VARIANT类型而后再发送。

(12) InputLen属性

此属性用于设置并返回Input属性从接收缓冲区读取的字符数。

```
void CMSComm::SetInputLen(short nNewValue)
short CMSComm::GetInputLen()
```

InputLen的默认值为0。当设置InputLen属性为0时，使用GetInput方式将使MSComm控件读取接收缓冲区中的全部内容。

(13) CommEvent属性与OnComm事件

CommEvent属性是MSCOMM控件的“神经中枢”，因为其值发生变化时就会触发MSComm控件唯一的事件——OnComm事件。CommEvent事件标示出不同的通信事件，而后针对其在OnComm事件的处理函数中进行相应事件的代码编写。

与CommEvent属性直接相关的方法是：

```
void CMSComm::SetCommEvent(short nNewValue)
short CMSComm::GetCommEvent()
```

通常，由GetCommEvent函数得到当前的事件值，而后通过判断其类型进行相应处理。

需要注意：CommEvent属性也会返回一些错误值，因为在通信过程中错误的发生在所难免，对这些错误进行处理也是必要的。

CommEvent属性的通信事件与错误值请参见表5-2和表5-3。

表5-2　CommEvent属性对应的通信事件

常　数	值	含　义	常　数	值	含　义
ComEvSend	1	发送数据	ComEvCD	5	CD信号发生变化
ComEvReceive	2	接收数据	ComEvRing	6	检测到电话振铃
ComEvCTS	3	CTS信号发生变化	ComEvEOF	7	收到文件结束符
ComEvDSR	4	DSR信号发生变化			

表 5-3　CommEvent 属性对应的通信错误事件

常　数	值	含　义
ComEventBreak	1001	收到 Break 信号
ComEventFrame	1004	帧错误
ComEventOverrun	1006	接收缓冲区溢出
ComEventRxOver	1008	DSR 信号发生变化
ComEventRxParity	1009	奇偶校验错误
ComEventTxFull	1010	发送缓冲区满
ComEventDCB	1011	在为端口获取设备控制块 DCB 时发生错误

以上我们介绍了 MSComm 控件最为常用的属性、方法和事件(事件就一个 OnComm)。这些内容在进行串口通信程序开发时已经基本够用。表面上看好像属性很多的样子,其实这里笔者是按串口通信的一般编程的顺序安排下来的,这个顺序如图 5-17 所示,按照这个流程,MSComm 控件的这些属性也就基本串下来了,读者可以更快、更好的理解和记忆。

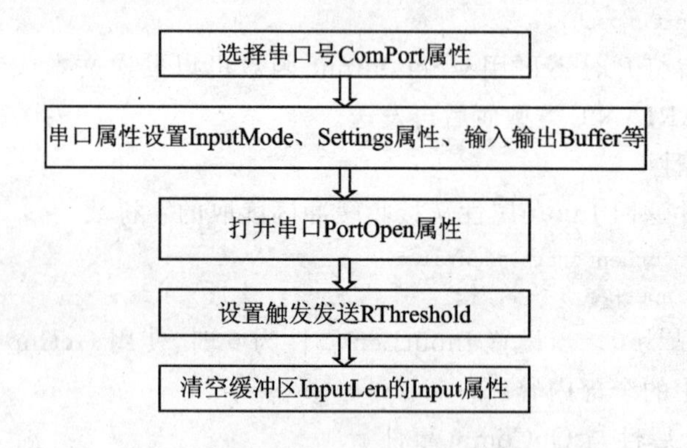

图 5-17　按照串口编程流程记忆其属性

2. MSComm 控件编程时的数据类型说明

MSComm 控件是 ActiveX 控件,使用非常简单,用熟练了和一般的 MFC 类没什么太大区别,事件只有 OnComm 一个,因此用它来进行串口编程是初学者的最佳选择。

对于初学者造成一定理解上障碍的就是 MSComm 控件所涉及的数据类型。我们在第 4 章曾讲过,ActiveX 控件是基于 COM 技术的,其数据类型与我们使用的 C++是不同的,当我们在利用 C++语言同 ActiveX 控件打交道时,就要涉及两者的数据类型转换问题。

使用 MSComm 控件进行串口数据的接收和发送时,常遇到的就是 VARIANT 类型和 SAFEARRAY 类型问题。下面进行简要说明。

(1) VARIANT、_variant_t 与 COleVariant 类型

VARIANT 类型主要在 OLE 技术中使用,它像一种"万能类型",其实质就是一个结构体,包含了很多种基本类型的成员变量。定义如下:

```
typedef struct tagVARIANT   {
    VARTYPE vt;
    unsigned short wReserved1;
    unsigned short wReserved2;
    unsigned short wReserved3;
    union {
```

```
        Byte                    bVal;                   // VT_UI1
        Short                   iVal;                   // VT_I2
        long                    lVal;                   // VT_I4
        float                   fltVal;                 // VT_R4
        double                  dblVal;                 // VT_R8
        VARIANT_BOOL            boolVal;                // VT_BOOL
        SCODE                   scode;                  // VT_ERROR
        CY                      cyVal;                  // VT_CY
        DATE                    date;                   // VT_DATE
        BSTR                    bstrVal;                // VT_BSTR
        DECIMAL                 FAR * pdecVal           // VT_BYREF|VT_DECIMAL
        IUnknown                FAR * punkVal;          // VT_UNKNOWN
        IDispatch               FAR * pdispVal;         // VT_DISPATCH
        SAFEARRAY               FAR * parray;           // VT_ARRAY| *
        Byte                    FAR * pbVal;            // VT_BYREF|VT_UI1
        short                   FAR * piVal;            // VT_BYREF|VT_I2
        long                    FAR * plVal;            // VT_BYREF|VT_I4
        float                   FAR * pfltVal;          // VT_BYREF|VT_R4
        double                  FAR * pdblVal;          // VT_BYREF|VT_R8
        VARIANT_BOOL            FAR * pboolVal;         // VT_BYREF|VT_BOOL
        SCODE                   FAR * pscode;           // VT_BYREF|VT_ERROR
        CY                      FAR * pcyVal;           // VT_BYREF|VT_CY
        DATE                    FAR * pdate;            // VT_BYREF|VT_DATE
        BSTR                    FAR * pbstrVal;         // VT_BYREF|VT_BSTR
        IUnknown                FAR * FAR * ppunkVal;   // VT_BYREF|VT_UNKNOWN
        IDispatch               FAR * FAR * ppdispVal;  // VT_BYREF|VT_DISPATCH
        SAFEARRAY               FAR * FAR * pparray;    // VT_ARRAY| *
        VARIANT                 FAR * pvarVal;          // VT_BYREF|VT_VARIANT
        void                    FAR * byref;            // Generic ByRef
        char                    cVal;                   // VT_I1
        unsigned short          uiVal;                  // VT_UI2
        unsigned long           ulVal;                  // VT_UI4
        int                     intVal;                 // VT_INT
        unsigned int            uintVal;                // VT_UINT
        char FAR *              pcVal;                  // VT_BYREF|VT_I1
        unsigned short FAR *    puiVal;                 // VT_BYREF|VT_UI2
        unsigned long FAR *     pulVal;                 // VT_BYREF|VT_UI4
        int FAR *               pintVal;                // VT_BYREF|VT_INT
        unsigned int FAR *      puintVal;               //VT_BYREF|VT_UINT
    };
};
```

以上定义中，VARTYPE 是一个枚举类型，用来表示目前起作用的数据类型；下面的联合体就是代表当前 VARIANT 的数据类型了，可以看到，里面是各种基本类型的“大杂烩”。

要给 VARIANT 类型赋值，先要给 VARYPE 类型的成员 vt 赋值，指明数据类型；而后再对联合体中相应的数据类型赋值。比如：

```
VARIANT var;        //定义 VARIANT 类型变量
int iData;          //定义一个整型变量
var.vt = VT_I4;     //指明 VARIANT 变量当前类型为整型
var.lVal = iData;   //赋值
```

_variant_t 为 VARIANT 的封装类，可以更加方便地对 VARIANT 类型数据的使用及资源的回收、释放等进行管理。利用_variant_t 类可以非常方便地在 VARIANT 类型同 C++基本类型之间进行转换。在使用这个类时需要头文件＜comdef.h＞。例如：

```
double num;
_variant var(num);//通过构造函数直接赋值
int i = 10;
var = (double)i;   //直接赋值
```

COleVariant 类是 MFC 类库里的成员，只是它没有基类，它的用法和_variant_t 基本类似。例如：

```
COleVariant var = "hello";//将一个字符串赋给 COleVariant 类变量
CString str = (BSTR)var.pbstrVal; //与 CString 类的交互
```

(2) SAFEARRAY、COleSafeArray 类型

这个数据类型从名字上告诉我们：它是个"安全数组"。实际上，它也是一个结构体类型，SAFEARRAY 的主要目的是用于 automation 中的数组型参数的传递。因为在网络环境中，数组是不能直接传递的，而必须将其包装成 SAFEARRAY。实质上，SAFEARRAY 就是将通常的数组增加一个描述符，说明其维数、长度、边界、元素类型等信息。SAFEARRAY 也并不单独使用，而是将其再包装到 VARIANT 类型的变量中，然后才作为参数传送出去。若 VARIANT 的 vt 成员的值包含 VT_ARRAY|…，那么它所封装的就是一个 SAFEARRAY，它的 parray 成员即是指向 SafeArray 的指针，从 parray 指针所指向的 SAFEARRAY 变量中再找到 pvData 指针，即可访问所接收到的数据了。

关于 VARIANT 和 SAFEARRAY 类型的使用，我们会在下一节的例子中详细介绍。

5.5.5 MSComm 控件编程示例

本节通过一个简单的小程序展示利用 MSComm 控件进行串口通信的完整过程。这里只展示 MSComm 控件进行串口数据收发的基本操作，没有涉及更高层次的用户层协议。

① 启动 VC 6，新建一个基于对话框的 MFC 程序，命名为 SCOMMPro。

② 进入工程后，在资源设计器中设计对话框界面如图 5-18 所示。其中，上面的文本框用来显示接收，选中其"ReadOnly"属性和"MultiLine"属性；下面的编辑框用来输入发送的数据。

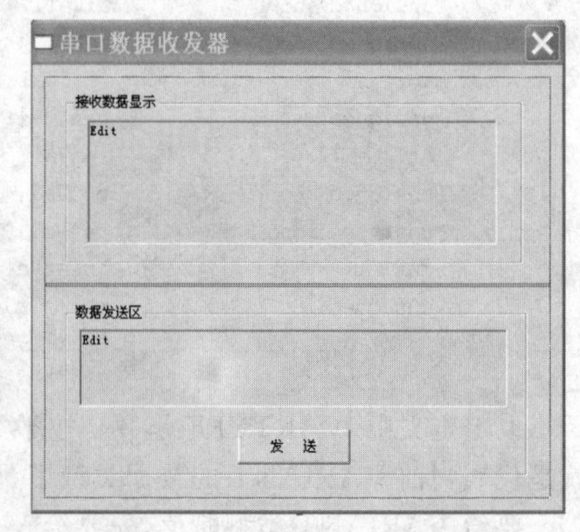

图 5-18 为对话框添加控件

③ 核心一步：插入 MSComm 控件。

单击"Project"|"Add To Project"|"Components and Controls"菜单命令，在弹出的对话框中选择"Registered ActiveX Controls"，而后出现的就是系统已经注册的 ActiveX 组件，在里面找到"Microsoft Communication Controls，version 6.0"，这就是我们要找的 MSComm 控件了，如图 5-19 所示。

选中 MSComm 控件后，单击"Insert"按钮，提示"Insert this component?"单击"确定"按钮后，会弹出如图 5-20 所示的 CMSComm 类的确认对话框。单击"OK"后，单击"Close"按钮，CMSComm 类的文件即添加到工程当中，可以在工程的类视图看见新加入的 CMSComm 类。

④ 将 MSComm 控件加入到工程中后，可以看到控件面板中出现了一个电话小图标，那代表的就是 MSComm 控件。用鼠标拖动它到对话框中，如图 5-21 所示。

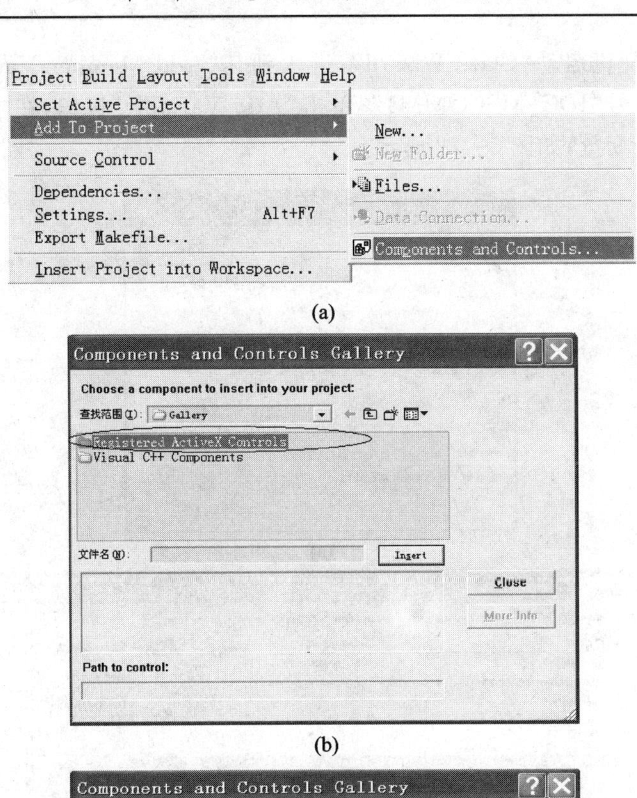

(a)

(b)

(c)

图 5－19　为对话框添加 MSComm 控件

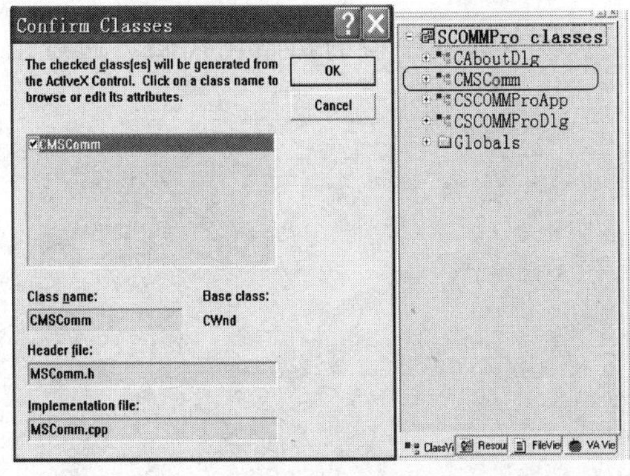

图 5－20　添加 MSComm 控件对应的——类 CMSComm 类

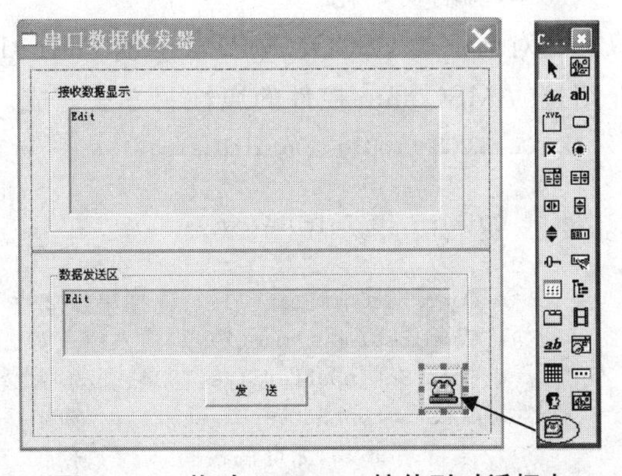

图 5－21　拖动 MSComm 控件到对话框中

按“Ctrl+W”快捷键启动“Class Wizard”，进入到其“Add Member Variables”对话框，选中 MSComm 控件的 ID 号“IDC_MSCOMM1”，单击“Add Variable”按钮，在主对话框类中添加了 CMSComm 类的成员变量，如图 5-22 所示。

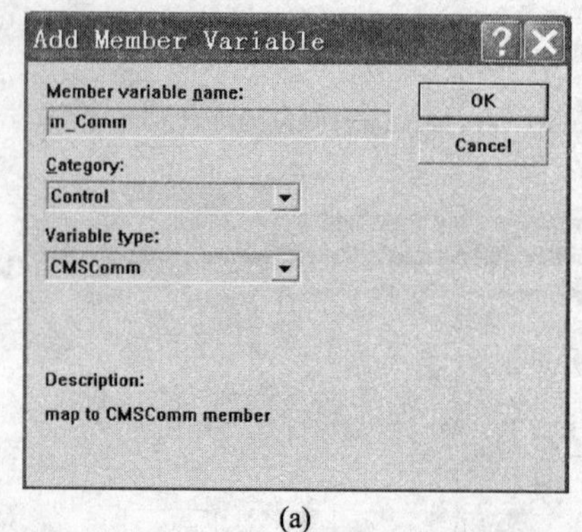

(a)

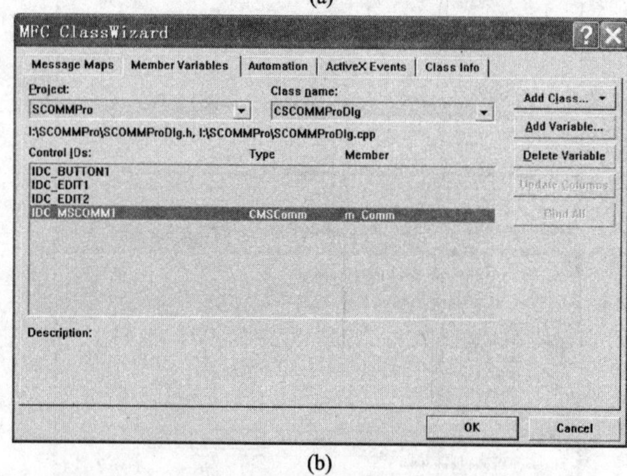

(b)

图 5-22 在对话框类中为 MSComm 控件添加变量

添加变量后，在对话框头文件 SCOMMProDlg.h 中自动添加了以下语句：

```
//{{AFX_INCLUDES()
#include "mscomm.h"   //CMSComm 类的头文件
//}}AFX_INCLUDES
```

⑤ 串口的初始化。

在对话框类 CSCOMMProDlg 的 OnInitDialog 函数中，加入串口的初始化代码。通过上面介绍过的 MSComm 控件的属性及方法完成。

```
BOOL CSCOMMProDlg::OnInitDialog()
{
    CDialog::OnInitDialog();
……
    m_Comm.SetCommPort(2);//选择串口 2
    m_Comm.SetInputMode(1);//输入模式为二进制模式
    m_Comm.SetInBufferSize(1024);//输入缓冲区大小
    m_Comm.SetOutBufferSize(512);//输出缓冲区大小
    //波特率 9600，无奇偶校验，8 位数据位，1 位停止位
    m_Comm.SetSettings("9600,n,8,1");
    if (!m_Comm.GetPortOpen())
```

```
    {
        m_Comm.SetPortOpen(TRUE);
    }
//每收到一个字符或多于一个字符就会触发 OnComm 事件
    m_Comm.SetRThreshold(1);
    //清除缓冲区内容
    m_Comm.SetInputLen(0);
    m_Comm.GetInput();
    return TRUE;
}
```

在以上代码中,打开的是串口2。需要注意的是,串口2是通过VSPD软件虚拟出来的串口,它和虚拟串口3是成对的。也就是说,在软件模拟情况下,串口2和串口3是相连的,在完成这个程序后,通过串口调试助手打开串口3,而后就可以进行两个串口收发数据的调试了。

⑥ 为MSComm控件添加串口事件处理函数OnComm(),处理接收数据。

MSComm控件只有一个事件OnComm,一般我们遇到的就是串口接收数据的情况。按"Ctrl+W"快捷键启动"ClassWizard",在"Class name"下拉列表中选择主对话框类"CSCOMMProDlg",而后在"Object IDs"列表框中选择MSComm控件的ID号"IDC_MSCOMM1",在"Message"列表框中双击消息OnComm,即可添加消息处理函数,如图5-23所示。

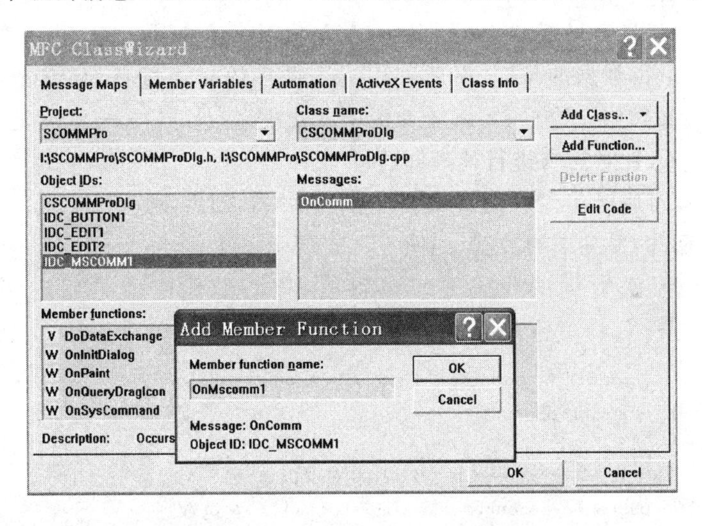

图5-23　为MSComm控件添加消息处理函数

下面为OnComm事件添加处理函数OnMscomm1(注意:VC默认给出名字可能较复杂,我们在弹出的对话框中改了个简单的名字)。

```
void CSCOMMProDlg::OnMscomm1()
{
    VARIANT variant_inp;//VARIANT 型变量,用于接收串口数据
    COleSafeArray safearray_inp; //安全数组,接收串口数据
    LONG len,k;
    BYTE rxdata[2048]; //接收数据缓冲区
    CString strTemp;
    if (m_Comm.GetCommEvent() == 2)//事件值为 2 代表有接收到的数据
    {
        variant_inp = m_Comm.GetInput(); //获取串口数据
        safearray_inp = variant_inp;//将 VARIANT 变量转换为 COleSafeArray 型变量
```

```
        len = safearray_inp.GetOneDimSize();//得到有效数据长度
        for (k = 0;k<len;k ++ )
        {
            safearray_inp.GetElement(&k,rxdata + k);//转换为 BYTE 型数组
        }
        for (k = 0;k<len;k ++ ) //将数组转换为 CString 型变量
        {
            BYTE bt = *(char*)(rxdata + k);
            strTemp.Format(" %c",bt);
            m_strEditRXData += strTemp;
        }
    }
  UpdateData(FALSE);  //显示接收编辑框中的内容
}
```

以上代码中,集中用到了 VARIANT 和 SAFEARRAY(实际代码中用 COleSafeArray 类封装)类型,其中还涉及了较多的数据传递过程。代码中处理的是接收消息发生的情况。如果缓冲区有一个或多于一个字符,此时通过 CMSComm 类的 GetInput 函数将缓冲区中的数据取出,放入一个 VARIANT 类型的变量中(这也是 GetInput 函数返回值要求的)。为了便于将其中的数据一个一个取出并显示出来,用到了一个 SAFEARRAY(COleSafeArray)变量作为“中转站”,直接将上面的 VARIANT 变量赋给 SAFEARRAY(COleSafeArray)变量。通过 COleSafeArray 的 GetOneDimSize 取得数据的长度,而后利用一个循环语句通过其 GetElement 函数将其数据逐个赋给一个 BYTE 数组。这样,串口缓冲区中的数据就转到 C++常规类型的数组中了。随后就是“一马平川”了,针对需求进行处理即可。

编译运行程序,而后启动串口调试助手,选择 COM3,而后发送一个数据,可以看到程序的接收区中显示出了调试助手发来的数据,如图 5-24 所示。

⑦ 发送数据。发送数据的代码要简单得多,核心的代码就是用到了 CMSComm 类的 SetOutput 函数。打开 Class Wizard 为发送按钮添加单击消息处理函数 OnButtonSend,而后添加代码。

```
void CSCOMMProDlg::OnButtonSend()
{
    UpdateData(TRUE);  //读取发送本文框中的文本内容
    m_Comm.SetOutput(COleVariant(m_strEditTXData));//发送数据
}
```

编译运行程序,同时启动串口调试助手,打开串口 3,在程序界面上输入一定内容,而后单击“发送”按钮,可以看到串口调试助手中显示出我们发送的内容,如图 5-25 所示。

至此,一个基本的串口数据收发程序就完成了。这个程序虽小,但是代码非常经典,在其基础上进行扩充就可以作为较大型的实用应用程序。读者可以把上面的代码背下来,牢牢记在脑子里。在实际应用中,不会像例子中所示的那样只简简单单地发送些字符就得了,而都是些有特定意义、特定格式的数据,这些特定的格式和其所代表的含义就是通常所称的“协议”。下一节将讲述在基本数据收发基础上的高层协议的编制。

5.5.6 用户层协议示例

串口通信编程中的协议分为底层通信协议和用户层协议。底层通信协议由硬件提供商提供,在通信编程中一般不必涉及;用户层协议则是编制通信程序的核心所在,它告诉通信双方数

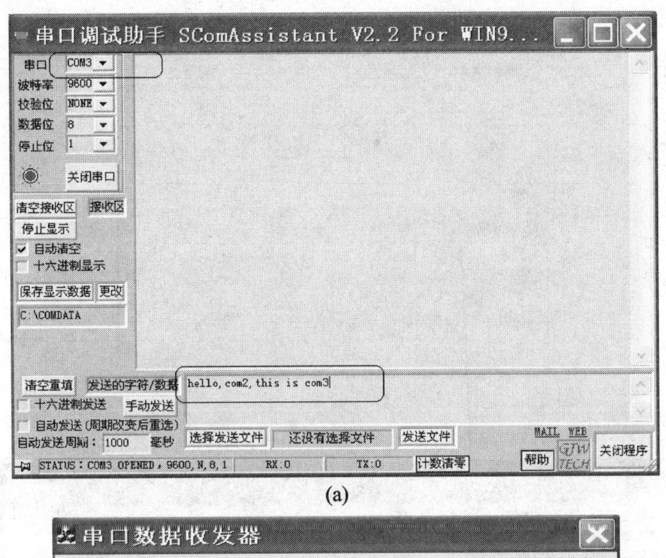

(a)

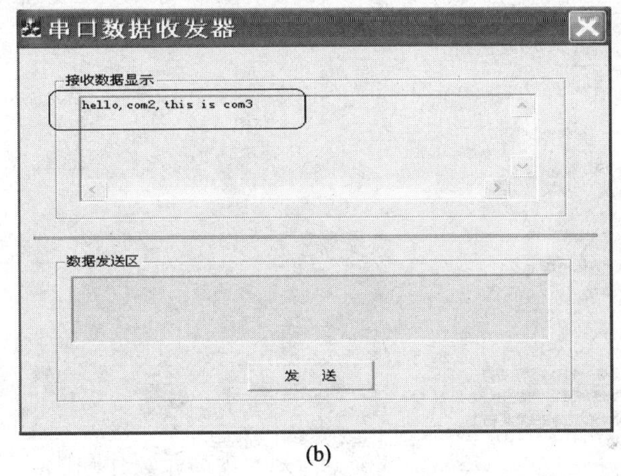

(b)

图 5-24　利用串口调试助手进行接收数据测试

据是以怎样的格式发送和接收，就是如何从数据中提取到用户所需要的信息以及保证数据正确无误的进行传送。在 5.5.5 小节编制的程序，只是随意发送一些字符数据，没有任何格式可言，在实际应用程序中这几乎是碰不到的。我们如果编写产品级的程序，那么一定是带有用户层通信协议的。在常用的用户层通信协议中，一般可分为完整型协议和简单型协议。完整型协议一般较复杂，包含数据包头、数据包尾、校验、换行，数据间还有逗号分隔；简单型协议去掉了完整型协议中的一些不需要的分隔符甚至是校验，数据格式较短，适于要求更新快的场合。

我们这里设计一个简单型的协议，没有加入校验，数据头由“$”标示，数据尾由“*”标示，中间由 8 个数字组成，分别代表 8 个开关量，0 代表开关打开，1 代表开关闭合。数据格式如下：

```
$①②③④⑤⑥⑦⑧*
```

发送方将数据打好包后发送到接收方，接收方收到数据后将代表开关状态的 8 个数字取出，而后通过界面上的按钮图形直观地显示出来，并将接收到的数据回传至发送方，完成一个完整的通信过程。对于发送方和接收方，我们分别用两个对话框来实现(需要建立两个 VC 工程)。发送方利用虚拟串口 2，接收方利用虚拟串口 3，由于虚拟串口软件 VSPD 已经将这两个串口相连，因此可以通过它们直接调试。好了，下面开始编制这个带简单用户层协议的小程序。

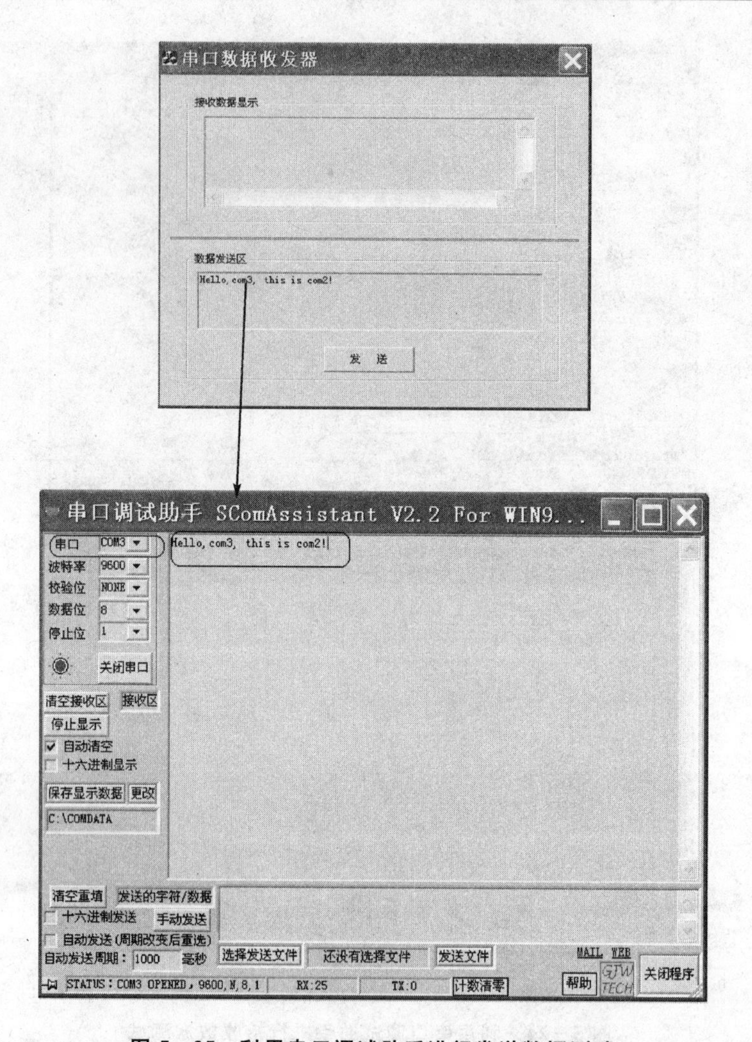

图 5-25　利用串口调试助手进行发送数据测试

1. 数据发送端程序

① 首先建立数据发送方工程。打开 VC 6，新建一个基于对话框的 MFC 工程，命名为 SDataSenderPro，进入工程界面后在资源设计器中设计对话框界面。界面主要分为两个区域，上面是数据发送区，下面是接收端回传的数据显示。发送区中最主要的是 8 个复选框，选中则置 1，否则置 0，组成由 8 个 0、1 组成的数据包，而后按下"发送数据"按钮发送出去。控件及属性设置见表 5-4。数据发送端界面如图 5-26 所示。

表 5-4　控件及属性设置

控件类型	ID	Caption	添加的变量
复选框	IDC_CHECK1～IDC_CHECK8	开关 1～开关 8	
文本框	IDC_EDIT_TXDATA		m_strTXData
文本框	IDC_EDIT_RXDATA		m_strRXData
按钮	IDC_BUTTON_OPEN	打开串口	
按钮	IDC_BUTTON_CLOSE	关闭串口	
按钮	IDC_BUTTON_SEND	发送数据	

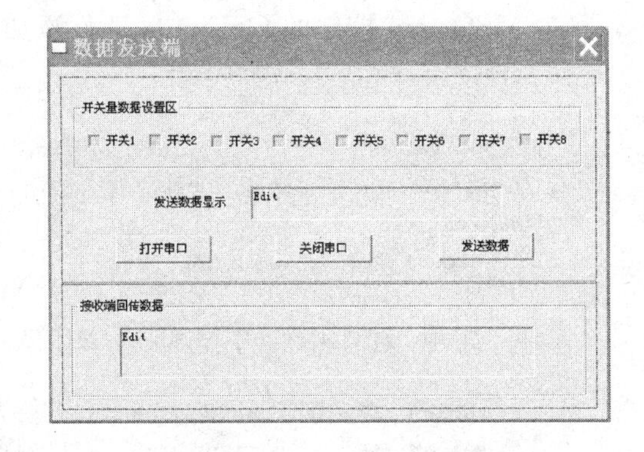

图 5-26 数据发送端界面

其中与文本框绑定的变量 m_strTXData、m_strRXData 都是 CString 类型的，用于显示发送的数据和接收端回传的数据。

② 在工程中插入 MSComm 控件，并为其绑定 CMSComm 类的变量 m_Comm，详细方法见 5.5.5 小节。

③ 为对话框类添加一个 BOOL 型的变量 m_bIsPortOpen，标示串口是否打开，初始时设为 FALSE，并针对串口是否打开来对按钮进行使能处理，为此添加一个成员函数 UpdateButton，代码如下：

```
void CSDataSenderProDlg::UpdateButton()
{
    GetDlgItem(IDC_BUTTON_OPEN) ->EnableWindow(m_bIsPortOpen == FALSE);
    GetDlgItem(IDC_BUTTON_CLOSE) ->EnableWindow(m_bIsPortOpen == TRUE );
    GetDlgItem(IDC_BUTTON_SEND) ->EnableWindow(m_bIsPortOpen == TRUE );
}
```

④ 为"打开串口"添加代码。直接双击资源设计器中对话框上的"打开串口"按钮即可。

```
void CSDataSenderProDlg::OnButtonOpen()
{
    m_Comm.SetCommPort(2);
    m_Comm.SetInputMode(1);//输入方式为二进制方式
    m_Comm.SetInBufferSize(1024); //输入缓冲区
    m_Comm.SetOutBufferSize(512); //输出缓冲区
    //设置波特率,奇偶校验方式,数据位,停止位参数
    m_Comm.SetSettings("9600,n,8,1");
    //打开串口
    if (!m_Comm.GetPortOpen())
    {
        m_Comm.SetPortOpen(TRUE); //打开串口
    }
    m_Comm.SetRThreshold(1);
    //清空输入缓存
    m_Comm.SetInputLen(0);
    m_Comm.GetInput();
    m_bIsPortOpen = TRUE; //标示串口打开与否状态
UpdateButton();      //更新按钮状态
}
```

⑤ 为"关闭串口"添加代码。

```
void CSDataSenderProDlg::OnButtonClose()
{
    if (m_Comm.GetPortOpen())
    {
        m_Comm.SetPortOpen(FALSE);
    }
    m_bIsPortOpen = FALSE; //标示串口打开与否状态
    UpdateButton(); //更新按钮状态
}
```

⑥ 为 MSComm 控件的 OnComm 事件添加处理代码,用来接收发送端回传来的数据。

```
void CSDataSenderProDlg::OnMscomm1()
{
    VARIANT variant_inp;  //VARIANT 型变量,用于接收数据
    COleSafeArray safearray_inp; //安全数组,用于接收数据
    LONG len, k;
    BYTE rxdata[1024];  //接收缓冲区
    CString strtemp;
    if (m_Comm.GetCommEvent() == 2) //是串口接收事件
    {
        variant_inp = m_Comm.GetInput();//获取串口数据
        safearray_inp = variant_inp; //将接收数据转到安全数组中
        len = safearray_inp.GetOneDimSize(); //获取接收数据大小
        for (k = 0;k<len;k ++ )
        {
            //将安全数组中的数据放到 C++ 类型的数组中
            safearray_inp.GetElement(&k, rxdata + k);
        }
        for (k = 0;k<len;k ++ )
        {
            BYTE bt = *(char *)(rxdata + k);//获取接收到的每一个字符
            strtemp.Format("%c",bt);
            m_strRXData += strtemp;
        }
        UpdateData(FALSE); //控件显示数据
    }
}
```

⑦ 为"发送数据"按钮添加单击消息处理代码。这是本程序的核心内容。因为在这个处理函数中完成发送数据的打包过程。

```
void CSDataSenderProDlg::OnButtonSend()
{
    CString strSend = "$";          //数据包头
    for (int i = 1;i< = 8;i ++ )
    {
        if (GetSwitchStatus(i)) //获取 8 个开关量的开关状态
        {
            strSend += "1";  //如果选中按钮就代表该位数据为"1"
        }
        else
        {
            strSend += "0";  //如果选中按钮就代表该位数据为"0"
        }
    }
    strSend += "*";                 //数据结束标志
    m_Comm.SetOutput(COleVariant(strSend));  //通过 MSComm 控件发数
    m_strTXData.Format("发送的数据为:%s",strSend);   //发送数据显示
    UpdateData(FALSE);
}
```

以上代码结构比较清晰,数据的包头、包尾都很明确;关键的是中间的一个辅助函数 GetSwitchStatus,它用来获取 8 个开关量(我们用 8 个复选框的选择与否来实现)的状态,以一个 0、1 串的形式作为数据的主体部分。

GetSwitchStatus 的实现代码如下：

```
BOOL CSDataSenderProDlg::GetSwitchStatus(UINT i)
{
    BOOL bStatus = FALSE;  //初始复选框状态为 FALSE,表示没选中
    switch(i) //i 代表的是要判断的复选框的编号,1～8
    {
        case 1:
            bStatus = ((CButton * )GetDlgItem(IDC_CHECK1)) - >GetCheck();
                break;
        case 2:
            bStatus = ((CButton * )GetDlgItem(IDC_CHECK2)) - >GetCheck();
                break;
        case 3:
            bStatus = ((CButton * )GetDlgItem(IDC_CHECK3)) - >GetCheck();
                break;
        case 4:
            bStatus = ((CButton * )GetDlgItem(IDC_CHECK4)) - >GetCheck();
                break;
        case 5:
            bStatus = ((CButton * )GetDlgItem(IDC_CHECK5)) - >GetCheck();
                break;
        case 6:
            bStatus = ((CButton * )GetDlgItem(IDC_CHECK6)) - >GetCheck();
                break;
        case 7:
            bStatus = ((CButton * )GetDlgItem(IDC_CHECK7)) - >GetCheck();
                break;
        case 8:
            bStatus = ((CButton * )GetDlgItem(IDC_CHECK8)) - >GetCheck();
                break;
        default:
            break;
    }
    return bStatus;
}
```

好了,发送端的程序完成了。下面我们用串口调试助手看一下效果。先打开串口调试助手,作为数据接收端。而后编译运行我们的发送端程序,随意选中几个开关复选框,然后单击“发送数据”按钮,即可看到串口调试助手中的显示(注意:串口调试助手打开的是 COM3,因为我们的发送端打开的串口是 COM2)。

如图 5 - 27 所示,在发送端软件上随意选中了几个开关复选框,单击发送,“发送数据显示”框中即显示出发送的数据,同时在串口调试助手中也显示出来数据,说明程序正常。

2. 数据接收端程序

对于数据接收端,任务就是从发送端发来的数据包中提取有用的数据,也就是对于发送端“打包”发来的数据进行“拆包”的过程。

我们的示例程序较为简单,只要从数据包中提取 8 个开关量数据并将它们显示出来即可。

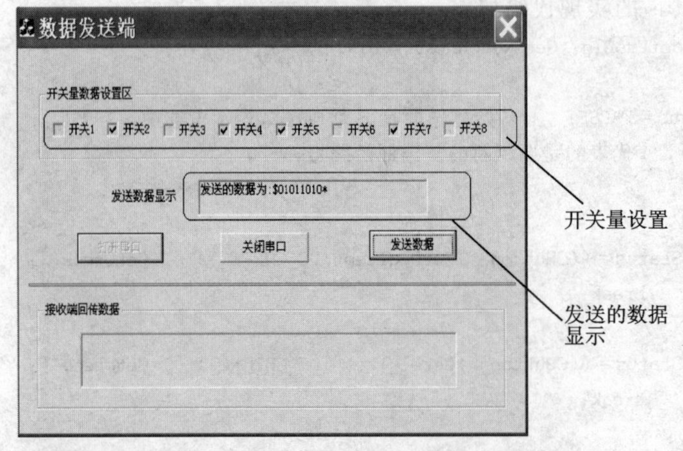

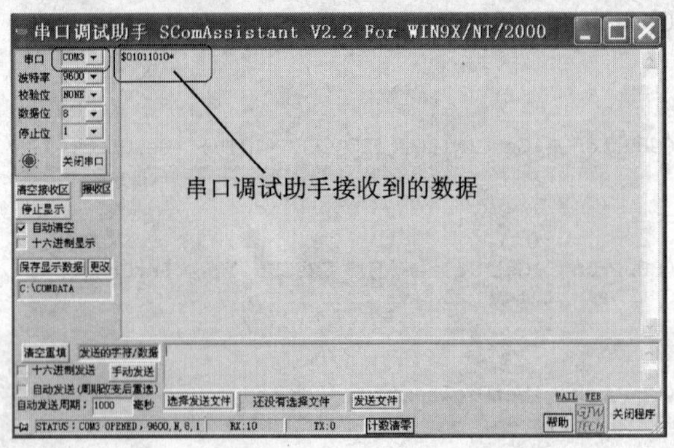

图 5-27　“数据发送端”发送数据和“串口调试助手”接收显示

较之于没有任何格式的数据而言，对于这里带有一定格式数据的处理，需要对于数据头、尾进行判断，并提取数据。

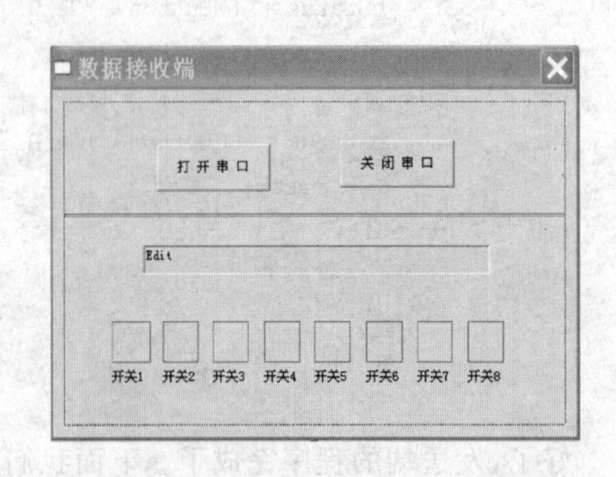

图 5-28　数据接收端的界面设计

① 启动 VC 6，建立数据接收端工程，类型为基于对话框的 MFC 程序。进入工程后在资源设计器的对话框界面中设计如图 5-28 所示的界面。

其中 8 个开关显示，我们用 8 个 Picture 控件，为了显示开关效果，在资源中插入开、关两种状态的图标(通过手动绘制即可)。Picture 控件的属性要设为“icon”。初始状态下，Picture 控件全部显示的是“关”状态的图标，如图 5-29 所示。

各个控件的属性设置如表 5-5 所列。

② 在工程中插入 MSComm 控件，并为其绑定 CMSComm 类的变量 m_Comm，详细方法见 5.5.5 小节。

③ 为对话框类添加一个 BOOL 型变量 m_bIsPortOpen，标识串口是否打开，初始时设为 FALSE，并针对串口是否打开来对按钮进行使能处理，为此添加一个成员函数 UpdateButton，代码如下：

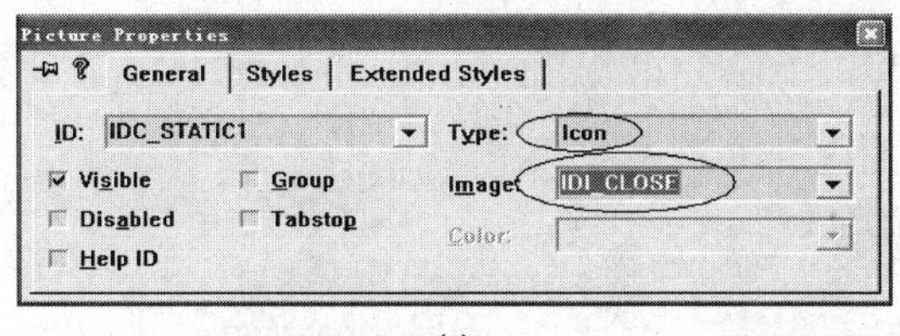

(a)

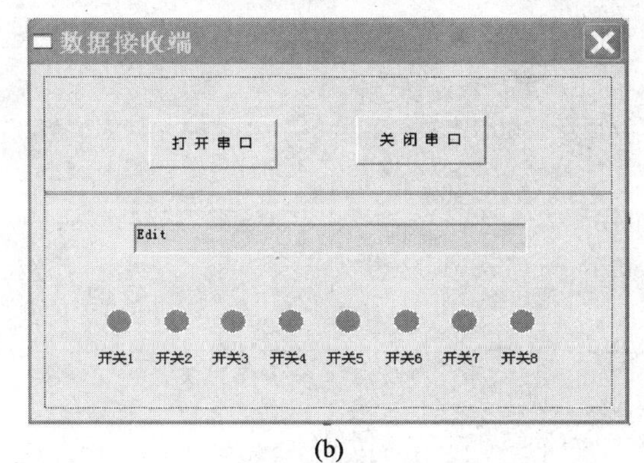

(b)

图 5-29 为 Picture 控件设置好图标后的界面

表 5-5 控件及属性设置

控件类型	ID	Caption	添加的变量
Picture 控件	IDC_STATIC1～IDC_STATIC8		
静态文本	IDC_STATIC	开关 1～开关 8	
按钮	IDC_BUTTON_OPEN	打开串口	
按钮	IDC_BUTTON_CLOSE	关闭串口	
文本框	IDC_EDIT_RXDATA		m_strRXData

```
void CSDataReceiverProDlg::UpdateButton()
{
    GetDlgItem(IDC_BUTTON_OPEN)->EnableWindow(m_bIsPortOpen == FALSE);
    GetDlgItem(IDC_BUTTON_CLOSE)->EnableWindow(m_bIsPortOpen == TRUE );
}
```

④ 为"打开串口"添加代码。直接双击资源设计器中对话框上的"打开串口"按钮即可。

```
void CSDataReceiverProDlg::OnButtonOpen()
{
    m_Comm.SetCommPort(3);    //绑定虚拟串口 3,与发送端对应
    m_Comm.SetInputMode(1);//输入方式为二进制方式
    m_Comm.SetInBufferSize(1024); //输入缓冲区
    m_Comm.SetOutBufferSize(512); //输出缓冲区
    //设置波特率,奇偶校验方式,数据位,停止位参数
    m_Comm.SetSettings("9600,n,8,1");
    //打开串口
```

```
    if (! m_Comm.GetPortOpen())
    {
        m_Comm.SetPortOpen(TRUE);
    }
    m_Comm.SetRThreshold(1);
    //清空输入缓存
    m_Comm.SetInputLen(0);
    m_Comm.GetInput();

m_bIsPortOpen = TRUE;  //更新串口是否打开状态
UpdateButton();        //更新按钮状态
}
```

⑤ 为“关闭串口”添加代码。

```
void CSDataReceiverProDlg::OnButtonClose()
{
    if (m_Comm.GetPortOpen())
    {
        m_Comm.SetPortOpen(FALSE);  //关闭串口
    }
    m_bIsPortOpen = FALSE; //更新串口是否打开状态
    UpdateButton();   //更新按钮状态
}
```

⑥ 接收端核心代码是接受数据处理，即 MSComm 控件的 OnComm 事件的处理代码。在代码中需要针对发送方与接收方事先约定的数据格式进行“拆包”处理。此处代码的功能是判断数据包的首尾，并提取有用数据(8 个 0、1 字符串代表的开关量)，而后在界面上通过图标直观显示出来，代码如下：

```
void CSDataReceiverProDlg::OnMscomm1()
{
    VARIANT variant_inp;  //VARIANT 类型变量，用于接收串口数据
    COleSafeArray safearray_inp; //安全数组，用于存放接收数据
    LONG len, k;
    BYTE rxdata[1024];  //接收数据数组
    CString strtemp;
    if (m_Comm.GetCommEvent() == 2) //是串口接收事件
     {
        m_strRXData.Empty();  //接收字符清空
        variant_inp = m_Comm.GetInput(); //获取串口数据
        safearray_inp = variant_inp;  //放入安全数组中
        len = safearray_inp.GetOneDimSize();//获取数据长度
        if (len != 10)           //协议要求数据长度为 10
        {
            MessageBox("不符合协议的数据格式!","提示");
            return;
        }
        //获取数据，存放到接收数组中
        for (k = 0;k<len;k++)
```

```
        {
            //将安全数组中的元素导入到C++类型的数组中去
            safearray_inp.GetElement(&k, rxdata + k);
        }
        //将接收数据显示出来
        for (k = 0;k<len;k ++ )
        {
            BYTE bt = * (char * )(rxdata + k);
            strtemp.Format(" %c",bt);
            m_strRXData += strtemp;
        }
    //对接收到的数据进行处理 ************************
    if (rxdata[0] == '$' && rxdata[len - 1] == '*') //对数据包头、包尾的判断
    {
        CString strSwitch, strBack;
        strSwitch = m_strRXData.Mid(1,8);//Mid 函数截取字符串的特定子串
        for (int i = 0;i<8;i ++ )
        {
            if (strSwitch.Mid(i,1) == '1')  //如果取出的数位上的数是1
                SetSwitchStatus(i + 1,TRUE); //自定义函数,更新界面
            else
                SetSwitchStatus(i + 1,FALSE); //如果取出的数位上的数是0

        }

            strBack = "接收到发送来的数据" + strSwitch; //给发送端的回传数据
            m_Comm.SetOutput(COleVariant(strBack));
    }
        UpdateData(FALSE);  //更新界面,显示控件数据
    }
}
```

对于数据的处理,代码中首先是要对数据的长度进行判断。如果同协议规定的长度不符,则丢弃不用。

代码中的核心部分是用"*****"标出的部分。首先对于数据格式的特征(数据包头、包尾)进行检测,而后提取中间有用的数据,代码中用到了 CString 类的 Mid 函数,此函数用于从已有的字符串中获取一个子字符串。代码中语句"strSwitch＝m_strRXData. Mid(1,8);"的意思就是在接收到的字符串中从第 2 个字符开始提取一个带有 8 个字符的子字符串(实际就是数据包中的有用数据),strSwitch 就是代表有用数据的字符串,而后利用一个循环逐个判断 strSwitch 中的各个字符内容,根据其是"1"还是"0"进行开关的设置显示。用到了一个自定义的函数 SetSwitchStatus,该函数的第 1 个参数表示显示灯的序号,第 2 个参数表示灯的显示状态(TRUE 为打开,FALSE 为关闭),代码请参考光盘,比较简单。

编译运行程序,首先利用"串口调试助手"作为发送端,发送不符合协议要求的数据,数据接收端将拒绝接收,如图 5-30 所示。

编译运行发送端程序,随意选中几个开关复选框,而后发送之,可以看到接收端效果,同时发送端接收到回传的确认数据,如图 5-31 所示。

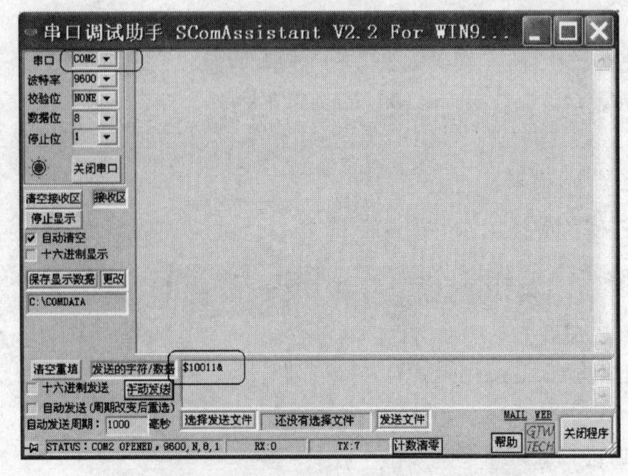

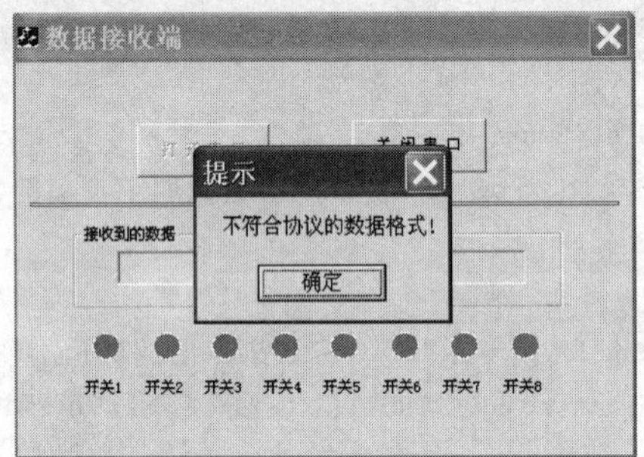

图 5-30　数据格式不符合要求,接收端拒收

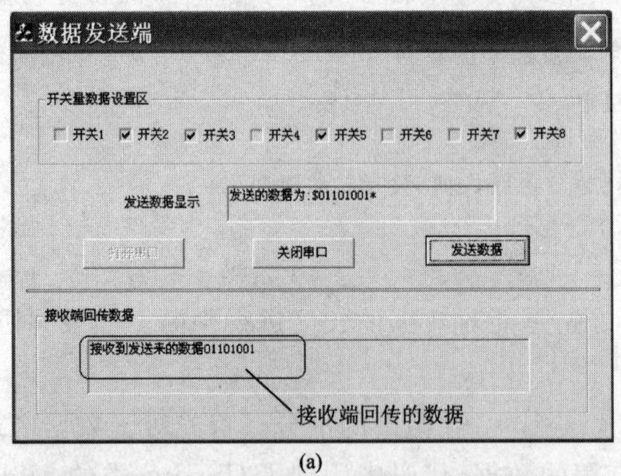

(a)

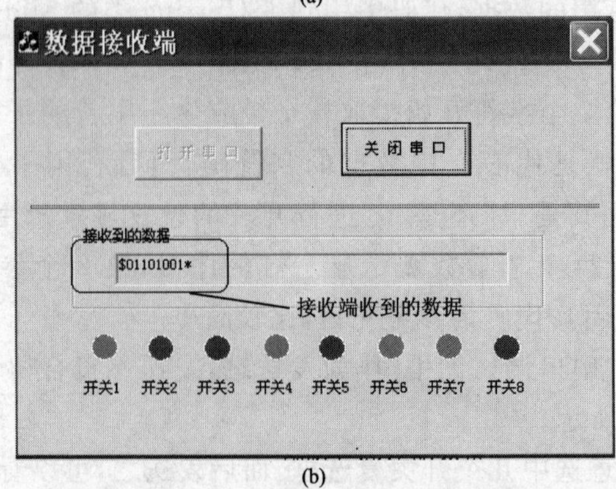

(b)

图 5-31　数据发送与接收端完成的完整的数据收发过程效果图

5.6 扩展实例与技巧

现在一般的PC或者笔记本电脑上，串口资源很有限，一般也就一两个，用虚拟串口软件虽然可以拓展出很多虚拟串口，但那毕竟是“假的”，一般用于调试串口程序，与真实的物理设备是无法连接的。实际的工程应用中，比如计算机数据采集系统、测量控制系统，往往需要多串口资源。我们要想多多利用计算机获取外部信息就要多用些数据采集设备，如果每个设备都与计算机进行串口通信，那么一两个串口显然是无法满足需求的。

图5-32所示的是典型的测量设备——全站仪，一般在工业、科研中用于测量位姿数据。实际应用中，为了获取更多的测量数据，往往需要在现场布置多台全站仪，而后通过总线以串口形式传送给中心管理计算机。这时候中心计算机必须要有多个物理串口才能满足要求。

为了满足有多个物理串口的需要，是否需要定制专门的计算机呢？

不需要。普通的PC就可以改造为多串口计算机。本小节就来解决为普通PC扩展物理串口的方法以及相应的软件解决方案。

1. 利用MOXA卡扩展物理串口资源

MOXA卡是著名的多串口扩展卡，其外观如图5-33所示。购得后将其插入台式PC的PCI插槽中，而后安装好驱动程序，即可为计算机轻轻松松地扩展出8个串口资源。

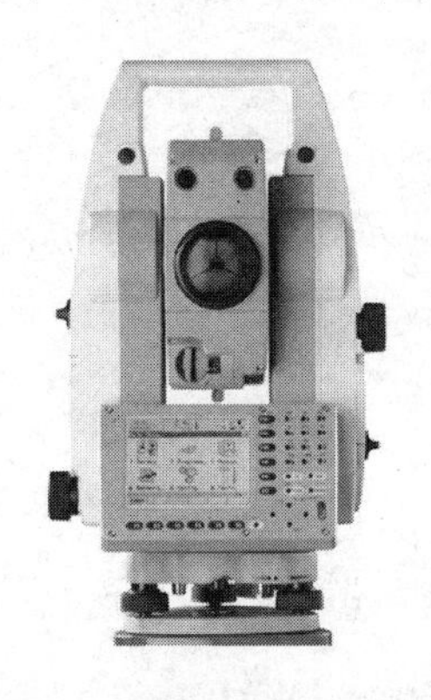

图5-32 常用的测量数据采集设备——全站仪

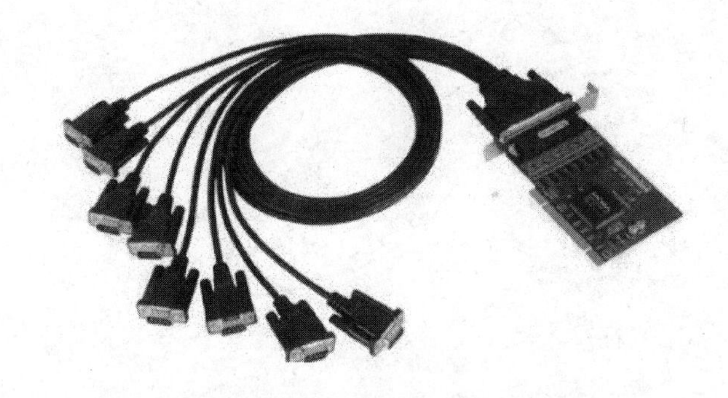

图5-33 物理串口扩展卡——MOXA卡

具体的安装步骤如下：

① 将新买的MOXA卡插入到自己PC的PCI插槽中，按说明书提示的要求操作。

② 开机后系统会提示“发现新硬件”，并给出安装提示，此时选择“从列表或从特殊位置安装(高级)”，插入驱动光盘。

③ 此时系统会进行搜索，选择“在以下位置中选择最佳驱动器”的单选按钮，而后选中“从包含以后位置搜索”的复选框(另一个从可移动介质搜索不选，否则会浪费很多搜索时间的)，然后根据系统来选择，笔者用的是Windows XP，故选择的浏览路径是“CP-168U\Software\WinXp-2003\X86”。

④ 单击“下一步”按钮直到安装完成。

⑤ 安装好后，系统会提示“发现新硬件Port0-Port7”，最后提示“硬件安装成功，可以使用”，此时驱动程序安装完成。

2. VC 多串口编程

利用 MOXA 卡扩展出 8 个真实的物理串口，此时利用 VC 6 编程时，一个 MSComm 控件就对应一个串口。

比如读者想开发一个 8 串口卡的数据采集或者控制软件，那么就需要拖动 8 个 MSComm 控件到对话框模板上，而后针对每一个串口所要实现的功能，分别对每一个 MSComm 控件进行编程处理。

第6章

信息技术四部曲——信息传输

我们的这个世界正在变得越来越平，地球村已经从概念变成了现实。归根结底，是因为通信技术的发展。

“信息论之父”香农于1948年10月发表了《通信的数学理论》，奠定了信息技术的理论基础。信息论告诉我们，信息其实就是“确定性的增加”。对于一件事物了解得越多，就表明掌握关于它的信息越多。信息的充足更利于我们为自己下一步的行动做出明智的判断。比如，我们通过手机晨报知道今天要下雨，那么我们就会在上班前带好伞而不至于路上被淋湿；如果没有获取这一信息，那么恐怕会成为落汤鸡。显然，前者由于我们获取了信息而做出了比后者更为明智的选择。

人人都想过明智的生活，那么就需要更多的获取信息。第5章说明了信息采集的重要性，它是解决信息获取的问题。然而，对于普通大众的日常生活而言，人们更为关切的问题是如何更快、更有效地获取这些信息。这就涉及信息如何传输了。

人是社会的基本组成部分，只有更有效的沟通、交流、紧密联系才能使这个社会更加强劲的发展起来。回望人类信息传递方式的历史，也是人类的发展史。我国是世界上最早建立组织传递信息的国家之一。驿站是古代供传递宫府文书和军事情报的人或来往官员途中食宿、换马的场所。传递点战报什么的需要快马加鞭。这样的信息传输方式自然使得人们如井底之蛙，“泱泱中华”就是“天下”。现在我们知道，国家再大，但在地球上也不过是区区一小块而已。可见，信息的传输决定了人们的视野和生活范围。

6.1 通信的力量——从草根明星到火暴的iPhone

1. 草根明星

“草根”原本就是平头老百姓，跟“明星”本来是万万沾不上边的。但是最近的春节联欢晚会，无论是中央的还是地方的，一个个草根却站到了明星的舞台上，与众多大腕们同台献艺。其中典型的草根是西单女孩和旭日阳刚组合。他（她）们都是生活在社会底层的人，原本如茫茫荒原上的小草一般无人问津。可是忽然一夜间，他（她）们同大牌歌手一同飙歌，接受最有影响的媒体的追捧与采访，一大批人成为了他（她）们的草根粉丝。草根一夜变身明星的神话得以上演，速度之快，令人咂舌。以往一些艺术上的明星成名往往需要多年勤学苦练，正所谓“台上一分钟，台下十年功”。时代转眼到了21世纪的今天，借助互联网的力量，一夜成名的例子举不胜举。无论是有真才实学、真本事的，还是靠着出卖自身尊严进行炒作的，网络成为了这些欲成名者的“放大器”。

互联网自从20世纪末在中国兴起后，对于国人的生活产生了巨大的影响。人们从最初的从网页上浏览时事新闻以代替看报纸，到网络聊天，再到电子商务、网上购物、网上娱乐、网上学习、网上购物，甚至网上炒作成名……人类世界的巨大信息财富借助网络的力量以更加强劲、快捷的方式涌动、流通，从而使社会以更加迅猛的方式向其发展。

如图6-1所示，互联网是人们手中的“放大镜”，人们用它来放大世界，放大自己的生活。

2. 从 iPhone 的火暴看移动通信

图 6-1 互联网是世界的放大器

以拥有 Mac 电脑和 iPod 而闻名的苹果公司于 2007 年 1 月 9 日举行的 Macworld 宣布推出其移动手机产品——iPhone，2007 年 6 月 29 日在美国上市，具有移动电话、滑动触摸宽屏、桌面级电子邮件、网页浏览、搜索和地图功能等诸多功能。

2009 年 8 月 28 中国联通和苹果公司联合宣布，iPhone 手机将于 2009 年第四季度正式在中国市场上市。新闻报道称，发售当天有苹果粉丝排长龙抢购的场景，足见 iPhone 在中国的火暴。可以说，iPhone 开创了移动设备软件尖端功能的新纪元，重新定义了移动电话的功能。在随后推出的手机产品中，可以看到诸多手机生产厂家都在某种程度上模仿 iPhone，连昔日的手机的绝对老大诺基亚也感受到了空前的压力，足见其巨大的影响力。

互联网巨头谷歌公司一直对于移动通信市场给予重视。谷歌公司自从在 2005 年收购了 Android 公司之后一直在开发一款手机操作系统。终于，谷歌公司推出了旗下第一款手机——G 系列手机。更为重要的是，谷歌公司为其手机战略构筑起来一个非常大的平台——Android 平台。谁都知道，得平台者得天下。Android 是基于 Linux 内核的操作系统，具有非常好的开发性与稳定性，得到越来越多手机厂商的支持。2010 年末的数据显示，仅正式推出两年的操作系统 Android 已经超越称霸 10 年的诺基亚(Nokia)Symbian OS 系统，使之跃居全球最受欢迎的智能手机平台。

软件巨头微软公司在移动技术上一直都有投入，Windows Mobile 一直是其在手机及嵌入式系统中的操作系统版本。随着 iPhone 及谷歌手机系统的火暴，手机操作系统之争愈演愈烈。在智能手机市场上，微软远远落后于诺基亚、苹果和谷歌。目前，微软公司在全球智能手机市场只有 5%的市场份额。作为操作系统的老大，微软公司自然不肯落后。为改变微软公司在智能手机操作系统市场份额连连下滑的颓势，微软公司干脆放弃 Windows Mobile 6.5，推出跟微软公司在 PC 市场操作系统更加搭配的 Windows Phone 7。

从以上可以看出，IT 巨头们在智能手机市场上的厮杀是愈演愈烈。背后自然是商业利益的驱使。作为移动通信终端，手机的作用是显而易见的。从侧面可以看到移动通信对于人们的影响及其巨大的市场潜力。

当今，人们已经进入移动通信时代，冯小刚的一部电影《手机》刻画出了移动时代对于人们生活、情感、道德的影响。移动通信已经是现代人生活中必不可少的一部分。现在互联网与移动无线网全面实现了融合，人类的通信时代正进入新的纪元，随着通信技术的飞速发展，信息的流通会更加迅速快捷，人类的生产、生活会更加高效，财富的积累也会越来越迅速。

下面介绍开发 Windows 平台的通信程序需要的知识与技术基础。

6.2 世界的神经——Internet

Internet，又称为因特网、国际互联网，是 20 世纪人类最伟大的发明。从网络通信的角度而言，Internet 是一个以 TCP/IP 协议族为基础连接各个国家、地区、机构的计算机网络。它将全世界数以千万计的计算机(无论是庞大的巨型机，还是桌上 PC，甚至是口袋里的手机)连接成为了一个巨大的网络，使得人们彼此之间可以非常迅速、方便的传递信息。

6.2.1 Internet 简史

Internet 最早源于美国国防部高级研究计划局(Defense Advanced Research Projects Agency,DARPA)的前身 ARPA 建立的 ARPAnet,该网于 1969 年投入使用。从 20 世纪 60 年代开始,ARPA 就开始向美国国内大学的计算机系和一些私人有限公司提供经费,以促进基于分组交换技术的计算机网络的研究。1968 年,ARPA 为 ARPAnet 网络项目立项。最初,ARPAnet 主要用于军事研究目的。ARPAnet 是现代计算机网络诞生的标志。ARPAnet 在技术上的另一个重大贡献是 TCP/IP 协议族的开发和使用。1980 年,ARPA 投资把 TCP/IP 加进 UNIX(BSD 4.1 版本)的内核中,在 BSD 4.2 版本以后,TCP/IP 即成为 UNIX 操作系统的标准通信模块。本章要介绍的 Windows 中的许多 TCP/IP 编程上的东西都来源于 UNIX 操作系统的网络通信模块。1983 年,ARPAnet 分为两部分:ARPAnet 和纯军事用的 MILNET。该年 1 月,ARPA 把 TCP/IP 作为 ARPAnet 的标准协议,其后,人们称这个以 ARPAnet 为主干网的网际互联网为 Internet,TCP/IP 协议族便在 Internet 中进行研究、试验,并改进成为使用方便、效率极高的协议簇。与此同时,局域网和其他广域网的产生与蓬勃发展对 Internet 的进一步发展起了重要的作用。其中,最为引人注目的就是美国国家科学基金会(National Science Foundation,NSF)建立的美国国家科学基金网(NSFnet)。1986 年,NSF 建立起六大超级计算机中心,为了使全国的科学家、工程师能够共享这些超级计算机设施,NSF 建立了自己的基于 TCP/IP 协议簇的计算机网络 NSFnet。NSFnet 于 1990 年 6 月彻底取代了 ARPAnet 成为 Internet 的主干网。到了 20 世纪 90 年代,美国政府意识到仅仅靠政府的资助难以适应应用的发展需求,因此鼓励商业部门的介入,出现了大量的 ISP 和 ICP,丰富了 Internet 的服务和内容。

Internet 的迅猛发展始于 20 世纪 90 年代。由欧洲原子核研究组织(CERN)开发的万维网(World Wide Web,WWW)被广泛使用在 Internet 上,大大方便了广大非网络专业人员对网络的使用,成为 Internet 发展的指数级增长的主要驱动力。与此同时,WWW 的站点数目也急剧增长,千千万万的网站成为了网民的乐园。

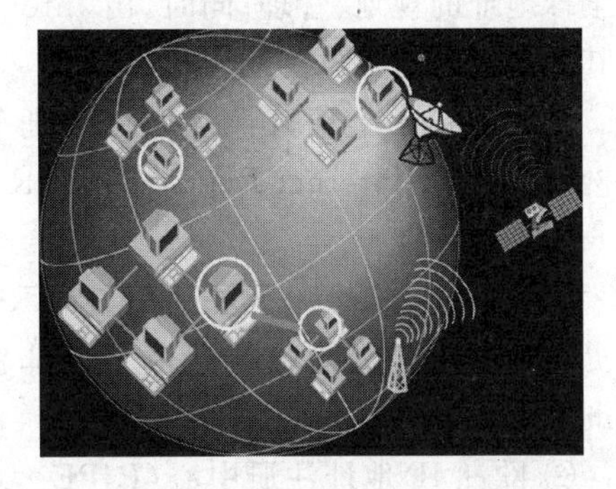

图 6-2 世界的神经——Internet

图 6-2 是对 Internet 的非常形象的比喻。

6.2.2 Internet 的管理

1. Internet 管理机构

1992 年,Internet 不再归美国政府所管辖,继而成立了一个国际性组织——因特网协会(Internet Society,ISOC)。此机构负责因特网的全面管理以及在世界范围内促进因特网的发展。ISOC 下面有一个技术组织叫因特网体系结构委员会(Internet Architecture Borad,IAB),负责因特网协议的开发。IAB 下面有两个工程部:

(1) 因特网工程部(Internet Engineering Task Forck,IETF)

IETF 的具体工作由因特网工程指导小组管理。这些工作组划分为若干领域进行研究,主要是针对协议的开发和标准化。

(2) 因特网研究部(Internet Research Task Forck,IRTF)

IRTF 的具体工作由因特网研究指导小组(Internet Research Steering Group,IRSG)管理。IRTF 的任务是进行理论方面的研究。

所有因特网的标准都是以 RFC(Request For Comments)的形式在因特网上发布的。RFC 包含了关于 Internet 的几乎所有重要的文字资料,它是 Internet 以及 TCP/IP 发展的基石。如果你想成为网络方面的专家,那么 RFC 无疑是最重要也是最经常需要用到的资料之一,所以 RFC 享有网络知识圣经之美誉,而且这个圣经还是免费的。

我们知道,Internet 是由许多小的网络(子网)互联而成的一个逻辑网,每个子网中连接着若干台计算机(主机)。Internet 以相互交流信息资源为目的,基于一些共同的协议,并通过许多路由器和公共互联网而成,它是一个信息资源和资源共享的集合。那么说来说去,Internet 的协议是什么呢? 就是 TCP/IP 协议族。读者需要注意,它可不是仅仅包括 TCP 和 IP 两个协议,而是包含许许多多的协议,如应用层的 HTTP、Telnet、FTP、SMTP、POP 等,传输层的 TCP、UDP,网络层的 IP、ARP、RARP、ICMP、IGMP 等。关于 TCP/IP 协议族我们会在 6.3 节进行较为详细的介绍。

2. Internet IP 地址管理机构

IP 地址是人们在 Internet 上为了区分数以亿计的主机而给每台主机分配的一个专门的地址,通过 IP 地址就可以访问到每一台主机。IP 地址由 4 部分数字组成,每部分数字对应于 8 位二进制数字,各部分之间用小数点分开,如某一台主机的 IP 地址为 211.152.65.112。

Internet IP 地址由国际网络信息中心(Internet Network Information Center,NIC)统一负责全球地址的规划、管理;同时,由 Inter NIC、APNIC、RIPE 等网络信息中心具体负责美国及全球其他地区的 IP 地址分配。

全球现有 4 个地区性互联网注册管理机构(Regional Internet Registries,RIR),如图 6-3 所示。

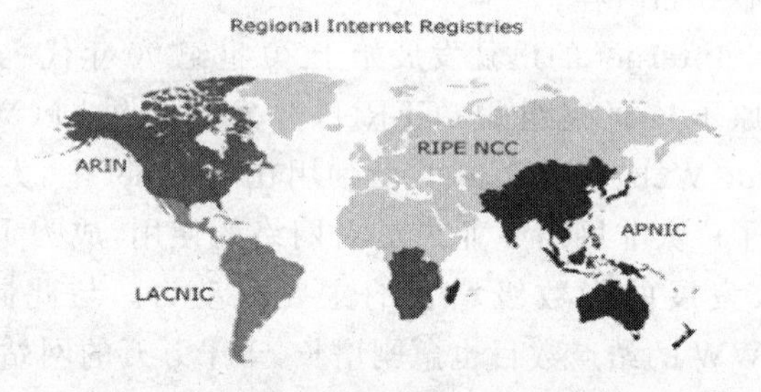

图 6-3 世界范围内的 IP 地址管理机构

① 美国 Internet 号码注册中心(ARIN),负责美国、加拿大、撒哈拉沙漠及南非洲的 IP 地址信息。

② 欧洲 IP 地址注册中心(RIPE),负责欧洲、北非及西亚地区的 IP 地址信息。

③ 亚太地区网络信息中心(APNIC),负责东亚、南亚、大洋洲的 IP 地址信息。

④ 拉美及加勒比互联网信息中心(LACNIC),负责拉丁美洲及加勒比地区的 IP 地址信息。

我国的 IP 地址管理机构称为中国互联网信息中心(China Internet Network Information Center,CNNIC),成立于 1997 年 6 月,由中国科学院计算机网络信息中心负责其日常运行和管理,主要职责包括域名注册管理、IP 地址、互联网调查与相关信息服务、目录数据库技术服务、互联网寻址技术研发、国际交流与政策调研等。

6.2.3 Internet 的未来

Internet 的方方面面的技术已经取得了巨大的成就,对于人类产生了巨大的影响。但无论从技术上还是从应用前景上,它仍然具有相当大的潜力。技术上,IP v6 正方兴未艾,可以使更多的计算机加入到互联网中来,这个世界的神经中的"神经元"会更多,触角会更深入;网络带宽的进一步加大会使得传输多媒体数据更加方便，会给人们带来更多的视、听享受；与其他通信网的结合，使得人们的通信呈现立体化，生产、生活的效率有进一步的巨大提升；网络安全技术的进一步提高，使得人们在互联网上的经济活动更加安全放心，促进互联网经济的进一步发展；更多的网络应用的出现，同时匹配了更多的网络增值服务，使得互联网经济全面开花；更多的普通百姓借助互联网，展现自我，为个人奋斗提供更好的平台。

总而言之，互联网的未来可以写一部科幻小说，一切奇思妙想说不定会在某一时刻成为现实。过去的几十年已经充分说明了这一点。说不定读者朋友中的哪一位将来会成为某一方面的名家。

6.3　TCP/IP

6.3.1　总体概述

改变世界的因特网不仅仅是因为其自身，更是由于在其上构筑有无数的应用软件。比如通过即时通信软件QQ、MSN等可以在网上与千里之外的亲友聊天；通过电子邮件可以快捷地收发邮件而不用往邮局跑；通过视频软件可以在线观看喜欢的NBA球赛等。

要想在因特网上开发应用软件，必须知道因特网的“逻辑”——数据通信所遵从的协议。因特网的核心就是TCP/IP，其上所构筑的应用软件大都是建立在TCP/IP基础上的。作为一名软件工程师，开发网络通信程序是非常重要的一个技术方面，需要对TCP/IP有较多的了解。

提到TCP/IP，不得不提的是另外一个协议体系——OSI（Open System Interconnection，开放系统互连参考模型）。OSI的设计目的是成为一个所有销售商都能实现的开放网路模型，以克服使用众多私有网络模型所带来的困难和低效性。OSI是由ISO（国际标准化组织）研究制定的。ISO于1981年制定了OSI。这个模型把网络通信的工作分为7层，它们由低到高分别是物理层（Physical Layer）、数据链路层（Data Link Layer）、网络层（Network Layer）、传输层（Transport Layer）、会话层（Session Layer）、表示层（Presentation Layer）和应用层（Application Layer）。第1层到第3层属于OSI参考模型的低三层，负责创建网络通信连接的链路；第4层到第7层为OSI参考模型的高四层，具体负责端到端的数据通信。

图6-4是OSI模型的示意图。数据在两个通信实体间传输时，首先在发送方进行了由高到低层的逐层打包，而后通过网络传输到达接收方后又进行逐层的反向解包的过程。

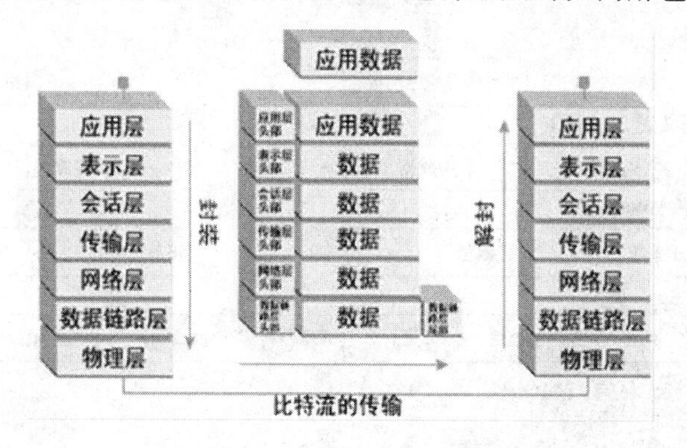

图6-4　OSI模型示意

TCP/IP的发展其实要早于OSI，技术上发展得较为成熟，开发出来的协议较多。由于TCP/IP是应因特网的实际需求而开发产生出来的，因此TCP/IP的可行性得到了充分验证，较之于庞大而复杂的 OSI 模型，TCP/IP 的实用性造就了它的巨大商业成功。目前，因特网的事实协议就是 TCP/IP。这也从侧面说明了商业产品和学术产品之间的区别。

TCP/IP 模型实际上是 OSI 模型的一个浓缩版本，它只有应用层、传输层、互联网层和网络接口层 4 个层次，与 OSI 功能的对应关系见图 6-5。

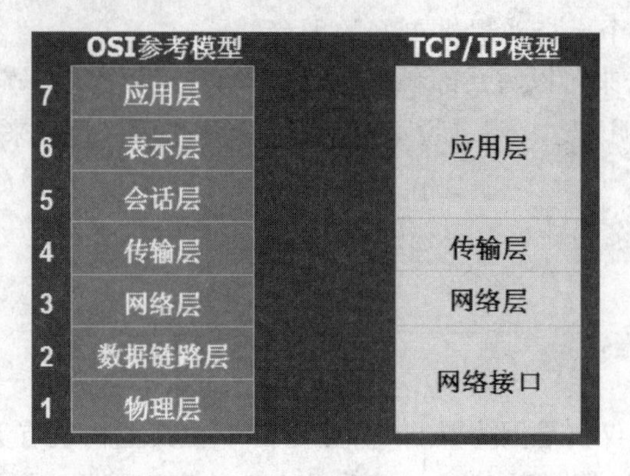

图 6-5 OSI 与 TCPIP 协议的对应关系

6.3.2 网络层协议

IP 是 TCP/IP 协议族中最重要的协议。它位于数据链路层之上，向上层协议屏蔽了不同物理链路的区别。所有因特网上传输的数据都以 IP 数据包的格式进行传输。

IP 层接收由更低层(网络接口层，如以太网设备驱动程序)发来的数据包，并把该数据包发送到更高层——TCP 或 UDP 层；同时，IP 层也把从 TCP 或 UDP 层下发来的数据包传送到更低层。IP 数据包是不可靠的，因为 IP 并没有做任何事情来确认数据包是按顺序发送的或者没有被破坏。对于数据的正确性保证可由上层协议(如 TCP)实现。

IP 数据包中含有发送它的主机的地址(源地址)和接收它的主机的地址(目的地址)。IP 数据包会同底层的 MAC 地址数据共同构成完整的 TCP/IP 数据包，在因特网上进行传输，如图 6-6 所示。

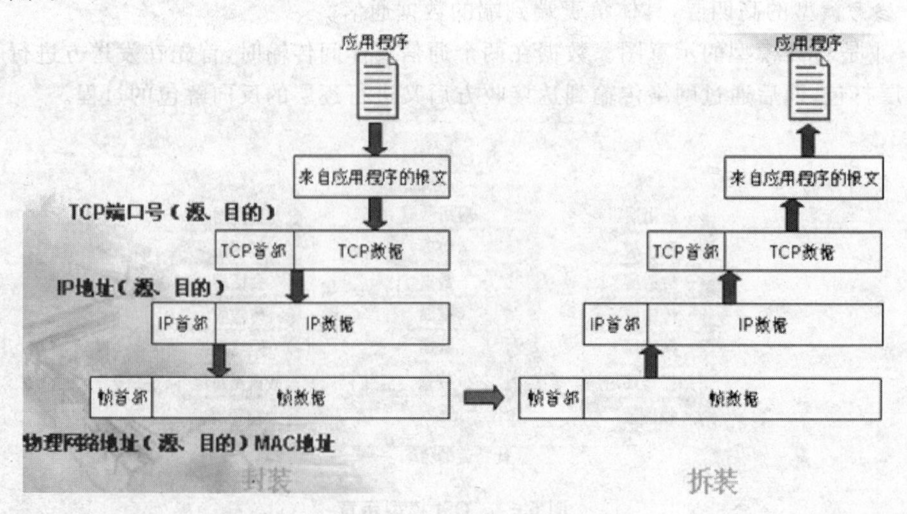

图 6-6 TCP/IP 的数据封装与拆装过程

IP 有一个非常重要的内容，那就是给因特网上的每台计算机和其他设备都规定了一个唯一的地址,叫做“IP地址”。由于有这种唯一的地址,才保证了用户在联网的计算机上操作时,能够高效而且方便地从千千万万台计算机中选出自己所需的对象来。现在的IP网络使用32位地址,以点分十进制表示,如192.168.0.1。地址格式为:IP地址=网络地址+主机地址或IP地址=网络地址+子网地址+主机地址。

6.3.3 传输层协议

传输层是整个TCP/IP协议族中非常重要的层次,它向上面的应用层提供通信服务。

严格而言,因特网上两台主机之间的通信实际上是两台主机的应用程序之间的通信。比如说,你和我的主机上都安装了QQ,我们通过因特网聊天,那么实际上是两个QQ软件之间的通信。IP虽然把数据包传送到了目标主机,但是这个数据包还停留在网络层而没有交付给目的主机的应用进程。也就是说,IP地址只是标示了因特网中的一个主机,而不能标示主机中的应用进程。由于通信的两个端点实际是源主机和目的主机中的应用进程,因此应用进程之间的通信被称之为端到端的通信。

传输层与网络层的根本区别在于:传输层为应用进程之间提供了端到端的逻辑通信;而网络层提供的是主机之间的逻辑通信。传输层与网络层协议的区别如图6-7所示。

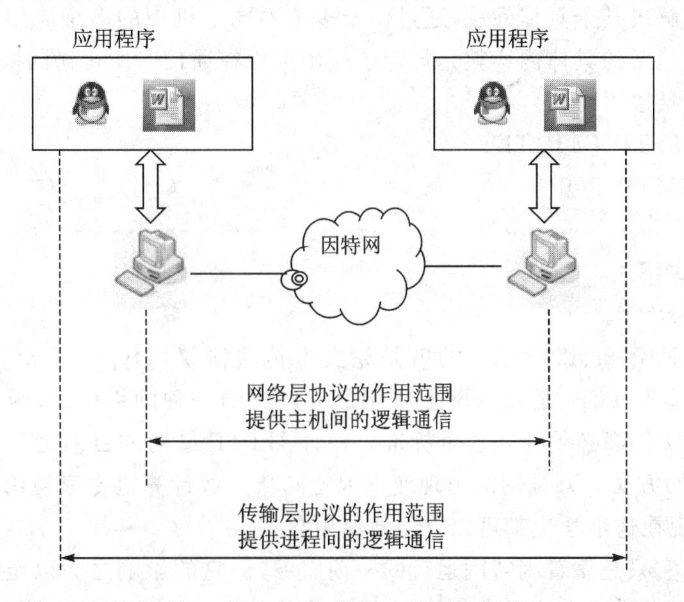

图6-7 传输层与网络层协议的区别

TCP/IP协议族的传输层有两个不同的重要协议——用户数据报协议(User Datagram Protocol,UDP)和传输控制协议(Transmission Control Protocol,TCP)。

TCP提供IP环境下的数据可靠传输,它提供的服务包括数据流传送、可靠性、有效流控、全双工操作和多路复用。通过面向连接、端到端和可靠的数据包发送。TCP事先为所发送的数据开辟出连接好的通道,然后再进行数据发送;而UDP则不为IP提供可靠性、流控或差错恢复功能。一般来说,TCP对应的是可靠性要求高的应用;而UDP对应的则是可靠性要求低、传输经济的应用。TCP支持的应用协议主要有Telnet、FTP、SMTP等;UDP支持的应用层协议主要有NFS(网络文件系统)、SNMP(简单网络管理协议)、DNS(主域名称系统)、TFTP(通用文件传输协议)等。

UDP和TCP都使用了与应用层接口处的端口(port)与上层的应用程序进行通信。端口就是用来标示应用层的各种应用进程的。在传输层的数据单元中都在其首部写入了源端口号和目的端口号，当运输层收到 IP 层交来的数据后就根据目的端口号来判断应当通过哪个端口号来交给相应的进程。

在利用 VC 进行通信编程时，往往需要为程序指定端口号，此时读者需要注意的是选用的端口号不要与一些熟知端口(well-known port)相冲突。所谓的熟知端口就是一些常用的应用层程序所使用的固定端口号，其值一般为 0～1023。表 6-1 列出了一些常用的熟知端口。

表 6-1　一些常用的熟知端口号

应用程序	HTTP	FTP	TFTP	SMTP	TELNET	POP3	SNMP
熟知端口	80	21	69	25	23	110	161

6.3.4 应用层协议

应用层是 TCP/IP 协议族的最高层，是直接面向用户的协议层。因此其协议种类是较多的，同时随着应用的不断拓展，应用层协议的种类也在增加中。也就是说，它具有可扩展性。每个应用层协议都是为了解决某个具体问题，通过位于多个不同主机中的多个应用进程之间的通信和协同工作完成。应用层的具体内容就是规定了应用进程在通信时所遵循的协议。

应用层主要包括以下协议：

文件传输类：HTTP、FTP、TFTP。

电子邮件类：SMTP、POP3。

远程登录类：Telnet。

域名解析类：DNS。

网络管理类：SNMP。

其中最为大众所熟知、影响最大的就是超文本传输协议(Hyper Text Transfer Protocol, HTTP)。HTTP 基于 TCP，是互联网上应用最为广泛的一种网络协议，因为它是万维网的基础，所有的 WWW 文件都必须遵守这个标准。设计 HTTP 最初的目的是为了提供一种发布和接收 HTML 页面的方法。万维网的出现使得因特网从少数计算机专家使用变为普通百姓也能使用的信息资源，现在连小学生都可以方便地使用它。

尽管万维网其实只是靠着因特网运行的一项服务，但它的影响之大以至于它常被当成因特网的同义词，我们日常生活中挂在嘴边的"上网"，指的其实一般就是万维网。

应用层其他协议，如 FTP、电子邮件协议，也都与人们的生活关系密切。FTP 为用户进行高速下载提供了方便，比如许多的校园 FTP 是学生、老师们的资源共享基地；电子邮件则是商务人士必不可少的。随着因特网的发展和人们生活水平的日益提高，更多的应用会被开发出来。

6.4 Socket 概述

Socket，通常也称为"套接字"，其英文含义为"插座"。Socket 实质上提供了进程通信的端点的一种抽象。网络中的通信实质是应用进程之间的通信，而要完整的描述一个应用进程在因特网中的位置，必须是"IP+端口"，缺一不可。而 Socket 其实就是这种对于因特网上进行通信的应用进程位置的抽象描述，是一种协议、本地地址、本地端口的抽象，如图 6-8 所示。

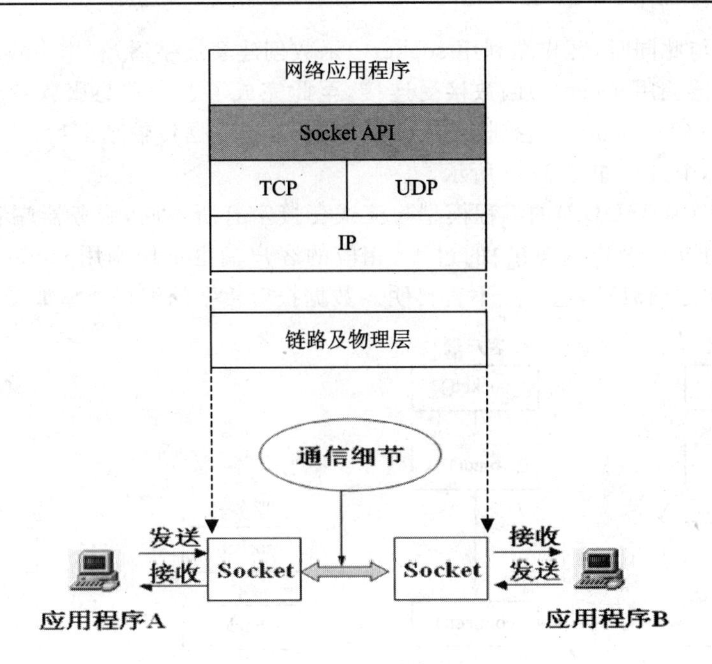

图 6－8　Socket(套接字)在网络通信中的示意图

Socket 最初是美国加利福尼亚大学伯克利分校为 UNIX 操作系统开发的通信接口，是为了将 TCP/IP 集成到 UNIX 操作系统中而形成的 TCP/IP 应用抽象接口(API)。Socket 是面向 C/S 模型而设计的，针对客户端和服务器程序提供不同的 Socket 系统调用。客户随机申请一个 Socket，系统为之分配一个 Socket 号；服务器拥有全局公认的 Socket，任何客户都可以向它发出连接请求和信息请求。

Windows Sockets 规范，又简称 WinSock，是微软联合其他几家公司制定的一套 Windows 操作系统环境下的网络编程接口。WinSock 继承了 UNIX 下的 Socket。它是 Windows 下标准、通用的 TCP/IP 编程接口，通过动态链接库(DLL)的形式提供给用户。所有 Windows 平台下的因特网软件都是在 WinSock 的基础上开发的。Windows 是网络游戏的主流客户端平台，因此如果你想进入网络游戏开发行业，那么就必须掌握 WinSock。

WinSock 目前在实际应用中主要有 1.1 版和 2.0 版。最初的 1.1 版只是为 Internet 设计的，只支持 TCP/IP；2.x 版已经不再限于 TCP/IP，而是把应用范围扩展到了更多的网络和协议，如无线网协议等。

WinSock 提供了两种形式的 Socket：流式套接字(Stream Socket)和数据报套接字(Datagram Socket)。流式套接字采用的 TCP，特点是通信可靠，对于数据有校验和重发机制，适合对数据可靠性要求较高的场合；数据报套接字采用 UDP，提供无连接的数据传输，效率较高，适合于对数据可靠性要求不高但实时性要求高的场合，如实时多媒体数据的传输。

读者在开发自己的通信软件时，首先要根据自己的需求分析来选择是使用流式套接字还是数据报套接字。因为两者之间的通信效率是有明显区别的。下面简要说明一下两种类型套接字模型的基本编程模式。

流式套接字是基于 TCP 的，而 TCP 较之于 UDP 要复杂得多，因为它要保证数据的正确性。在利用 WinSock 进行流式套接字编程时，首先要启动服务器端，利用 socket()函数创建一个套接字，而后调用 bind()函数将创建的套接字与本地网络地址绑定，再调用 listen()函数进行监听有无客户端请求；与此同时，客户端利用 socket()函数创建套接字后，利用 connect()函数与服务器进行连接，服务器调用 accept()函数接受连接，至此完成了客户端与服务器端的连接，而后双方就可利用 receive()和 send()函数收发数据了。最后，当数据传输结束后，双方调用 close()函数关闭套接字。整个过程如图 6-9 所示。

数据报套接字（基于 UDP）的编程模型与流式套接字有所不同，服务器端省去了 listen()和 accept()（即监听和接收客户端连接）的过程；相应的客户端也不用调用 connect()。当然，服务器必须要在客户端之前启动，这一点不言自明。数据报套接字的编程模型如图 6-10 所示。

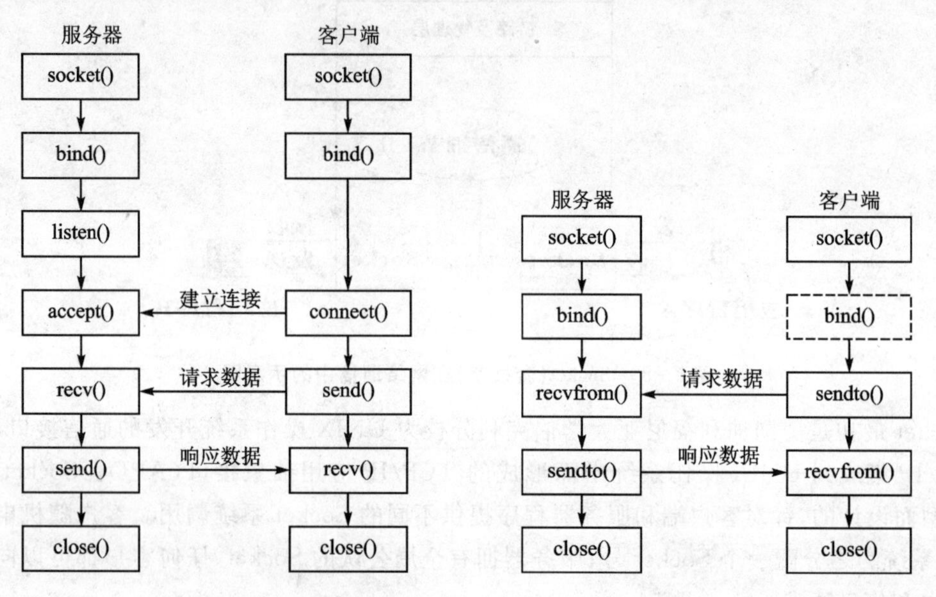

图 6-9　流式套接字编程模式　　　　图 6-10　数据报套接子编程模型

需要注意的是：

流式套接字与数据报套接字在接收和发送时的 API 函数是有区别的，分别是流式套接字 send、recv 和数据报套接字 sendto、recvfrom。

在 Windows 平台下，利用 VC 进行网络编程有两种方法：一种是直接利用 WinSock API 函数，优点是灵活、直接，但是需要对于网络有较深的理解；另一种是利用 MFC 提供的 WinSock 封装类，简化了 WinSock 的编程工作，使用户（程序员）可以专注于应用层程序算法的设计和开发。

由于 WinSock API 是基础，有利于后面对于 MFC 的相关类的理解和实用，所以先对 WinSock API 编程进行简单的介绍；而后就是重点要介绍的 MFC 方式的网络编程。

6.5　WinSock API 介绍及范例

6.5.1　基本函数介绍

本节介绍 WinSock API 函数。WinSock 分为基于 TCP 的流式套接字和基于 UDP 的数据报套接字两种编程模式，其大部分函数是相同的，也有不同的，不同的主要就是接收、发送数据函数。

1. WSAStartup()函数

由于 WinSock API 是以 DLL 的形式提供给用户的，因此无论是客户端还是服务器开发

WinSock 应用程序时，首先必须要加载 Windows WinSock DLL。WSAStartup()函数即是实现此功能的。此函数是开发 WinSock 程序必须调用的第一个函数。

该函数的声明如下：

```
int WSAStartup(
  WORD wVersionRequested,
  LPWSADATA lpWSAData
);
```

其中：

wVersionRequested：指定准备加载的 Windows Sockets DLL 的版本，在应用程序中可以用 MAKEWORD(X,Y)宏方便指定，其中 X 为高位字节，代表库文件的副版本；Y 为低位字节，代表库文件的主版本。

lpWSAData：LPWSADATA 类型，而 LPWSADATA 是指向 WSADATA 结构体的指针，该参数返回被加载的动态链接库的有关信息。

该函数的返回值是一个 int 型，找到库时返回 0，否则代表没有找到；至于找到的库的最终版本值，则存储在 lpWSAData 结构体的 wVersion 成员变量中。

WSADATA 结构体的声明如下：

```
#define   WSADESCRIPTION_LEN   256
#define   WSASYS_STATUS_LEN    128

typedef struct WSAData{
  WORD                  wVersion;
  WORD                  wHighVersion;
  char                  szDescription[WSADESCRIPTION_LEN + 1];
  char                  szSystemStatus[WSASYS_STATUS_LEN + 1];
  unsigned short        iMaxSockets;
  unsigned short        iMaxUdpDg;
  char FAR *            lpVendorInfo;
} WSADATA, * LPWSADATA;
```

2. socket()函数

完成 Windows Sockets DLL 初始化以后，就是创建套接字。socket() 函数完成此任务。建立的是流式套接字还是数据报套接字也是在调用这个函数中指定的。

socket() 函数声明如下：

```
SOCKET socket(
  int af,
  int type,
  int protocol
);
```

其中：

af：协议的地址家族，创建 TCP 或者 UDP 套接字时，指定为 AF_INET。

type：非常重要，指定协议的套接字类型。流式套接字为 SOCK_STREAM，数据报套接字为 SOCK_DGRAM。

protocol：协议。指定的地址家族和套接字类型有多个数量时，使用该字段来限定一个特殊的传输。对于流式套接字取 IPPROTO_TCP 或 0；对数据报套接字取 IPPROTO_UDP 或 0。

3. bind()函数

此函数将套接字与已知地址进行绑定。该函数声明如下：

```
int bind(
  SOCKET s,
  const struct sockaddr FAR * name,
  int namelen
);
```

其中：

s：要绑定的套接字。

name：指向 socketaddr 结构的指针，代表地址。

namelen：sockaaddr 结构的长度。

这里需要重点说明的是 sockaddr 结构体以及另一个和它密切相关的重要结构体 sockaddr_in。sockaddr 结构依据使用协议的不同而不同，被内核用于存储地址，大小为 16 字节，声明如下：

```
struct sockaddr {
  u_short    sa_family;
  char       sa_data[14];
};
```

TCP/IP 编程中，使用 sockaddr_in 结构代替 sockaddr 结构。sockaddr_in 结构用来指定 IP 地址和端口号，因此是很重要的数据结构。

此结构声明如下：

```
struct sockaddr_in {
        short   sin_family;
        u_short sin_port;
        struct  in_addr sin_addr;
        char    sin_zero[8];
};
```

其中：

sin_family：地址家族，必须为 AF_INET，代表使用 IP 地址家族。

sin_port：端口号，通常选择 1024～49151 范围内的数字。

sin_addr：in_addr 类型的 IP 地址。

sin_zero：没有实质意义，只是填充结构体使之与 sock_addr 类型大小相同。

当调用 bind()函数进行套接字绑定时，将 sockaddr_in 结构类型强制转换为 sockaddr 类型，以作为第 2 个参数。

bind()函数调用成功，则返回 0；否则，返回值为 SOCKET_ERROR。

4. listen()函数

listen()函数将套接字设为监听模式，以等待客户端的连接请求。其声明如下：

```
int listen(
  SOCKET s,
  int backlog
);
```

其中：

s：套接字。

backlog：指定等待连接的最大队列长度。

该函数调用成功，返回 0；否则，返回 SOCKET_ERROR。

需要说明的是，backlog 参数比较重要，如其值被设为 4，则说明最多同时只能有 4 个客户端可供连接,如果此时有5个客户端向服务器发出连接请求,那么第五个连接将无法成功,造成WSAECONNREFUSED错误。

5. accept()函数

此函数用于接受一个客户端连接请求的功能。声明如下:

```
SOCKET accept(
    SOCKET s,
    struct sockaddr FAR * addr,
    int FAR * addrlen
);
```

其中:

s:监听套接字。

addr:该参数返回请求连接的客户端的地址。

addrlen:该参数返回 sockaddr 结构的长度。

该函数若调用成功,则返回一个新的套接字句柄,服务器使用此句柄与客户端进行通信,监听套接字仍然用于接受客户端的连接,addr 结构返回请求连接的客户端的地址信息;若调用失败,则 accept()函数返回 INVALID_SOCKET 错误。

6. connect()函数

此函数用于流式 TCP 套接字编程模式中客户端对于服务器的连接。声明如下:

```
int connect(
    SOCKET s,
    const struct sockaddr FAR * name,
    int namelen
);
```

其中:

s:套接字。

name:要连接的服务器地址。

namelen:sockaddr 结构的长度。

该函数若调用成功,则返回0;否则,返回 SOCKET_ERROR 错误。

7. recv()函数

此函数用于流式 TCP 套接字接收数据。声明如下:

```
int recv(
    SOCKET s,
    char FAR * buf,
    int len,
    int flags
);
```

其中:

s:套接字。

buf:接收数据缓冲区。

len:接收数据缓冲区长度。

flags:该参数影响函数的具体行为。可取0、MSG_PEEK 和 MSG_OOB。其中,0表示无特殊行为;MSG_PEEK 会使有用的数据被复制到接收缓冲区中,但没有从接收缓冲区中删除;MSG_OOB 表示处理带外数据。

该函数成功返回时，返回值为接收的字节数；调用失败时，返回 SOCKET_ERROR。

8. recvfrom()函数

此函数用于数据报 UDP 套接字接收数据，并且返回发送数据的主机地址。声明如下：

```
int recvfrom(
  SOCKET s,
  char FAR * buf,
  int len,
  int flags,
  struct sockaddr FAR * from,
  int FAR * fromlen
);
```

其中：

s:套接字。

buf:接收数据缓冲区。

len:接收数据缓冲区大小。

flags:该参数影响函数的具体行为。可取 0、MSG_PEEK 和 MSG_OOB。其中，0 表示无特殊行为；MSG_PEEK 会使有用的数据被复制到接收缓冲区中，但没有从接收缓冲区中删除；MSG_OOB 表示处理带外数据。

from:该参数返回发送数据主机的地址。

fromlen:地址长度。

该函数调用成功后，返回接收数据的字节数；反之，调用失败，则返回 SOCKET_ERROR 错误。

9. send()函数

此函数用于流式套接字(基于 TCP)发送数据。声明如下：

```
int send(
  SOCKET s,
  const char FAR * buf,
  int len,
  int flags
);
```

其中：

s:套接字。

buf:发送数据缓冲区。

len:发送数据缓冲区大小。

flags:该参数影响函数的具体行为。可取 0、MSG_PEEK 和 MSG_OOB。其中，0 表示无特殊行为；MSG_PEEK 会使有用的数据被复制到接收缓冲区中，但没有从接收缓冲区中删除；MSG_OOB 表示处理带外数据。

该函数调用成功后，返回实际发送的字节数；调用失败时，返回 SOCKET_ERROR 错误。

10. sendto()函数

此函数用于数据报套接字(基于 UDP)发送数据。声明如下：

```
int sendto(
  SOCKET s,
  const char FAR * buf,
  int len,
  int flags,
  const struct sockaddr FAR * to,
```

```
    int tolen
);
```

其中：

s：套接字。

buf：发送数据缓冲区。

len：发送数据缓冲区大小。

flags：该参数影响函数的具体行为。可取 0、MSG_PEEK 和 MSG_OOB。其中，0 表示无特殊行为；MSG_PEEK 会使有用的数据被复制到接收缓冲区中，但没有从接收缓冲区中删除；MSG_OOB 表示处理带外数据。

to：接收数据端的地址。

tolen：地址长度。

该函数调用成功后，返回发送数据的字节数；反之，调用失败，则返回 SOCKET_ERROR 错误。

11. closesocket()函数

此函数用于关闭套接字、释放所占资源。声明如下：

```
int closesocket(
    SOCKET s
);
```

调用成功返回 0；否则，返回 SOCKET_ERROR 错误。

要注意的是：当调用完此函数后，如果继续使用套接字执行操作，则会返回 WSAENOTSOCK 错误。

12. shutdown()函数

此函数用于通知对方不再发送数据、不再接收数据或者不发送也不接收。声明如下：

```
int shutdown(
    SOCKET s,
    int how
);
```

其中：

s：套接字。

how：此参数为 SD_RECEIVE 时，表示不允许再调用接收数据函数；取值为 SD_SEND 时，表示不允许再调用发送数据函数；如取值为 SD_BOTH，则表示既不允许发送也不允许接收。

13. WSACleanup()函数

此函数用于完成了 Windows Sockets 的使用后，将应用程序或 DLL 从 Windows Sockets 的实现中注销，并且该释放为应用程序或 DLL 分配的任何资源。任何打开的并已建立连接的 SOCK_STREAM 类型套接口在调用 WSACleanup()时会重置；而已经由 closesocket()关闭却仍有要发送的悬而未决数据的套接口则不会受影响——该数据仍要发送。

该函数的声明比较简单：

```
int  WSACleanup(void);
```

对应于一个任务进行的每一次 WSAStartup()调用，必须有一个 WSACleanup()调用。此函数操作成功，返回 0；调用失败，则返回 SOCKET_ERROR。

好了，介绍完这么多的 WinSock API 函数，下面按照调用顺序进行一下总结，见图 6-11 和图 6-12。

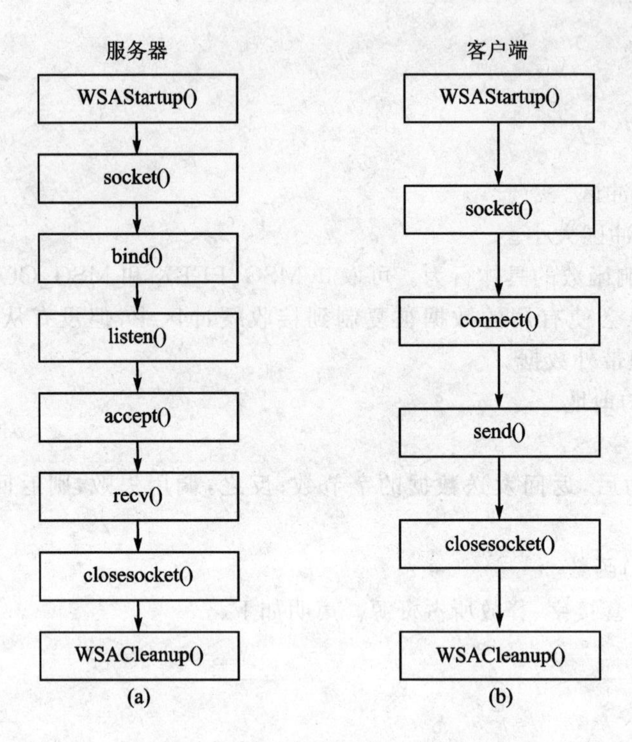

图 6-11　TCP 套接字 API 函数

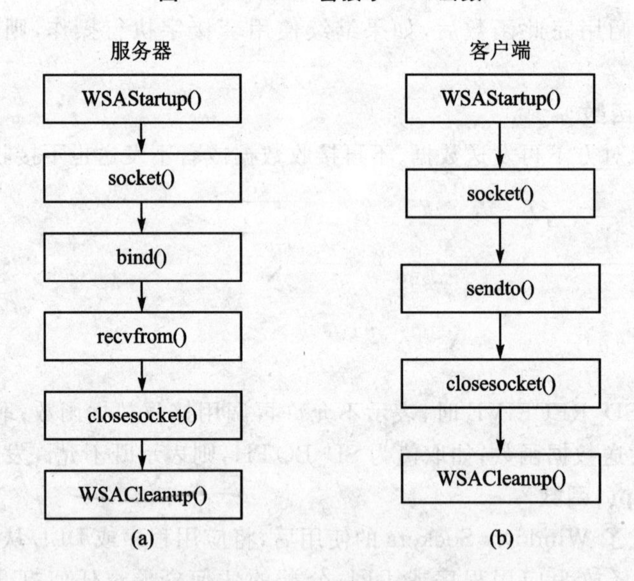

图 6-12　UDP 套接字 API 函数

6.5.2　WinSock API 编程示例 1——基于 TCP 套接字

6.5.1 小节介绍了基本的 WinSock API 函数，本小节用一个实例来演示上面介绍的各个函数的用法。基于 TCP 套接字，分为服务器端和客户端。

1. 建立工程

为了简便说明基本程序骨架，我们建立一个基于控制台的工程，命名为 TCPServer，建立在 TCP_Pro 文件夹下，如图 6-13 所示。

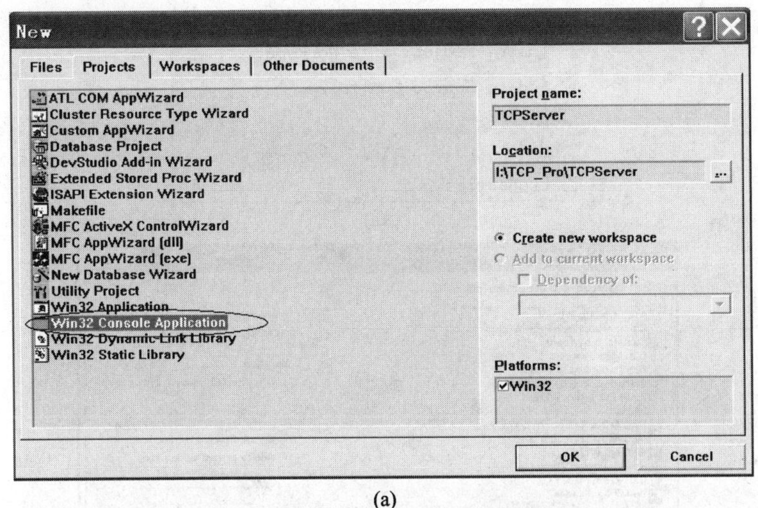

(a)

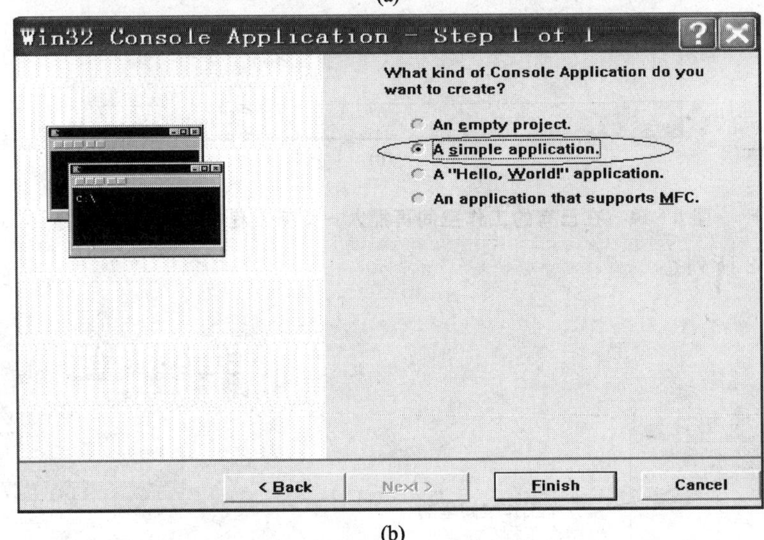

(b)

图 6-13　基于控制台(Win32 Console)的 TCP 程序

进入工程后，为了调试方便，我们在 TCP_Pro 这个工作空间内再建立一个工程，命名为 TCPClient，作为客户端工程。方法是：在工作空间(WorkSpace)窗口选择“File View”标签，而后单击鼠标右键，在弹出的快捷菜单中选择“Add New Project into Workspace…”，而后就是新建工程的界面，建立好新工程后就自动插入到我们原有的工作空间里面了，如图 6-14 所示。

如图 6-15 所示，在一个工作空间里面有两个工程，一个是服务器端，一个作为客户端。在我们调试时，需要指定其中一个为当前工程。方法是：在要设为当前工程的文件上右击，在弹出的快捷菜单中选择“Set As Active Project”，如图 6-16 所示。此时，当前的活动工程会以加粗的形式显示。

2. 配备库环境

在 Windows 操作系统环境下使用 WinSock API 进行网络程序开发时，需要调用 Windows Sockets 动态链接库。所以要在应用程序中包含 WinSock 头文件，并导入库文件。Windows Sockets 有两个版本的头文件、链接库文件和动态库文件两个版本的区别在于，前者只支持 TCP/IP；而后者则扩展出了更多支持的通信协议，并且兼容前者。Windows Sockets 版本及相

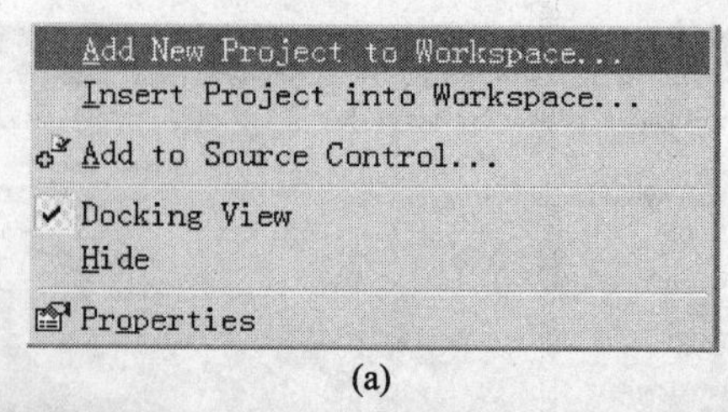

(a)

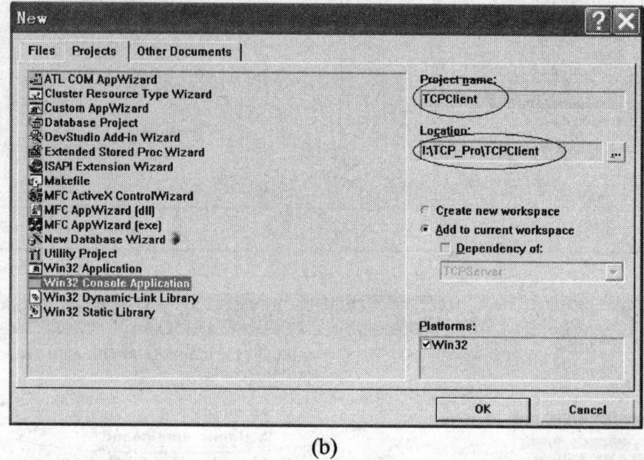

(b)

图 6-14 在已有的工作空间再插入一个新工程,作为客户端程序

关文件如表 6-2 所列。

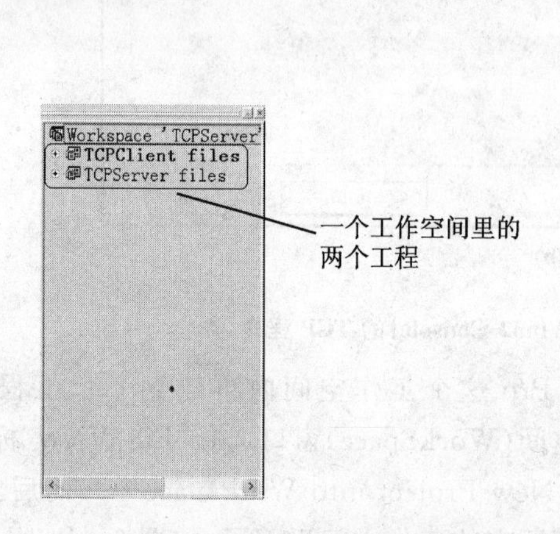

图 6-15 插入完成后工作空间里显示两个工程

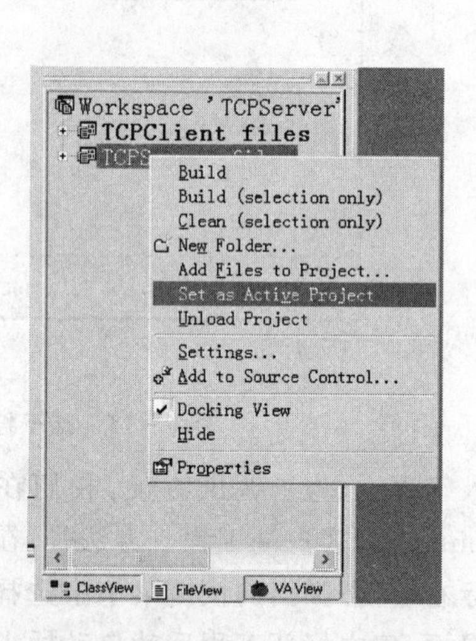

图 6-16 设置当前工程为活动工程

表 6-2 Windows Sockets 版本及相关文件

版 本	头文件	链接库文件	动态库文件
1.1	WINSOCK.h	wsock32.lib	Winsock.dll
2.2	WINSOCK2.h	WS2_32.lib	WS2_32.dll

在 VC 6 中单击“Project”|“Setting”,在“Link”选项卡中的“Object/library modules”文本框中添加“ws2_32.lib”字符串,单击“OK”按钮即可将库文件添加入到我们的工程中来,如图 6-17 所示。

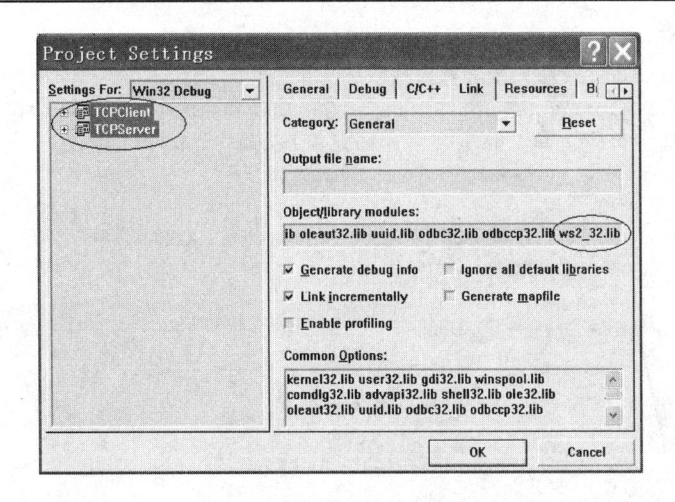

图 6-17 在工程中添加库文件

3. 编写服务器端源代码

打开 TCPServer 工程里的主文件 TCPServer.cpp，而后添加实现代码：

```
#include "stdafx.h"
#include <iostream.h>
#include <stdio.h>                  //程序中用的 sprintf 函数需要这个头文件
#include <WINSOCK2.H>               // WinSock 头文件，必不可少

#define  BUF_SIZE 1024              //缓冲区大小的宏定义

int main(int argc, char * argv[])
{
    WSADATA      wsd;        //WSADATA 变量，存有套接字库的版本信息
    SOCKET       sServer;    //服务器套接字
    int          iRetVal;    //返回值，用于套接字函数是否调用成功的判断
    char         buf[BUF_SIZE];   //数据缓冲区

    //初始化套接字动态库，MAKEWORD 宏返回一个 DWORD 型变量，指定版本号
    //调用成功后，wsd 结构体的 wVersion 成员变量将含有版本信息
    if ( WSAStartup(MAKEWORD(1,1),&wsd)!= 0 )
    {
        cout<<"初始化套接字动态库失败"<<endl;
        return -1;
    }
    //判断版本是否加载正确，如果不是 1.1 版则返回
    if (LOBYTE(wsd.wVersion)!= 1 || HIBYTE(wsd.wVersion)!= 1)
    {
        WSACleanup();              //清理套接字资源
        return -1;                 //返回，一般 0 代表正常返回，-1 表示有错误
    }

    //利用 socket()函数创建套接字，注意是流式的套接字
    sServer = socket(AF_INET,SOCK_STREAM,0);
    if (INVALID_SOCKET == sServer)
    {
        cout<<"创建套接字失败"<<endl;
        WSACleanup();
        return -1;
}
```

```
//服务器套接字地址
SOCKADDR_IN  addrServ; //服务器地址
  addrServ.sin_family = AF_INET;        //AF_INET 代表的是 Internet 协议
addrServ.sin_port = htons(6666);   //指定服务器端口,htons() 函数
addrServ.sin_addr.S_un.S_addr = htonl(INADDR_ANY);
//绑定套接字
iRetVal = bind( sServer,(SOCKADDR *)&addrServ,sizeof(SOCKADDR));
if (SOCKET_ERROR == iRetVal)
{
    cout<<"绑定失败"<<endl;
    closesocket(sServer);   //关闭套接字
    WSACleanup();           //释放套接字资源
    return -1;
}
//监听
iRetVal = listen(sServer,3);
if ( SOCKET_ERROR == iRetVal)
{
    cout<<"监听失败"<<endl;
    closesocket(sServer);   //关闭套接字
    WSACleanup();           //释放套接字资源
    return -1;
}
cout<<"服务器已启动,并监听客户端连接"<<endl;

SOCKADDR_IN  addrClient;      //客户端地址
int len = sizeof(addrClient);
//接收客户端数据
while (1)
{
    ZeroMemory(buf, BUF_SIZE);        //清空接收数据缓冲区
    SOCKET     sClient;               //客户端套接字
    //接收客户端请求,建立连接
    sClient = accept(sServer,(SOCKADDR *)&addrClient,&len);
    if ( INVALID_SOCKET == sClient)
    {
        cout<<"接收客户端连接失败"<<endl;
        closesocket(sServer);   //关闭套接字
        WSACleanup();           //释放套接字资源
        return -1;
    }
    //接收客户端数据
    iRetVal = recv( sClient,buf,BUF_SIZE,0);
    if ( SOCKET_ERROR == iRetVal)
    {
        cout<<"接收数据失败"<<endl;
        closesocket(sServer);           //关闭服务器套接字
        closesocket(sClient);           //关闭客户端套接字
        WSACleanup();
        return -1;
    }
    cout<< buf<<endl;                       //输出数据
```

```
        //给客户端的应答数据
        char sendBuf[100];
        sprintf(sendBuf,"Welcome %s to Sever",inet_ntoa(addrClient.sin_addr));
        send(sClient,sendBuf,strlen(sendBuf) + 1,0);
          //关闭客户端套接字
        closesocket(sClient);
        }
          //退出
        closesocket(sServer);   //关闭服务器套接字
        WSACleanup();           //清除 WinSock DLL
        return 0;
    }
```

对上面的代码进行一些补充说明：

① 在关于服务器地址的编码中，出现了 htons()和 htonl()两个函数，前者是将 u_short 型变量从主机字节顺序转换为 TCP/IP 的网络字节顺序；后者则是将 u_long 型变量从主机字节顺序转换为 TCP/IP 的网络字节顺序。为什么要这么做呢？因为我们通常的计算机 CPU 都是基于 Intel 的，Intel 处理器中数据的存放是低位字节在较低地址存放，高位字节在较高地址存放（所谓的 little endian 方式），而网络字节序列则要求是 big - endian，相信读者能马上明白，它应该是高位字节在低地址存放，低位字节在较高地址存放。

② 程序中我们设置的服务器端口号是 6666，读者可以随自己的方便取值，如果发现异常，可能是与读者计算机上正运行的某个进程冲突，读者改一个端口号后继续调试即可；对于地址项，在程序中取的是 INADDR_ANY，代表的含义是任意地址的意思，读者也可以取自己机器的具体 IP 地址。

③ 对于 listen()函数，大家要注意，它的第 1 个参数是服务器的套接字，没有问题，第 2 个是等待连接队列的最大长度，在实际调试中往往发现这个参数其实不起什么作用，就是说连接的客户端超过了这个数也能连上服务器。原因是读者一般在测试时打开的客户端进程也就几个，对于网络根本造不成什么拥塞，而且一般都不是同时连得，和真实的服务器那可不是一个量级的（实际的服务器可能要同时接受成千上万的连接，是要严格做负载测试的）。

4. 测试服务器端源代码

我们编写通信程序，由于涉及服务器端和客户端，因此最好进行分别调试。我们在这里用一个“网络调试助手”对以上完成的简易服务器端程序进行调试。此工具放在随书光盘“第 6 章”的“网络调试助手”文件夹下。当然，读者也可以自行到网上下载，目前这类工具很多。光盘中这个工具的优点在于可以在一个程序内产生多个客户端，这样就省去了多次启动程序的麻烦。

① 启动“网络调试助手”，界面如图 6 - 18 所示。

② 启动我们的服务器程序，此时由于还没有客户端连接，服务器处于“等待”状态，如图 6 - 19 所示。

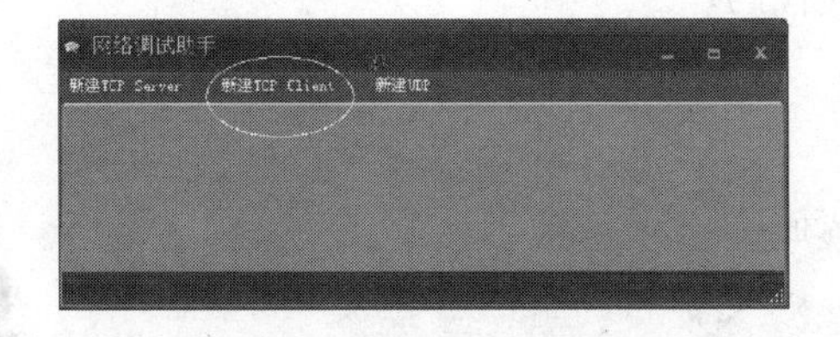

图 6 - 18 “网络调试助手”界面

图 6 - 19 运行 TCP 服务器端源代码

③ 单击“网络调试助手”的“新建 TCP Client”菜单项，设置好服务器的 IP 与端口，进行连接，连接成功会出现提示。而后就可以向服务器发送字符，服务器收到客户端发送的字符后，会回传一个欢迎字符。

启动两个客户端与服务器进行连接，效果如图 6-20 和图 6-21 所示。

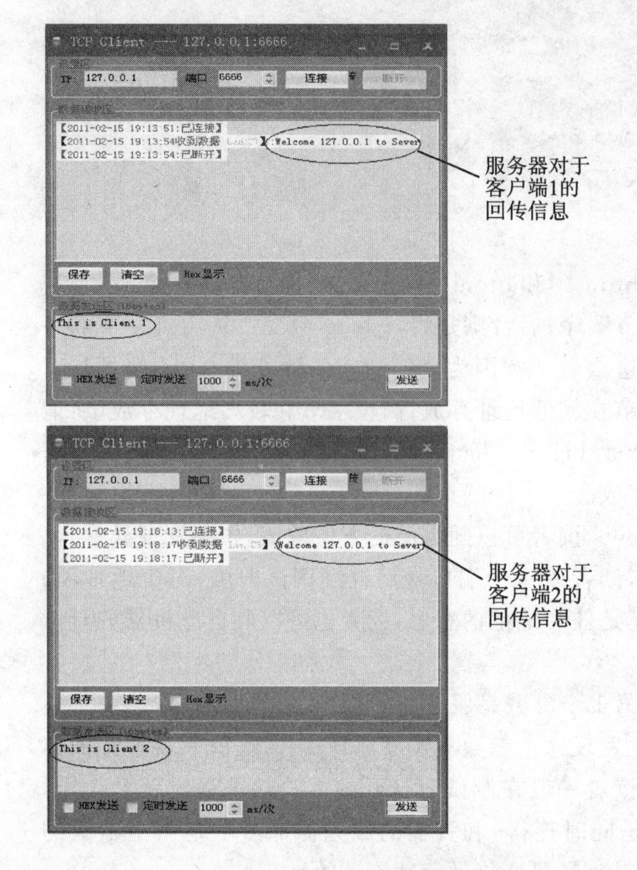

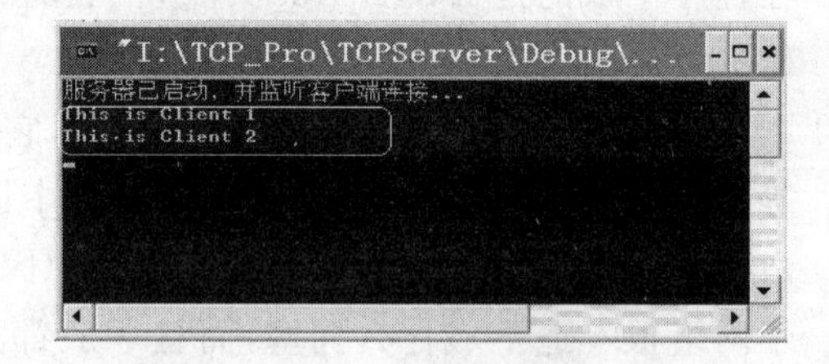

图 6-20 两个客户端进程

图 6-21 编写的服务器中的显示

在运行中请读者注意：

① IP 地址栏显示的“127.0.0.1”就是本地地址，这个地址是 TCP/IP 专门为本地测试而设的。所以，在客户端看到的服务器回传数据显示的都是欢迎“127.0.0.1”，如果在不同的计算机上测试，那显示就会不同了。

② 当读者在两台计算机上测试网络通信程序时，注意要暂时关掉 Windows 的防火墙。

5. 编写客户端源代码

将客户端工程“TCPClient”设为当前活动工程。方法如上面所讲。

在客户端主程序文件 TCPClient.cpp 中加入实现代码：

```
#include "stdafx.h"
#include <iostream.h>
#include <stdio.h>
#include <WINSOCK2.H>                //包含 WinSock 库的头文件
#define  BUF_SIZE 1024               //缓冲区大小
int main(int argc, char * argv[])
```

```
{
    WSADATA       wsd;        //WSADATA 变量
    SOCKET        sClient;  //客户端套接字
    int           iRetVal;  //返回值
    char   buf[BUF_SIZE];  //数据缓冲区
    //初始化套接字动态库,我们用 1.1 版
    if ( WSAStartup(MAKEWORD(1,1),&wsd)! = 0 )
    {
        cout<<"初始化套接字动态库失败"<<endl;
        return -1;
    }
    if (LOBYTE(wsd.wVersion)! =1 || HIBYTE(wsd.wVersion)! =1) //判断版本
    {
        WSACleanup();
        return -1;
    }
    //创建套接字
    sClient = socket(AF_INET,SOCK_STREAM,0);
    if (INVALID_SOCKET == sClient)
    {
        cout<<"创建套接字失败"<<endl;
        WSACleanup();
        return -1;
    }
    cout<<"客户端启动..."<<endl;
    //服务器套接字地址
    SOCKADDR_IN addrServ; //服务器地址结构体
    addrServ.sin_family = AF_INET;          //AF_INET 代表 Internet 协议
    addrServ.sin_port = htons(6666);    //服务器端口
    addrServ.sin_addr.S_un.S_addr = inet_addr("127.0.0.1"); //服务器地址
    //向服务器发出连接请求
    iRetVal = connect(sClient,(SOCKADDR *)&addrServ,sizeof(SOCKADDR));
    if ( SOCKET_ERROR == iRetVal)
    {
        cout<<"连接服务器失败"<<endl;
        closesocket(sClient);  //关闭套接字
        WSACleanup();          //释放套接字资源
        return -1;
    }
    cout<<"连接服务器成功..."<<endl;
    //向服务器发送数据
    iRetVal = send(sClient,"Client",strlen("Client") + 1,0);
    if ( SOCKET_ERROR == iRetVal)
    {
        cout<<"发送数据失败"<<endl;
        closesocket(sClient);
        WSACleanup();
        return -1;
    }
```

```
    //接收服务端回传的数据
    iRetVal = recv( sClient,buf,BUF_SIZE,0);
    if ( SOCKET_ERROR == iRetVal)
    {
        cout<<"接收数据失败"<<endl;
        closesocket(sClient);
        WSACleanup();
        return -1;
    }
    cout<< buf<<endl;
    //退出
    closesocket(sClient);       //关闭客户端套接字
    WSACleanup();               //清除 WinSock DLL
    return 0;
}
```

对于以上代码说明几点：

① 相比于服务器程序，客户端无需绑定的过程，套接字创建成功后直接利用 connect()函数进行连接，而后就是发送接收数据，因此总体而言比服务器代码要简单一些。实际中更是如此，服务器要考虑并发处理、数据存储备份等诸多复杂问题，因此是较难的。

② 程序中关于服务器地址中有这样一行代码：

```
addrServ.sin_addr.S_un.S_addr = inet_addr("127.0.0.1");
```

其中 inet_addr()函数的作用是把用“×××.×××.××××.××××”形式表示的 IP v4 地址转换为 IN_ADDR 结构体能够接收的形式（unsigned long 型，因为 IN_ADDR 结构体中负责接收的 S_addr 成员变量是 unsigned long 类型）。

6. 调试客户端程序

首先运行服务器程序。

编译运行客户端程序。

在同一个工作区有两个工程时，往往要切换编译运行，此时只要调出工具栏的“编译”工具栏就可以方便实现，方法是在主工具栏上右击鼠标，在弹出的快捷菜单中选择“Build”项，而后再分别进行编译运行即可，如图 6-22 所示。

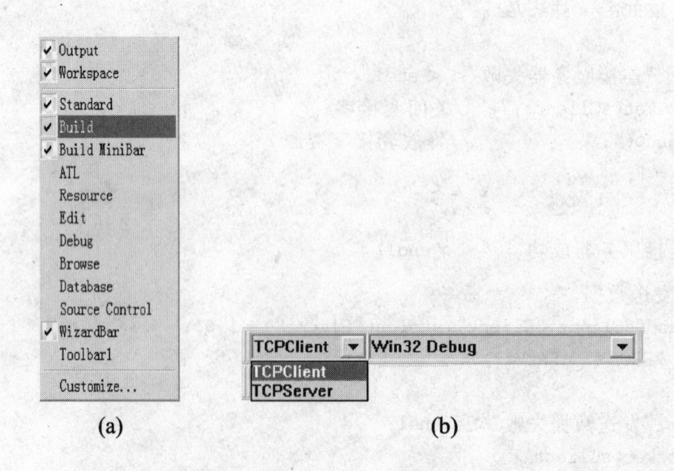

图 6-22 两个工程切换编译、运行

图 6-23 所示为服务器端与客户端程序运行效果图。

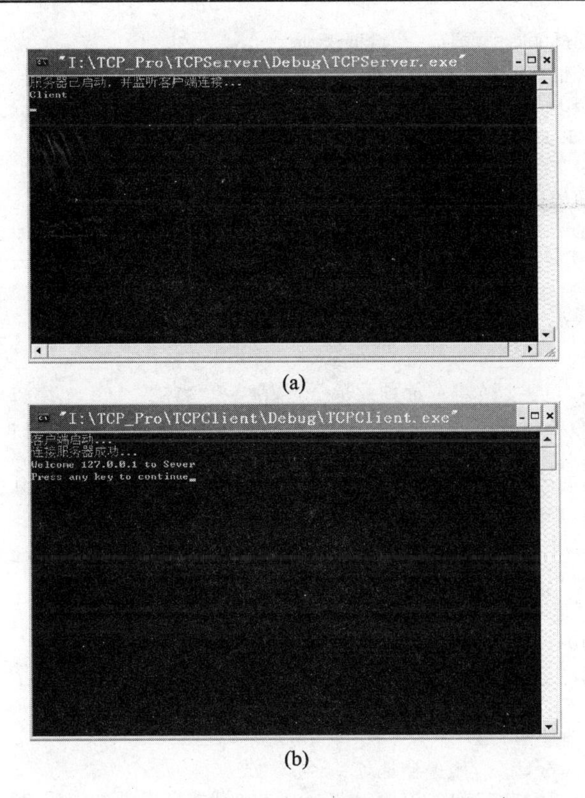

(a)

(b)

图 6-23　服务器端与客户端程序运行效果图

6.5.3　WinSock API 编程示例 2——基于 UDP 套接字

相比于 TCP 套接字编程，UDP 套接字编程要简单一些，因为 UDP 本身作为无连接、不可靠的通信协议就比 TCP 简单很多。本节延续上面讲解 TCP 套接字的范例，对照进行 UDP 套接字开发的讲解，也完成服务器端和客户端的开发，重点突出其与 TCP 套接字编程的区别。

1. 建立工程

首先建立一个基于控制台的工程，命名为 UDPServer，建立在 UDP_Pro 文件夹下。

进入工程后再插入一个新的工程 UDPClient。首先编辑 UDPServer，将其设为活动工程，方法同前面 TCP 套接字编程时的过程。

2. 配备库环境

方法同前面的 TCP 套接字编程的过程。

3. 编写服务器端源代码

打开 UDPServer 工程里的主文件 UDPServer.cpp，而后编写源代码如下：

```
#include "stdafx.h"
#include <iostream.h>
#include <stdio.h>                //sprintf()函数需要此头文件
#include <WINSOCK2.H>             //包含套接字头文件
#define  BUF_SIZE 1024            //接收缓冲区的大小
int main(int argc, char * argv[])
{
    WSADATA     wsd;              //WSADATA 变量，存有套接字库的版本信息
    SOCKET      sServer;          //服务器套接字
    int         iRetVal;          //返回值，用于套接字函数是否调用成功的判断
```

```
    char           buf[BUF_SIZE];  //数据缓冲区
    //初始化套接字动态库,MAKEWORD宏返回一个DWORD型变量,指定版本号
    //调用成功后,wsd结构体的wVersion成员变量将含有版本信息
    if ( WSAStartup(MAKEWORD(1,1),&wsd)! = 0 )
    {
        cout<<"初始化套接字动态库失败"<<endl;
        return -1;
    }
    //判断版本是否加载正确,如果不是1.1版则返回
    if (LOBYTE(wsd.wVersion)! = 1 || HIBYTE(wsd.wVersion)! = 1)
    {
        WSACleanup();          //清理套接字资源
        return -1;              //返回,一般0代表正常返回,-1表示有错误
    }
    //利用socket()函数创建UDP套接字
    sServer = socket(AF_INET,SOCK_DGRAM,0);
    if (INVALID_SOCKET == sServer)
    {
        cout<<"创建套接字失败"<<endl;
        WSACleanup();
        return -1;
    }
    //服务器套接字地址
    SOCKADDR_IN  addrServ; //服务器地址
    addrServ.sin_family = AF_INET;         //AF_INET代表的是Internet协议
    addrServ.sin_port = htons(8888);   //指定服务器端口,htons()函数
    addrServ.sin_addr.S_un.S_addr = htonl(INADDR_ANY);
    //绑定套接字
    iRetVal = bind( sServer,(SOCKADDR *)&addrServ,sizeof(SOCKADDR));
    if (SOCKET_ERROR == iRetVal)
    {
        cout<<"绑定失败"<<endl;
        closesocket(sServer);  //关闭套接字
        WSACleanup();           //释放套接字资源
        return -1;
    }
    cout<<"服务器已启动,准备接收"<<endl;
    SOCKADDR_IN  addrClient;      //客户端地址
    int len = sizeof(addrClient);
    while (1)
    {
        ZeroMemory(buf, BUF_SIZE);       //清空接收数据缓冲区
        //接收数据,注意用的是recvfrom()函数!
    iRetVal = recvfrom(sServer,buf,BUF_SIZE,0,(SOCKADDR *)&addrClient,&len);
        if ( SOCKET_ERROR == iRetVal)
        {
            cout<<"接收数据失败"<<endl;
            closesocket(sServer);              //关闭服务器套接字
            WSACleanup();
            return -1;
        }
        cout<<buf<<endl;
        char sendBuf[1024];
```

```
        sprintf(sendBuf,"Welcome %s to Server",inet_ntoa(addrClient.sin_addr));
        //发送数据,注意用的是 sendto()函数!
        sendto(sServer,sendBuf,1024,0,(SOCKADDR * )&addrClient,len);
    }
    //关闭套接字,释放资源
    closesocket(sServer);
    WSACleanup();
    return 0;
}
```

对于以上代码说明几点:

① 可以看到,相比于 TCP 套接字程序,UDP 套接字程序简单了一些,作为服务器端没有了 listen()和 accept()的过程,只要来了数据就直接接收了。

② 创建 UDP 的关键是 socket()函数的第 2 个参数,即以下代码

```
sServer = socket(AF_INET,SOCK_DGRAM,0);
```

中的 SOCK_DGRAM 参数,它决定了我们生成的是 UDP 套接字。

③ 与 TCP 套接字程序中主要的区别是接收与发送函数分别是 recvfrom()和 sendto()。

4. 测试服务器端源代码

首先编译运行服务器源代码。而后利用我们的"网络编程助手",启动它以后,单击"新建 UDP"后,就可以同 UDP 服务器程序进行通信了,向服务器发送一定数量的字符。须注意的是,"网络编程助手"的新建 UDP 既可以当客户端用,也可以当服务器用。程序运行的效果如图 6-24 所示。

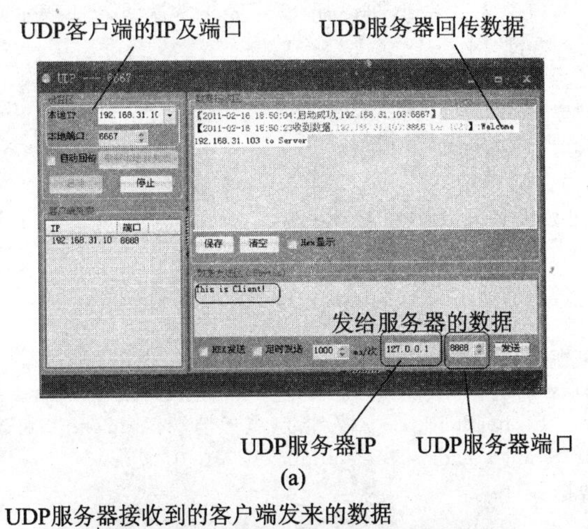

(a)

(b)

图 6-24　利用"网络助手"对 UDP 服务器源代码进行测试

5. 编写客户端源代码

将客户端工程"UDPClient"设为当前活动工程。在客户端主程序文件 TCPClient.cpp 中加入实现代码：

```
#include "stdafx.h"
#include <iostream.h>
#include <WINSOCK2.H>
#define  BUF_SIZE 1024
int main(int argc, char* argv[])
{
    WSADATA      wsd;       //WSADATA 变量,存有套接字库的版本信息
    SOCKET       sClient;   //服务器套接字
    int          iRetVal;
    char  buf[BUF_SIZE];
    //初始化套接字动态库,MAKEWORD 宏返回一个 DWORD 型变量,指定版本号
    //调用成功后,wsd 结构体的 wVersion 成员变量将含有版本信息
    if ( WSAStartup(MAKEWORD(1,1),&wsd)! =0 )
    {
        cout<<"初始化套接字动态库失败"<<endl;
        return -1;
    }
    //判断版本是否加载正确,如果不是 1.1 版,则返回
    if (LOBYTE(wsd.wVersion)! =1 || HIBYTE(wsd.wVersion)! =1)
    {
        WSACleanup();           //清理套接字资源
        return -1;              //返回,一般 0 代表正常返回,-1 表示有错误
    }
    //利用 socket()函数创建 UDP 套接字
    sClient = socket(AF_INET,SOCK_DGRAM,0);
    if (INVALID_SOCKET == sClient)
    {
        cout<<"创建套接字失败"<<endl;
        WSACleanup();
        return -1;
    }
    SOCKADDR_IN  addrServ; //服务器地址
    addrServ.sin_family = AF_INET;         //AF_INET 代表的是 Internet 协议
    addrServ.sin_port = htons(8888);     //指定服务器端口,htons()函数
    addrServ.sin_addr.S_un.S_addr = inet_addr("127.0.0.1");
    //给服务器发送数据
    char *str = "This is client";
    iRetVal = sendto(sClient,str,strlen(str),0,(SOCKADDR *)&addrServ,sizeof(
        SOCKADDR));
    if ( SOCKET_ERROR == iRetVal)
    {
        cout<<"发送数据失败"<<endl;
        closesocket(sClient);               //关闭服务器套接字
        WSACleanup();
        return -1;
    }
    //接收服务的应答数据
    int len = sizeof(SOCKADDR);
```

```
        ZeroMemory(buf, BUF_SIZE);          //清空接收数据缓冲区
        iRetVal = recvfrom(sClient,buf,BUF_SIZE,0,(SOCKADDR * )&addrServ,&len);
        if ( SOCKET_ERROR == iRetVal)
        {
            cout<<"接收数据失败"<<endl;
            closesocket(sClient);               //关闭服务器套接字
            WSACleanup();
            return -1;
        }
        cout<<buf<<endl;
        closesocket(sClient); //关闭套接字,清理资源
        WSACleanup();
        return 0;
    }
```

代码中的内容都在前面出现过,因此较好理解。总体而言,UDP 客户端是比较简单的,成功建立套接字后,直接向目标地址(服务器地址)发送数据即可,同时可以接收服务器发来的应答数据。程序的运行效果如图 6-25 所示。

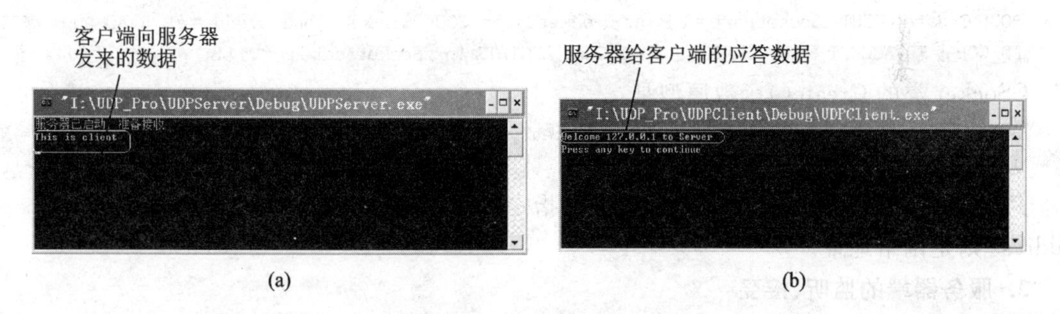

图 6-25　UDP 服务器端与客户端程序联合运行的效果

6.6　WinSock MFC 及其范例

6.6.1　MFC Socket 类介绍

当我们向自己的应用程序中添加网络功能时,如果使用 WinSock API 编程方式,对于初学者而言是比较困难的,因为要面对一大堆的 API 函数和各种复杂的编程机制(比如各种 Windows Socket I/O 模型就够你头晕的)。为了减轻开发者的负担,MFC 类库为我们提供了 CAsyncSocket 和 CSocket 两个 Windows Sockets 封装类,使得我们的编程工作大为简化,尤其是 CSocket 类,非常简单好用。它们在 MFC 类图中的关系如图 6-26 所示。

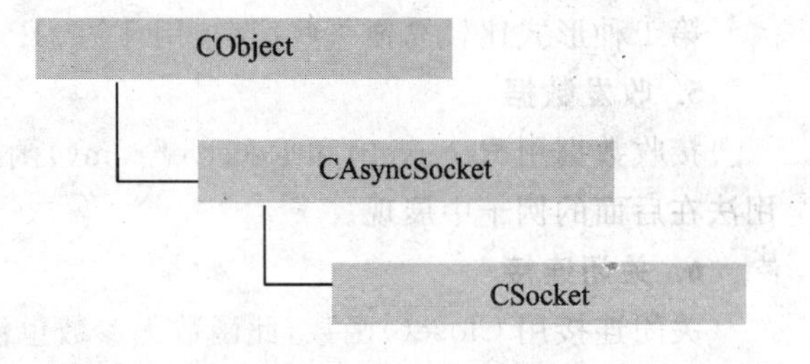

图 6-26　MFC Socket 类

由图 6-26 可知,CSocket 类继承自 CAsyncSocket 类,CAsyncSocket 类对 WinSock API 的封装层次较低,但提供了全面的事件驱动能力。它们的成员函数大多与 WinSock API 函数同名(大小写略有区别)或相近,因此读者如果对于前面讲过的知识接受较好的话,那么一定不会

陌生。

初学网络编程的朋友们进行开发时，一般可以先从 CSocket 类入手。从 CSocket 派生自己的类，而后就可以非常方便地开发出基本的网络程序了。逐步熟悉和深入后可以继续学习 CAsyncSocket 类，继而深入研究 WinSock API 的各种编程模式(如阻塞、非阻塞、select 等)，逐步向网络编程高手迈进。

6.6.2 MFC Socket 类编程过程概述

利用 MFC Socket 类进行网络通信编程，基本过程如下：

1. WinSock 环境初始化

一般在应用程序类的 InitInstance()函数中添加 AfxSockInit()函数即可，非常简便，甚至在 AppWizard 阶段勾选相应选项就可以为我们自动添加代码。

2. 创建套接字

CAsyncSocket 和 CSocket 类创建套接字的函数是 Create()，参数略有不同。

CAsyncSocket 的 Create()成员函数的原型是：

```
BOOL Create( UINT nSocketPort = 0, int nSocketType = SOCK_STREAM, long lEvent = FD_READ | FD_WRITE |
FD_OOB | FD_ACCEPT | FD_CONNECT | FD_CLOSE, LPCTSTR lpszSocketAddress = NULL );
```

CSocket 类的 Create()函数原型是：

```
BOOL Create( UINT nSocketPort = 0, int nSocketType = SOCK_STREAM, LPCTSTR lpszSocketAddress = NULL
);
```

其中，nSocketPort 是端口；nSocketType 指定是 TCP 套接字还是 UDP 套接字；lpszSocketAddress 则是网络地址。

3. 服务器端的监听、接受

监听由 Listen()函数完成，它只有一个参数，指定连接队列的数量，默认值是 5，也是最大值。

接受连接用 Accept()函数，一旦接受建立了连接，就会创建一个新套接字与客户端通信，原套接字继续监听。

4. 客户器端的连接

用 Connect()函数即可，此函数有两种形式，分别是：

```
BOOL Connect(LPCTSTR lpszHostAddress, UINT nHostPort);
BOOL Connect(const SOCKADDR * lpSockAddr, int nSockAddrLen);
```

第 1 种形式比较简便一些，直接用 TCP/IP 的地址格式，如“127.0.0.1”和端口号作为参数。

5. 收发数据

接收数据用 Receive()和 ReceiveFrom()函数；发送数据用 Send()和 SendTo()函数。具体用法在后面的例子中展现。

6. 关闭连接

关闭连接用 Close()函数，此函数无参数也没有返回值。

7. Socket 事件

利用 MFC Socket 类编程的精髓在于对事件的处理，如收到数据、完成连接等。CAsyncSocket 及 CSocket 类有一系列的事件处理函数，最为常用的有：

OnReceive：接收到数据，可用 Receive 函数接收。

OnSend：通知 Socket 可以发送数据。

OnAccept：服务器端调用此函数表示客户端的连接请求正在等待接受。

OnClose：表示连接的另一端已经关闭它的 Socket 或者连接丢失，此时应关闭套接字。

较之于 WinSock API 编程，利用 MFC Socket 类编程的过程基本与之类似，更加方便、简洁，而且可以方便地对通信事件进行处理。

CAsyncSocket 类对于 WinSock API 的封装程度较低，而且用它编程还要对于 Socket 的 I/O 模型有所了解，会增加初学者的学习难度。因此，对于一般程序员而言，重点与核心是掌握利用 CSocket 类进行开发。

6.6.3 CSocket 类编程范例

本节演示一个利用 CSocket 类进行基于 C/S 架构的网络通信程序的开发，分别建立两个基于对话框的 MFC 工程，一个为客户端；另一个为服务器端。服务器首先启动，而后客户端同服务器建立连接后两端可进行数据的发送和接收。

1. 服务器端

(1) 建立 MFC 工程

建立一个基于对话框的 MFC 工程，注意在 AppWizard 第 3 步，勾选“Windows Sockets”选项，使应用程序支持 Windows Sockets，如图 6－27 所示。

勾选以上选项，实质上是为应用程序类的 InitInstance()函数中自动添加如下代码：

```
if (!AfxSocketInit())
{
    AfxMessageBox(IDP_SOCKETS_INIT_FAILED);
        return FALSE;
    }
```

并且在 StdAfx.h 中添加如下代码：

```
#include <afxsock.h>            // MFC socket 支持头文件
```

(2) 界面及相关变量设计

① 进入工程后，在资源设计器中，设计对话框的界面如图 6－28 所示。

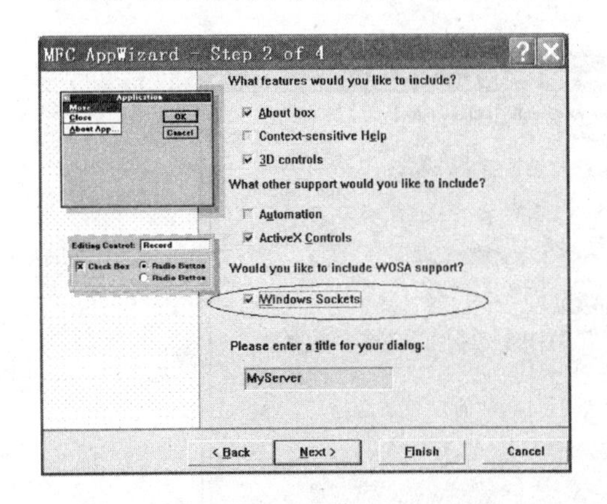

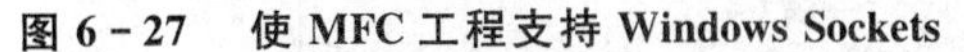

图 6－27　使 MFC 工程支持 Windows Sockets

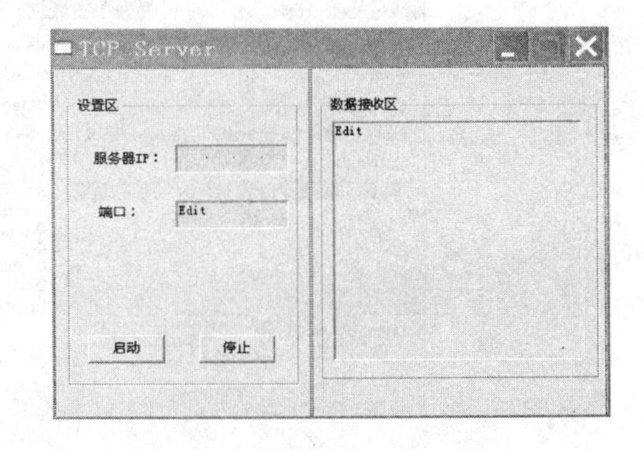

图 6－28　程序整体界面设计图

其中两个文本框的属性设置要注意：对于接收文本框（IDC_SHOWMSG），去掉“Auto HScroll”属性，勾选“Auto VScroll”选项（自动换行）以及“Multiline”和“ReadOnly”属性，如图 6－29 所示。

② 为控件添加变量，各个控件的属性与变量设置如表 6-3 所列。

表 6-3 控件的设置

控件类型	ID	Caption	变 量
Group Box（组框）	IDC_STATIC	设置区	
		数据接收区	
Static Text（静态文本）	IDC_STATIC	服务器 IP	
		服务器端口	
Edit Box（文本框）	IDC_EDIT_PORT		m_nPort(UINT 型)
	IDC_EDIT_RECV		m_strRecv(CString 型)
IP Address（IP 地址控件）	IDC_IPADDRESS		m_IP(CIPAddressCtrl 型)
Button 按钮	IDC_BUTTION_START	启动	
	IDC_BUTTION_STOP	停止	

(3) 添加派生类及其函数

为了使应用程序能够处理 Socket 事件，需要由 CSocket 类派生自己的 Socket 通信类。由于这里编写的是服务器端，因此添加两个 CSocket 类的派生类——CListenSocket 和 CAcceptSocket。CListenSocket 类用于监听客户端请求，CAcceptSocket 则负责接收、处理某个具体的客户端的请求。这两个类是分工合作的关系。

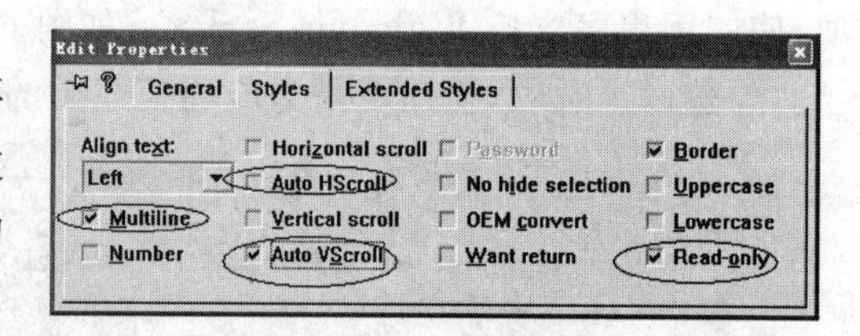

图 6-29 接收数据文本框的属性设置

① 为 CListenSocket 添加 OnAccept()函数，用于处理接受客户端的连接请求，如图 6-30 所示。

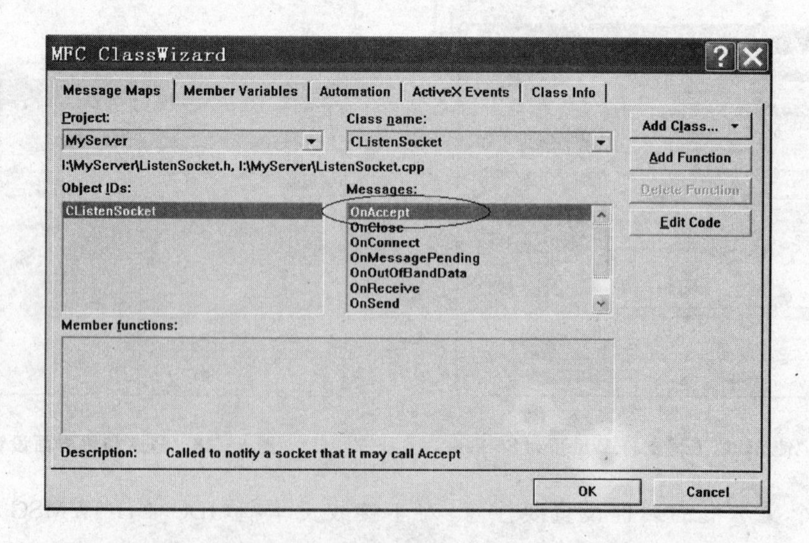

图 6-30 为监听通信类 CListenSocket 添加 OnAccept()函数

```
void CListenSocket::OnAccept(int nErrorCode)
{
    CAcceptSocket * pSocket = new CAcceptSocket; //创建新的连接
    CMyServerDlg  * pDlg = (CMyServerDlg  * )AfxGetMainWnd();//获取主对话框指针
    if ( Accept( * pSocket) )     //接受了客户端请求
    {
        //将新产生的接收套接字加入到主对话框的队列中
        //m_pAcceptList 是主对话框 CPtrList 类型的成员变量,用于存储套接字
        pDlg->m_pAccetpList.AddTail(pSocket);
        CString strAddr1, strAddr2;
        UINT unPort1,unPort2;
        //得到本地 IP 与端口
        pSocket->GetSockName(strAddr1, unPort1 );
        //得到远程客户端 IP 与端口
        pSocket->GetPeerName(strAddr2, unPort2 );
        //主对话框中显示服务器与客户端 IP 与端口信息
        pDlg->m_strNetMsg.Format("本地 IP%s 端口%d 连接上了远程客户 IP%s 端口%d",strAd-
dr1,unPort1,strAddr2,unPort2);
        pDlg->UpdateMsgData();  //更新主对话框的界面,主要就是显示接收数据
    }
    else
    {
        delete pSocket;  //连接不成功清除资源
    }
    CSocket::OnAccept(nErrorCode);
}
```

② 在上一步骤中,可以看到如果监听套接字 CListenSocket 成功接受了一个客户端连接,就会产生一个套接字 CAcceptSocket 对象处理同此客户端的具体通信,因此与客户端的收发数据操作的代码就写在这个类中,由 OnReceive()函数来处理。

为 CAcceptSocket 类添加 OnReceive()函数,代码如下:

```
void CAcceptSocket::OnReceive(int nErrorCode)
{
    char chMsg[5120], chMsgTemp[1024];
    UINT unRXCharNum;    //每次读取的字符数
    BOOL bEndFlag;       //读取完毕的标志
    strcpy(chMsg,"");   //清空字符数组
    do
    {
        strcpy(chMsgTemp,"");
        unRXCharNum = Receive(chMsgTemp,1000); //接收数据,返回收到的字符数
        if ( unRXCharNum>1000 || unRXCharNum<0)
        {
            AfxMessageBox("接收数据出错!",MB_OK);
            return;
        }
        else if (unRXCharNum<1000 && unRXCharNum>0)
        {
            bEndFlag = 1;
        }
        chMsgTemp[unRXCharNum] = 0;
        strcat(chMsg,chMsgTemp);
```

```
    } while(0 == bEndFlag);

    //更新主对话框中显示收到的客户端发来的信息
    CMyServerDlg  * pDlg = (CMyServerDlg  * )AfxGetMainWnd();
    pDlg->m_strNetMsg.Format("收到数据 %s",chMsg);
    pDlg->UpdateMsgData();

    //服务器给客户端回传的数据
    CString strTemp;
    strTemp.Format("%s",chMsg);
    strTemp = "服务器收到" + strTemp;
    Send(strTemp, strTemp.GetLength(),0); //给客户端回传验证数据
    CSocket::OnReceive(nErrorCode);
}
```

③ 在以上代码中都出现了与主对话框交互的一些代码，这是由于在具体编程中，一般显示等交互任务由主窗体承担，因此在通信套接字的处理函数中往往要通过获取主窗体指针(AfxGetMainWnd 函数)，来与主窗体进行一些交互操作。

下面编写主对话框类的相关代码。

为对话框类添加如下成员变量及函数：

```
public:
    CIPAddressCtrl    m_IP;  //与 IP 控件绑定的变量,设置 IP
    UINT    m_nPort;        //与设置端口的文本框绑定的变量
    CString    m_strRecv;     //与接收文本框绑定的变量

    CListenSocket  * m_pListenSocket; //监听套接字
    BOOL m_bListened;               //是否监听标志
    CString  m_strNetMsg;           //用于接收用的字符串
    CPtrList m_pAccetpList;     //存放客户端套接字(CAcceptSocket 对象)的表

public:
    void UpdateMsgData();      //收到数据后更新界面
    afx_msg void OnButtonStart();  //启动服务器
    afx_msg void OnButtonStop();     //停止服务器
```

主对话框作为人机界面，主要任务是控制服务器的启动与关闭，显示客户端发送的数据，要注意的一处是，用于维护客户端队列的 m_pAccetpList 变量，它是 CPtrList 类型。CPtrList 是 MFC 中的一个数据结构类，是一个"表"结构的抽象封装，每当接受一个客户端连接时，就临时产生一个 CAcceptSocket 对象与之通信，同时加入到 CPtrList 表的尾部(CPtrList 类由 AddTail 函数实现)。

在对话框类的初始化函数 OnInitDialog()中加入代码：

```
BOOL CMyServerDlg::OnInitDialog()
{
    ......
    //初始按钮的状态
    GetDlgItem(IDC_BUTTON_START)->EnableWindow(!m_bListened);
    GetDlgItem(IDC_BUTTON_STOP)->EnableWindow(m_bListened);

    m_pAccetpList.RemoveAll();  //初始时清空 socket 队列
    m_bListened = FALSE;  //服务器未开启

    //初始化 IP 控件中的地址为本地回环测试 IP(127.0.0.1)
    BYTE f0 = 127;
    BYTE f1 = 0;
    BYTE f2 = 0;
```

```
    BYTE f3 = 1;
    m_IP.SetAddress(f0,f1,f2,f3); //IP 控件设置 IP 地址
    m_IP.EnableWindow(FALSE);  //默认 IP 控件不可用

    return TURE;
}
```

启动服务器的代码如下：

```
void CMyServerDlg::OnButtonStart()
{
    UpdateData(TRUE);
    m_pListenSocket = new CListenSocket; //生成监听套接字

    //创建监听 socket,TCP 套接字
    if (m_pListenSocket->Create(m_nPort,SOCK_STREAM)) {
        if ( !m_pListenSocket->Listen(10))
        {
            AfxMessageBox("设置监听 Socket 失败",MB_ICONINFORMATION);
            delete m_pListenSocket;    //释放指针所申请的资源
            m_pListenSocket = NULL;
        }
        else
        {
            m_bListened = TRUE;
        }
    }
    else
    {
        AfxMessageBox("创建监听 Socket 失败",MB_ICONINFORMATION);
        delete m_pListenSocket;    //释放指针所申请的资源
        m_pListenSocket = NULL;
    }
    //更新按钮的状态
    GetDlgItem(IDC_BUTTON_START)->EnableWindow(! m_bListened);
    GetDlgItem(IDC_BUTTON_STOP)->EnableWindow(m_bListened);
}
```

停止服务器的处理代码如下：

```
void CMyServerDlg::OnButtonStop()
{
    if (!m_bListened) return;
    if (m_pListenSocket == NULL) return;
    m_pListenSocket->ShutDown(2);    //停止服务器,2 代表发送、接收都停止
    Sleep(50);
    m_pListenSocket->Close();        //关闭监听套接字
    delete m_pListenSocket;
    m_pListenSocket = NULL;
    m_bListened = FALSE;             //更新监听状态为"未监听"
    //更新按钮的状态
    GetDlgItem(IDC_BUTTON_START)->EnableWindow(!m_bListened);
    GetDlgItem(IDC_BUTTON_STOP)->EnableWindow(m_bListened);

    //以下是清除客户端队列的代码
    POSITION pos = this->m_pAccetpList.GetHeadPosition();//获取表头位置
    int iCount = this->m_pAccetpList.GetCount(); //获取客户端数量
```

```
        POSITION temppos = pos;      //临时位置变量,用于后面的遍历表
        if (pos)
        {
            for (int i = 0; i<iCount; i++)
            {
                temppos = pos;
              //获取队列中的元素,用到了 C++ 强制转换运算符 static_cast<>
    CAcceptSocket * p =
                static_cast<CAcceptSocket  *>( m_pAccetpList.GetNext(pos));
                p->ShutDown(2);    //停止接收与发送
                p->Close();        //关闭套接字
                delete p;
                m_pAccetpList.RemoveAt(temppos); //从队列中清除
            }
        }
    }
```

在以上代码中,请读者注意关于客户端套接字队列的相关代码。在上面的 CListenSocket 的 OnAccept()函数中,每当接受一个客户端连接后就产生一个临时的通信套接字(CAcceptSocket 对象)进行与客户端的通信,而后就将其加入到主对话框的套接字队列中,请参看上面的 CListenSocket 的相关代码。

编译运行程序,利用网络调试助手进行测试,如图 6-31 和图 6-32 所示。

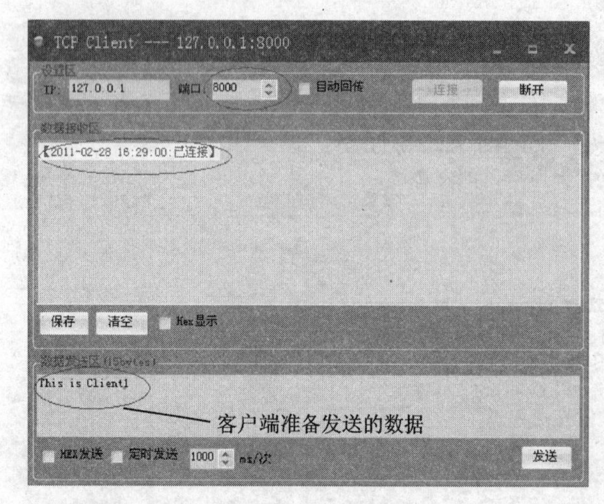

图 6-31　TCP 客户端

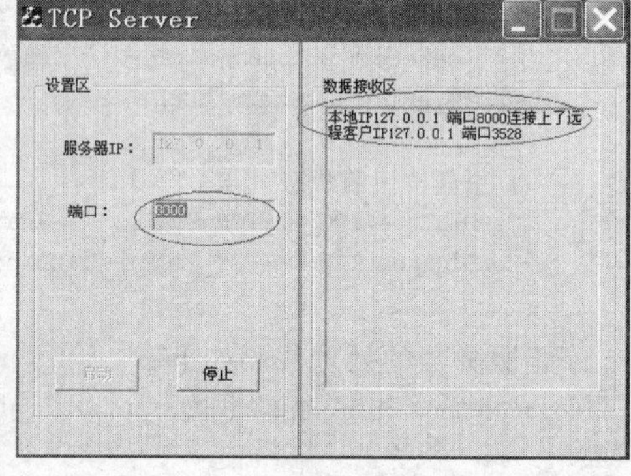

图 6-32　TCP 服务器端的显示

需要说明的是:

① 由于客户端与服务器都是在本地计算机上,因此 IP 都是 127.0.0.1。

② 客户端中的端口设置必须与服务器中的一致,否则连接失败。

在客户端中输入数据并单击"发送"后,服务器端会显示客户端发来的数据;同时客户端显示服务器端回传的数据,如图 6-33 所示。

2. 客户端

(1) 建立 MFC 工程

建立基于对话框的 MFC 工程,命名为 MyClient,注意在第 3 步勾选"Windows Sockets",而后完成工程的建立。

（2）界面及相关变量设计

① 在资源设计器的对话框资源中设计界面，如图 6 - 34 所示。

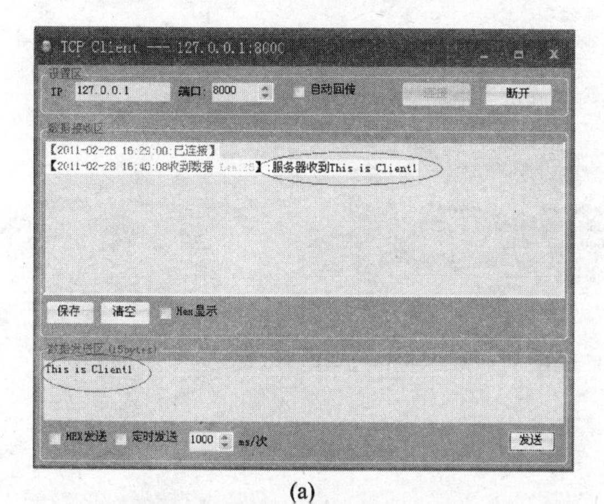

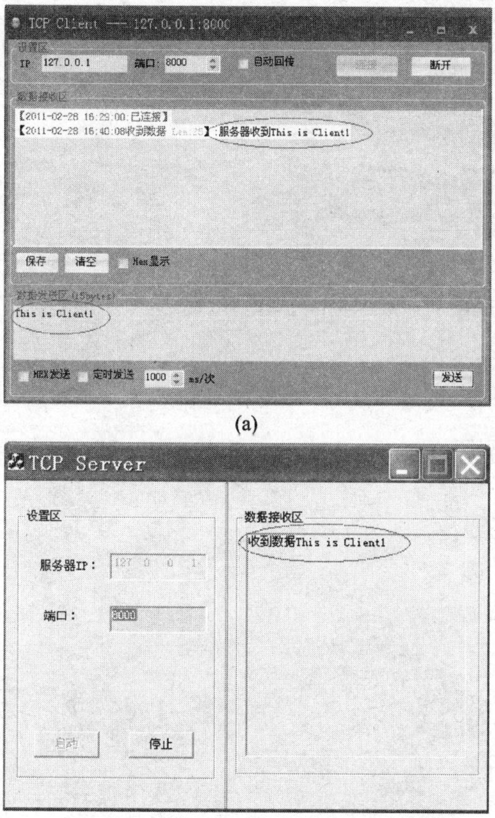

(a)

(b)

图 6 - 33　客户端与服务器之间的通信

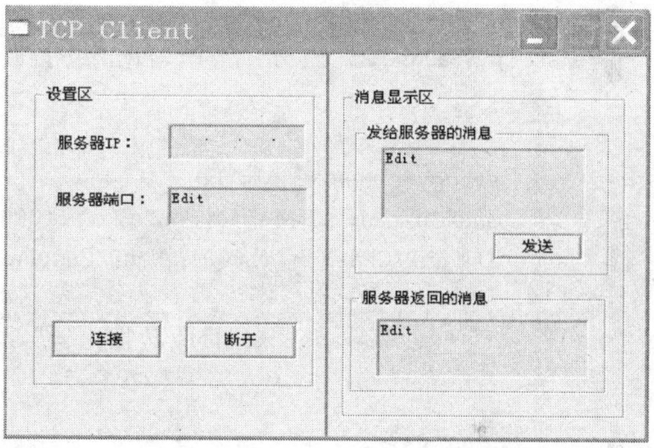

图 6 - 34　客户端设计的界面

② 为控件添加变量，各控件的属性与变量设置如表 6 - 4 所列。

表 6 - 4　控件的设置

控件类型	ID	Caption	变　量
Static Text	IDC_STATIC	服务器 IP	
		服务器端口	
Edit Box	IDC_EDIT_PORT		m_nPort(UINT 型)
	IDC_EDIT_SEND		m_strSend(CString 型)
	IDC_EDIT_RECV		m_strRecv(CString 型)
IP Address	IDC_IPADDRESS		m_IP(CIPAddressCtrl 型)
Button	IDC_BUTTION_CONNECT	连接	
	IDC_BUTTION_DISCON	断开	
	IDC_BUTTION_SEND	发送	

（3）添加派生类及其函数

单击“Insert”|“New Class”菜单命令，插入 CSocket 派生类，命名为 CClientSocket。客户端较之于服务器端简单一些，用一个套接字处理与服务器端的通信即可。

在添加的 CClientSocket 类中，需要完成从服务器接收反馈信息的处理工作，这通过为其添加 OnReceive 函数即可，如图 6-35 所示。

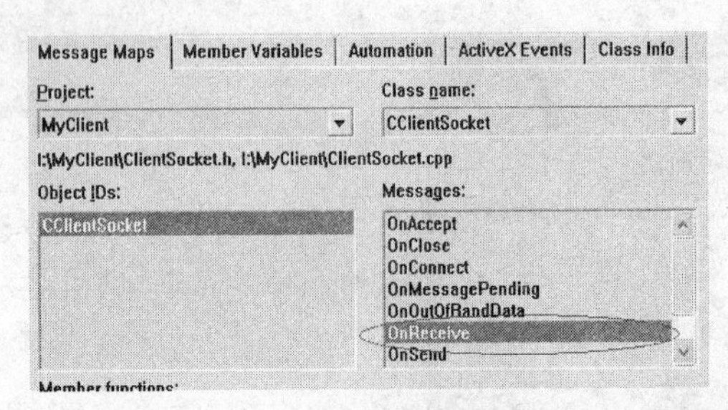

图 6-35 为新建的 CClientSocket 类添加 OnReceive 处理函数

代码如下：

```
void CClientSocket::OnReceive(int nErrorCode)
{
    char chMsg[5120], chMsgTemp[1024];  //存放接收数据数组
    UINT unRXCharNum;  //接收字符数
    BOOL bEndFlag = 0;   //接收完毕与否标志
    strcpy( chMsg, "");     //初始化清空接收数组
    do
    {
        strcpy(chMsgTemp,"");
        unRXCharNum = Receive(chMsgTemp,1000);      //接收数据
        if( unRXCharNum>1000 || unRXCharNum<=0)
        {
            AfxMessageBox("接收数据出错",MB_OK);
            return;
        }
        else if( unRXCharNum<1000 && unRXCharNum>0)
        {
            bEndFlag  = 1;
        }
        chMsgTemp[unRXCharNum] = 0;     //加上字符结束标志
        strcat(chMsg, chMsgTemp);
    } while( bEndFlag == 0);
    CMyClientDlg * pDlg = (CMyClientDlg *)AfxGetMainWnd(); //取得主窗体指针
    pDlg->m_strRXDataTemp.Format("%s",chMsg);
    pDlg->UpdateRxData();   //更新主窗体界面,显示接收数据
    CSocket::OnReceive(nErrorCode);
}
```

上面的代码中，借助于 AfxGetMainWnd()函数取得了主对话框的指针，继而通过此指针对对话框类进行了一些操作。这在实际开发中常常用到，因为通信类往往需要将接收到的数据发给主界面进行更新。代码中的 UpdateRxData()函数就是我们这个工程里对话框类中负责更新界面的自定义函数。

(4) 对主对话框类的编码进行说明

在主对话框类中添加如下成员变量与函数：

```
public:
    CIPAddressCtrl     m_IP;  //与 IP 地址控件绑定的变量
    UINT    m_uPort;         //与输入端口的文本框绑定的变量
```

```
    CString    m_strRecv;      //与接收文本框绑定的变量
    CString    m_strSend;      //与发送文本框绑定的变量
    CClientSocket  * m_pSocket;  //套接字,发送与接收数据
    CString m_strRXDataTemp;    //接收数据
    BOOL     m_bConnected;       // 是否连接的标志
pubic:
    void UpdateRxData();         //更新界面,这里主要是显示数据
```

为"连接"按钮添加处理函数,代码如下:

```
void CMyClientDlg::OnButtonConnect()
{
    UpdateData(TRUE);                //允许控件接收输入数据
    m_pSocket = new CClientSocket;   //生成套接字对象
    m_pSocket->Create();                     //建立套接字
    CString strAddress;
    m_IP.GetWindowText(strAddress);  //取得 IP 控件中的地址
    m_bConnected = m_pSocket->Connect(strAddress,m_uPort);
    if(! m_bConnected)
    {
        AfxMessageBox("连接服务器失败");
    }
    GetDlgItem(IDC_BUTTON_CONNECT)->EnableWindow(!m_bConnected);
    GetDlgItem(IDC_BUTTON_DISCONNECT)->EnableWindow(m_bConnected);
}
```

对上面的代码进行几点说明:

① 核心就是 CSocket 类的 Connect()函数。

② 注意从 IP 控件中读取 IP 地址的方法。CIPAddressCtrl 其实有一个成员函数 GetAddress(),但是使用并不是太方便,这里只简单地用了一个 GetWindowText()函数就实现了功能,是较好的方法。

为"断开"按钮添加处理函数,代码如下:

```
void CMyClientDlg::OnButtonDisconnect()
{
    if(!m_bConnected) return;
    if(m_pSocket == NULL) return;
    if(m_pSocket->ShutDown(2))    //停止接收和发送
    {
        m_bConnected = FALSE;
        Sleep(50);
    m_pSocket->Close();          //关闭套接字
        if(m_pSocket  )
            delete m_pSocket;
        m_pSocket = NULL;
    }
    GetDlgItem(IDC_BUTTON_CONNECT)->EnableWindow(! m_bConnected);
    GetDlgItem(IDC_BUTTON_DISCONNECT)->EnableWindow(m_bConnected);
}
```

为"发送"按钮添加处理函数,代码如下:

```
void CMyClientDlg::OnButtonSend()
{
    if (!m_bConnected)
    {
        AfxMessageBox("网络没有连接");
        return;
    }
    UpdateData(TRUE);              //"发送文本框"接收输入内容
    if( m_strSend.IsEmpty())     //字符为空的处理
    {
        AfxMessageBox("发送字符不能为空");
        return;
    }
    m_pSocket->Send(m_strSend,m_strSend.GetLength(),0); //发送数据
}
```

最后,同时编译运行服务器端与客户端程序,效果如图 6-36 和图 6-37 所示。

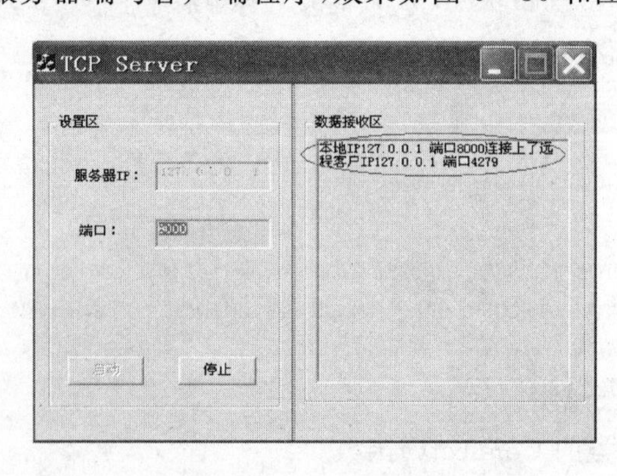

图 6-36　服务器启动,客户端连接上服务器

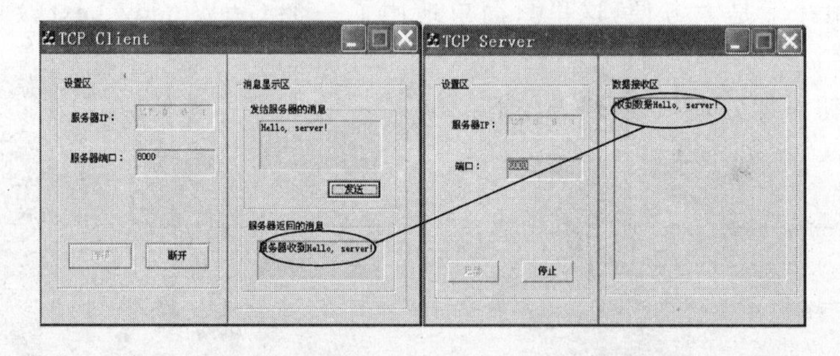

图 6-37　客户端与服务器建立连接后,双方首发数据的情况效果图

需要说明的是:由于客户端与服务器都在同一台机器上,故而 IP 都是 127.0.0.1。

6.7　扩展实例与技巧

现在,我们一般所用的客户端软件都有一些超链接,用于打开与该软件开发商相关的网页信息。这一点其实是很重要的,因为可以增加用户对于软件的了解,获取更好的服务,也是软件营销的一种手段。

关键的技术点就是用到一个 API 函数——ShellExecute(),其定义如下:

```
HINSTANCE ShellExecute(
    HWND hwnd,
    LPCTSTR lpVerb,
    LPCTSTR lpFile,
    LPCTSTR lpParameters,
    LPCTSTR lpDirectory,
    INT nShowCmd
);
```

其中：

hwnd：指向父窗体的句柄。

lpVerb：要执行的动作。

lpFile：要打开的网址或者.exe文件名。

lpParameters：如果要执行的是.exe文件，此参数给出程序执行的参数。

lpDirectory：默认目录，一般设为NULL。

① 新建一个基于对话框的MFC工程，命名为CLinkWebPro。

② 在资源设计器的对话框模板中，插入一个按钮，命名为“访问主页”，双击之，添加代码：

```
void CCLinkWebProDlg::OnButton1()
{
    ShellExecute(this->GetSafeHwnd(),"open","http://www.baidu.com",NULL,NULL, SW_SHOWNORMAL);
}
```

以上代码就是用来访问Web主页的，一般第1个参数为父窗体的句柄；第2个参数为“open”；第3个为要打开的网页地址；后两个参数为NULL；最后一个为显示的方式。这里需要说明几点：

- 网站必须要写全，前面的“http://”不可少，比如上面代码中如果写成“www.baidu.com”，就无法打开了。
- 有时候可能在用户的机器上，利用上面的代码打不开网页，这可能是用户机器的浏览器的设置问题，可以通过恢复其默认设置来解决（如果用的是IE，则右击“属性”|“高级”|“重置”）。
- 如果由于什么无法细查的原因还是无法打开，可以换成如下代码形式：

```
ShellExecute(NULL,"open","C:\\ProgramFiles\\InternetExplorer\\iexplore.exe", "http://www.baidu.com", NULL, SW_SHOWNORMAL);
```

第3个参数为浏览器可执行文件的安装路径，读者可以自行查找，第4个参数则为网址。

- 现在的浏览器一般都是以分页栏的形式显示，可是如果用上面的代码打开浏览器时，是以重开一个浏览器窗口的形式打开的，如果不想重开一个浏览器窗口，而只是想新建一个分页栏，则此时需要将最后一个参数改为如下值：

```
SW_SHOWNOACTIVATE
```

第 7 章

信息技术四部曲——信息存储

7.1 从 Oracle 说起

每年的福布斯世界富豪榜总是万众瞩目，这些世界级富豪们富可敌国的财富令普通人艳羡不已。

富豪们的财富不是凭空而来的，是与他们过人的天资、勤奋和良好的机遇分不开的，是与他们所取得的巨大成就紧密联系的。想一想比尔·盖茨对于人类信息化所作出的贡献，就会感到他多年的世界首富地位是实至名归的。同时，正所谓时势造英雄，这些富豪们往往顺应了某种世界发展趋势，从而为自己积累起了巨大的财富。比尔·盖茨的微软公司崛起于 PC 刚刚兴起的时代，他和创业伙伴敏锐抓住了计算机微型化并将走入千家万户的大好机遇，从而一举奠定 IT 霸主的地位。图 7－1 所示为 2010 年福布斯公布的富豪榜单。

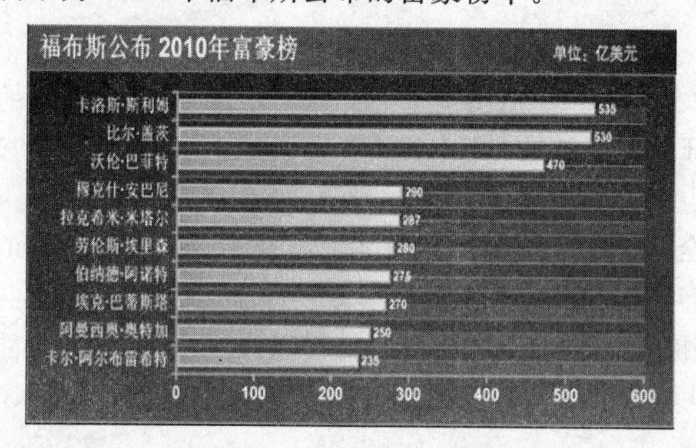

图 7－1　2010 世界富豪榜

如果您比较关注 IT 业就会注意到，在以上的榜单中，除了尽人皆知的比尔·盖茨外，还有一位科技界的巨头，他长期居于世界科技富豪榜的第二位（关于这个著名的 No. 2，央视二套《对话》栏目还专门有一期节目采访他）。他就是甲骨文（Oracle）公司的创始人和 CEO——劳伦斯·埃里森。

比尔·盖茨之所以被大家都熟悉，连学文科的同学都非常熟悉，除了他长期的世界首富的光环，还有就是现代人一般所用的计算机上所配备的操作系统几乎都是 Windows。的确，作为最底层的系统软件，操作系统的受众面太广了。无论你是整天编程的程序员，还是研究诗词的中文系学生，无论你是精力充沛、自己组装计算机的年轻人，还是赶赶时髦上网冲冲浪的老人，打开计算机首先面对的就是操作系统，首要的就是会操作系统的基本操作。而在个人计算机操作系统里，Windows 的地位无可撼动。所以靠垄断操作系统市场的比尔·盖茨成了首富就是自然的事情。

劳伦斯·埃里森作为仅次于比尔·盖茨的世界 IT 富豪，凭借的是什么呢？那就是 Oracle 数据库。

比起盖茨，可能就没有那么多人知道埃里森了。比如你问个学文的同学埃里森是何许人也，Oracle是什么，他就未必像回答比尔·盖茨和Windows那么随口说出了。为什么呢？因为数据库管理软件并不一定是人们日常都亲自用到的。但对一个搞IT的人，估计埃里森和Oracle的大名则是耳熟能详。如果不知道Oracle是什么，那就最好别说你是搞IT的，至少别说你是做软件的。为什么呢？前面说了，作为重要性第一的基础软件——操作系统造就了世界第一科技富豪比尔·盖茨，按照这样的逻辑，作为第二的埃里森凭借的就应该是重要性仅次于操作系统的软件了。事实上，确实是这样，埃里森所凭借的就是重要性仅次于操作系统的基础软件——数据库管理软件。数据库技术对于信息时代太重要了，甚至从某种意义上说，是数据库技术托起了信息时代下的社会。在当代社会，信息被广泛认同为一种宝贵财富。在计算机的世界里面，信息的载体就是所谓的"数据"，在计算机系统中，各种字母、数字符号的组合、语音、图形、图像等统称为数据，数据经过加工后就能为人们提供有用的信息。在现代商业中，对于信息重要性的认识与日俱增，具体表现出来就是对于重要数据的珍视与保护。想想看，如果中国移动的用户数据或者是工商银行的金融数据出了问题，那后果将是多么可怕。如何对数据进行更好、更安全、更高效的保管是信息社会必须解决好的问题。

正因为数据库技术是信息存储的核心技术，所以谁拥有数据库核心技术谁就会发财。Oracle公司和其产品Oracle数据库正是数据库技术的领导者。大家都知道，微软是世界上最大的软件公司，Oracle公司则排名第二，但Oracle是世界上最大的企业软件公司，在企业信息软件方面，Oracle公司要胜微软公司一筹，而企业是经济社会的细胞，所以足见Oracle公司的实力和影响力。

现在学编程的人都知道大名鼎鼎的Java语言，它是由著名的Sun公司开发的。这个公司很有意思，从某种意义上讲是有点悲壮，因为Sun公司往往在技术上带给了IT界以极大的影响，比如举世闻名的Java技术，但是在商业上它却不怎么成功。2009年在IT界发生了一件大事，那就是Oracle公司收购了Sun（图7-2），消息一出，业内哗然，包括IBM、微软。经过这一收购，Oracle公司更可怕了，它获得了Sun的两个宝贝——Java和Solaris，成了业界唯一的一家提供综合系统的厂商。

图7-2　举世瞩目的收购案——Oracle收购Sun

7.2　数据库及信息存储技术的发展简史

计算机信息存储技术并非一开始就是用数据库，而是经过了一定时间的发展才最终到了数据库阶段。从大体上讲可以分为4个阶段。

1. 人工管理阶段

20世纪的50年代为数据库的人工管理阶段。这时的计算机主要用于科学计算，外部的存储器只有磁带、卡片、纸带等，没有磁盘等直接存储设备，软件开发也没有现在这么多的高级语言，也就是汇编而已，更不用提数据管理软件了。这个阶段的最大特点就是：数据没有独立性。所谓没有独立性，就是说数据和程序是一个整体，此程序的数据是不能用到彼程序的，因此数据无法实现共享。由于没有计算机对于数据的管理功能，程序员在编写程序的时候必须考虑很多问题，比如数据的定义、存储结构、存取方法等比较底层的问题。

2. 文件系统阶段

20 世纪 50 年代后期到 60 年代中期为数据库的文件系统阶段。此时的计算机开始用于信息管理了。随着数据量的增加，对于数据存储、检索和维护就成为迫切的需要了。此时，外部存储器有了磁盘等存储设备；软件方面有了操作系统等高级软件。计算机专业的同学都学过“操作系统”这门课程，其中文件系统是重要的一章。

此时程序与数据已经实现了分离，数据可以长期存储于外存储器上，这是一个很大的进步，但操作系统的文件系统只提供文件的打开、关闭、读和写等比较低级的操作，文件的查询、插入、删除、修改则需要程序实现。

3. 数据库管理系统阶段

文件系统对于数据的操作毕竟是低级了点儿，我们平时可能也有体会，自己的计算机上有很多的重复文件夹和文件，时间长了，积累得多了就显得很乱，而且对存储空间也是个浪费。出于对数据更高效管理的需求，数据库管理系统(Database Management System，DBMS)就应运而生了。它采用了某种数据模型表示复杂的数据结构，使得数据之间不再是一盘散沙，而是产生了某种联系，可以从整体上进行管理。同时 DBMS 往往提供了外部接口，方便用户进行增、删、改、查等高级操作；对于故障恢复、并发控制等文件系统很难实现的功能也予以了提供。

可以说，到了数据库管理系统阶段，人类对于信息的管理有了一个质的飞跃，开始踏上了高速的信息公路。

4. 现代高级数据库阶段

随着计算机技术的发展，人类获取的数据量、数据的种类和形式都在急剧地攀升，新的需求不断涌现，比如对于多媒体语音视频的存储等，对于传统的数据库提出了挑战，因此更高级的数据库技术就不断发展起来了，包括面向对象数据库、分布式数据库、网络数据库、多媒体数据库等。

5. 未　来

数据库是信息存储的终极形式和技术了么？我想未必。科学技术是在不断向前发展的，新的思想会不断涌现出来并不断地在现实中得以考验，通过不断的优胜劣汰使得有价值的天才设想成为现实、得以保留，使科技水平得以提升。

从物理学方面，或许会有新的物理存储原理和介质被发现，从而使存储效率和存储空间大大提升。

从数学方面，或许会有新的数学模型被开发出来应用于数据的组织和存储。数学家们的天才创造力是无穷无尽的。

从生物学方面，人的大脑能够进行很好的信息存储，与计算机的存储原理截然不同，如果深入研究下去或许会从仿生学的角度得到某种启示。

7.3 数据库诸侯混战

数据库技术如此重要，那么肯定是各个 IT 巨头的必争之地。事实上确实如此。数据库技术的核心是 DBMS，各种 DBMS 软件都是基于一定的数据模型的。按照数据模型的特点，可以将 DBMS 分为网状数据库、层次数据库和关系数据库。现在的主流是关系数据库。

提到关系数据库，就不能不提“蓝色巨人”——IBM。IBM 真是一个非常令人尊重的伟大公司，多少年来一直引领着计算机技术的发展。1970年，IBM公司的研究员E. F. Codd博士在"Communication of the ACM"上发表了一篇名为"A Relational Model of Data for Large Shared Data Banks"的论文，提出了关系模型的概念，奠定了关系模型的理论基础。按理说，IBM公司应该成为当代数据库执牛耳者，但当时的IBM公司却没有计划开发。为什么IBM公司放弃了这个价值上百亿的产品？原因有很多：IBM公司的研究人员大多是学术出身，他们最感兴趣的是理论，而非推向市场的产品。另外，IBM公司当时有一个销售得还不错的层次数据库产品IMS。蓝色巨人最终没有给予关系数据库以应有的重视（我想这也是IBM公司非常遗憾的事情）。虽然IBM公司没有太重视，但是却被另外的人注意到了，这人是谁呢？就是上面提到的IT大亨、Oracle公司的创始人劳伦斯·埃里森。他非常仔细地阅读了这篇文章，被其内容所震惊，并且敏锐地意识到在这个研究基础上可以开发商用软件系统。而当时大多数人认为关系数据库不会有商业价值。埃里森认为这是他们的机会，于是他们决定开发通用商用数据库系统Oracle。这个名字来源于他们曾给中央情报局做过的项目名。几个月后，他们就开发了Oracle 1.0，但这只不过是个玩具——除了完成简单关系查询不能做任何事情。他们花了相当长的时间才使Oracle变得可用，维持公司运转主要靠承接一些数据库管理项目和做顾问咨询工作。熟悉一点IT史的人应该知道，是IBM选择Microsoft的MS-DOS作为IBM-PC的操作系统造就了一代软件霸主微软，而同样IBM发表关系数据库论文，却没有很快推出关系数据库产品的错误，则造就了一代数据库王者Oracle。Oracle的市值在2010年达到了1 581亿美元，和IBM不分伯仲。

当然，虽然错失了良机，但IBM还是要亡羊补牢的。80年代中期，IBM推出了自己的关系数据库——DB2。虽然推出时间较Oracle晚了一步，但凭借IBM强大的实力和一贯的信誉，使得DB2也逐步在市场上站稳了脚跟。IBM的服务器举世闻名，配之以稳定性优异的DB2数据库，往往对于企业级应用而言是上乘之选。

对于数据库这块具有巨大市场的肥肉，软件巨头微软自然也不会放过的。但较之于Oracle和IBM，微软在这方面的积淀要少一些，毕竟它不是靠数据库技术起家的。现在做软件的都知道，微软的DBMS是SQL Server。最初，微软是同Sybase和Ashton-Tate 3家公司共同开发的，于1988年推出了第一个OS/2版本。在Windows NT推出后，Microsoft与Sybase在SQL Server的开发上就分道扬镳了，Microsoft继续将SQL Sever保留为自己数据库产品的名称，将SQL Server移植到Windows NT系统上，专注于开发推广SQL Server的Windows NT版本。虽然在稳定性与安全性方面，SQL Server同Oracle和DB2相比存在一定差距，但是它秉持了微软一贯的在用户易用性上的风格，易用的图形化界面使得初学者可以很快入门，同时凭借Windows得天独厚的优势，使得SQL Server成为Windows平台上的主导数据库。图7-3所示为微软的数据库管理软件。

除了以上数据库方面的"三雄"外，还值得一提的就是Sybase公司。该公司成立于1984年11月，也是世界上著名的独立软件供应商之一，尤以其数据库产品而闻名。虽然在名气上比起Oracle、DB2要小一些，但Sybase数据库在电信、金融等特定行业的使用的确非常广泛。2010年5月13日，财大气粗的SAP公司（全球最大的ERP软件公司）以58亿美元收购了Sybase。

以上介绍的都是商用数据库软件。近些年来，开源旋风越刮越盛，在操作系统方面Linux取得的成就举世瞩目。在其他基础软件方面，也是成果斐然。具体到DBMS软件上，MySQL就是当之无愧的佼佼者。MySQL是由瑞典MySQL AB公司开发的一个小型的数据库管理软件。虽然体积和规模无法和Oracle、DB2相比，但是对于个人网站和小型企业的应用已经绰绰有余，加之MySQL开放源代码、效率很高，所以非常受欢迎。图7-4所示为MySQL的Logo。

图 7-3　软件巨头微软的数据库管理软件——SQL Server 2008

图 7-4　著名的开源数据库管理软件——MySQL

搞网络的朋友应当知道，目前 Internet 上流行的一种网站构架方式是 LAMP（Linux＋Apache＋MySQL＋PHP），也就是用 Linux 作为操作系统，Apache 作为 Web 服务器，MySQL 作为数据库，PHP 作为服务器端脚本解释器。由于这 4 个软件工具都是免费或开放源代码软件，因此使用这种方式不用花一分钱就可以建立起一个稳定、免费的网站系统，因此 LAMP 已经成为与 Java、.NET 相抗衡的第三种解决方案，前景非常令人期待。作为 LAMP 中的一员，MySQL 自然备受重视。在 2008 年 1 月 16 日 MySQL 被 Sun 公司收购。2009 年，Sun 又被 Oracle 收购。由于有 Oracle 这位老大哥，对于 MySQL 的前途，有不少人担心。不过目前来看，MySQL 被广泛地应用在 Internet 上的中小型网站中。由于其体积小、速度快、总体拥有成本低，尤其是开放源代码这一特点，许多中小型网站为了降低网站的总体成本而选择了 MySQL 作为网站数据库。图 7-5 所示为 LAMP 的 Logo。

图 7-5　著名网站解决方案——LAMP

除了 MySQL 外，另外一款引人注目的开源自由数据库软件就是 PostgreSQL。它是由美国加州大学伯克利分校开发的。这款数据库管理软件起初是作为研究用的（这一点有点像 Linux 的祖宗 Minix），因此学院味道比较浓，没有受到过多的重视。但随着它的不断发展，展现出了越来越优越的性能。图 7-6 所示为 PostgreSQL 的 Logo。

图 7-6　开源数据库新贵——PostgreSQL

7.4　DBA，信息仓库的守护人

年轻的读者朋友们尤其是未工作的大学生，很多有搞 IT 的想法，为什么很多人想搞 IT 呢？除了想振兴中国的信息产业外，IT 业是可以获得高薪的职业。但是要注意，并不是所有的 IT“兵种”都是可以获得高薪的。如果你是干 IT 的，那你的薪水一定是和你工作的重要程度挂钩的。IT 领域的工种很多，就是技术方向很多。由于计算机技术的飞速发展，现在使得 IT 行业分得也是越来越细了，每个技术分支都是博大精深。因此，当你选定一个方向后，重要的是在这个方向上钻深钻透，只有可以称得上是这个领域的“专家”(至少要非常精通)，才可以获得高薪。初步想学IT的人，容易犯的错误就是各门技术都学学，但都是浅尝辄止。比如一个大学生想弄弄编程，今天学C++，明天Java，后天C#，再后又弄弄PHP和什么什么脚本，最后的结果就是等于啥都没学。看本书的读者，奔向的目标应当是软件工程师，一个出色的软件工程师当然可以获得高薪，比如微软、谷歌的工程师都是非常厉害的。一般而言，软件工程师必须非常熟悉数据库，因为数据库实在是太重要了，即使你是一个不需要太多和数据库打交道的软件开发人员，也必须对数据库了解一二，否则就是知识结构的一大缺陷。

其实专门在数据库方面，就有一个非常有“钱途”的职业——DBA(Database Administrator，数据库管理员)。数据库管理系统的复杂程度几乎不亚于操作系统，而且往往会出现比操作系统更加棘手的故障。由于在一些非常关键的领域，如通信、金融等，数据库是居于核心地位的，所以对于它的维护就显得尤为重要。这样，DBA的价值就凸显出来了。一个优秀的DBA，那是非常抢手的，一般没个十年、八年的火候是修炼不到的。但如果能够坚持下来把数据库玩透了，那回报也是可观的。

读者朋友，作为VC开发人员，开发Windows操作系统上的应用软件，务必在数据库上多下些工夫。如果你发现自己真的对数据库非常感兴趣，而且自己也具有认真、对细节一丝不苟的性格，那么可以考虑在数据库管理上发展发展。这里为大家奉献一篇延伸阅读，是关于一位比较牛的DBA的，读者可以参考参考，至少可以开阔一下眼界，知道一下数据库的世界多么博大。

延伸阅读：

我的数据库学习曲线

牛新庄，数据库维护、优化和架构专家；曾获得国内数据库领域最高荣誉——2006年中国首届杰出数据库工程师；数年前曾被IBM全球软件部以年薪60万元人民币聘用，而他却婉言拒绝。这样一个躲藏在幕后的“牛人”，有着怎样的学习、发展之路？为此，本刊特邀牛新庄博士，请他讲述一个真实版的“数据库之路”。

选定发展方向

1999年，我在开始读研时就给自己确定了以后的发展方向。

当时有两个方向：网络，数据库技术。因为在2000年之时，网络大热，市场上拥有CCNP、CCIE证书的人特别牛。所以我当时也考下了CCNP证书，但后来发现网络方向涉及很多硬件层面的东西，这些都对厂商的依赖性太强，个人发挥空间不大。而我喜欢钻研，所以慢慢开始转向专攻数据库技术。

在认准数据库这个方向后，我开始深入学习数据库理论方面的知识。当时，人大王珊教授的《数据库系统原理教程》一书，我读了几十遍。在学习数据库理论的同时，我开始接触并深入学习DB2和Oracle，并从1999年开始使用DB2 V5.2。那时，市场上关于DB2方面的技术书籍几乎没有，互联网也不像现在这么发达。因为我的导师做一个课题需要用到DB2数据库，但是我只能依靠查看DB2随机文档来学习。那时，我还自己兼职，通过帮别人做些小软件赚钱，外加课题经费，以支付考OCP认证和DB2认证的费用。

到现在为止，我一直认为考认证是一个很好的学习动力。因为考试费用不菲，如果不想浪费钱只能拼命看书。我在读研的2000年就通过了OCP 8i认证，后来又陆续通过DB2 V5.2认证。这些认证极大地增强了我的自信。同时，在帮助导师用PB、Delphi等编程工具做应用开发时，我有意识地增强对SQL的学习，这对我后来的性能调优工作非常有帮助。

这里我想说的是，做好一个时期的人生规划非常重要。我们首先要有一个明确的努力方向和规划，然后有意识地往这个方向努力。这种积极主动的学习要比被动学习的效率高很多。

第一次做培训

"机遇偏爱于有准备的人"，这句话虽是老生常谈，却是人生真谛。记得 2000 年底，我在网上看到一个帖子说需要一个人去安装 DB2 数据库，差旅费报销，每天 500 元，我喜出望外。因为这项工作需要有 DB2 认证才能去，而我那时 DB2 高级系统管理和应用开发的认证都有，所以很快就通过了对方的审核。但是当我到客户现场时才发现，不是安装 DB2，而是要给客户讲课。当时我就傻眼了，因为讲课需要的知识远比安装配置数据库要难得多，更何况我之前根本没有讲过课。没办法，压力也是动力，只能前一天夜里看教材备课到凌晨 5 点。短短睡了两小时后，8 点半去讲课。4 天讲课下来，我总共休息了 12 小时。还好自己毕竟有 DB2 应用开发经验和 DB2 认证做基础，总算勉强应付了过去。只是没想到，这次并不算顺利的培训，竟是我未来几年培训生涯的开始。

将培训当学习的动力

经过第一次讲课后，我看到了自己的差距，知道仅有认证是不够的。客户的很多问题，书本上没有答案，需要自己在实践中不断努力。另外，讲课前讲师需要把一些原理、概念性的东西弄清楚，也需要对数据库进行深入学习。

后来，IBM 培训部通过一些渠道知道我能讲 DB2 且拥有相关证书，就找我讲授 DB2 系列课程。所以，从 2001 年开始，我就经常作为 IBM 官方讲师讲授 DB2 系列的所有课程。我自认为讲课是一个很好的学习过程，因为课前要深入了解概念，对于自己深入的理论学习有很大帮助。同时，课堂上学员的实际操作问题也会强迫自己做更深入的研究。

我对培训有这样的认识：学员听你讲 3 小时，要远远胜过自己看 3 小时的书。如果把一堂课的内容比喻成一杯水，那老师至少应该提前储备一桶水。所以，在讲课之前，我精心准备实验，深入和学员交流。我讲课从不照本宣科，而是自己准备了很多教材以外比较实用的知识来扩展教材内容。同时争取在上课过程中把一些概念用浅显易懂的例子来讲解。要想做到这些，首先自己必须对这个概念有深刻的理解才行，这一切都在客观上促进了自己的学习。

随着培训的增多，有部分客户开始找我做实际的调优工作。记得我第一次去为客户现场调优是 2001 年，去大连大通证券解决锁等待问题。客户环境用的是 AIX 和 CICS。当时虽然问题解决了，但自己心里还是比较虚，因为对 AIX 和 CICS 不了解，万一是这两个方面有问题，自己就没办法搞定了。这让我认识到一个复杂系统的调整往往需要具备多方面的知识。这件事之后，我在网上买了一个 140 的 IBM 工作站小机，自己安装 AIX 并开始学习。

数据库学习 Tips

根据我对数据库的理解，目前市场上虽然有 Oracle、DB2、Informix、Sybase 和 SQL Server 数据库，但 Informix 数据库已经被 IBM 收购，而 Sybase 数据库在技术和市场上正走向没落，占据市场主要份额的就是 Oracle、DB2 和 SQL Server 数据库。SQL Server 数据库非常好，但遗憾的是只能在 Windows 平台使用。所以如果你深入研究 SQL Server 数据库，我只能说获取高薪的概率稍低，而且坦白地说，使用 SQL Sever 数据库的企业一般是中小企业居多。而国内做 Oracle数据库的人太多，如果你想在 Oracle 领域出人头地，难度极大。但是，做 DB2 数据库的人反而不太多，物以稀为贵。况且，DB2 数据库广泛应用在银行、电信、制造行业、零售行业、保险行业等"高薪"领域，所以我强烈建议学习 DB2 数据库，做 IBM 技术一般获取高薪的概率相对会大一些。我们的时间精力是有限的，所以必须选择好方向然后努力为之。除了 SQL Server，这几个数据库我都在使用。我个人感觉，除了功能外，对于运行稳定而言，相对于Oracle不太稳定的优化器，DB2无疑是最稳定的，它的优化器无比强大。如果能在锁方面再有更先进的技术，那么DB2将是完美的。

这期间，我一边学习，一边通过了AIX的全部认证。记得非常清楚的是，为了做HA的实验，我花费了很多工夫。因为那时小型机不像今天这么普及，无法搞到7133阵列。后来我又学习了CICS、WebSphere、MQ和存储。就这样，在我培训的过程中，发现自己哪方面薄弱并且感觉这个方向有前途，我就会开始学习。不过，那时我的技术主要还是围绕IBM产品为主。由于自己对培训比较用心且颇受客户好评，找我做培训的国内培训机构开始变多。这个期间我自己的技术水平也增长很快。

2002年11月，我参加了首届“IBM DeveloperWorksLive! China 2002”大会，并获得IBM首次在国内评选的“杰出软件技术专家”奖，当时在6名获奖者中名列第2。这个奖项客观上对我在客户群的拓展方面起到了很大的帮助作用。找我解决问题的人更多了，所以2002—2003年也成了我技术提升最快的两年。

这两年内，我陆续学习了HP-UX、WebSphere和MQ并通过认证。我自己的感觉是，如果你把一门技术研究得非常深、非常透，由于触类旁通的缘故，再去学习另一门技术时就很轻松。所以，我在学完AIX再去学习HP-UX时，感觉非常轻松。同样，在学习Oracle和DB2后再去学习Informix也同样很容易。通过这种纵向的深入和横向的比较，各种产品的所长所短也会非常清楚，自己的技术视野无意间更加全面化，而且通过对一个产品的深入，你往往能够发现这个产品的缺点和需要改进的地方。就拿DB2来说，每次版本更新的新特性，在新版本未上市前我就可以猜得差不多了。这主要有3个原因：一是我贴近真实用户，了解他们的真正需求；二是自己一直在用且不断总结思考；三是这些特性别的数据库有，而DB2没有，那在下个版本就会增加。所以相对来说，我自身对新版本的新特性学习就非常轻松了。就DB2而言，我拥有DB2 V5.2、V7.1、V8.1和DB2 V9的全部认证，而且我应该是国内第一个把DB2 V8认证全部通过的人，当然，这其中也有巧合的成分。

重要的一点是：学习过程中，要不断地把实践和理论融合，知其然更知其所以然，这样提升就会快很多。

现场救援“赶场”记

2004—2005年是我最忙碌的两年，那时候找我讲课的培训机构和需要性能调优的客户非常多，基本上整天在天上飞。培训机构找我讲课常常需要提前一个月预约。那两年内，除了过年几天，其他时间都是在做培训和诊断、调优，足迹遍及国内主要城市。我自己基本上是国内六大银行开发中心和数据中心培训的指定讲师，并为北京银信科技、山东农信、广东农信、交行大集中IBP等项目做数据库技术顾问。

那时的我年轻、精力充沛。记得最刺激的一次是2004年9月的一天，上午9点为上海移动IT部门做AIX动态逻辑分区(DLPAR)培训，结束时是17点。之后，立刻坐出租车前往扬州，于20点到达扬州供电局并协助他们进行电力负荷控制系统项目上线，一直奋战到凌晨3点半。接着，又连夜乘出租车赶往上海，在凌晨6点到达酒店。休息两小时后，8点出发，准时出现在上海移动培训现场。那时我对报酬不太在意，想的主要是用心积累技术经验和客户资源。在我看来，能够不断通过实践让自己成长是第一要义，而且去的客户现场越多，处理的问题就越多，也就能越多地发现自己的不足，然后再拼命学习，不断积累、总结和思考，进入了一个良性循环。

至今，我仍然怀念那段充实、紧张而充满激情的光辉岁月。2004年和2005年，一方面因为以独立咨询顾问的个人身份无法出具发票，另一方面因项目越做越大，尤其是很多银行的数据库架构和维护项目涉及合同金额也越来越大，需要签订正式公司合同，于是我就分别在上海、北京注册了公司。当然，这些年我并非都是一帆风顺，也犯过一些重大错误。例如，我曾经在 2002 年 5 月 1 日把海南美兰机场的数据库调死，导致机场航班信息管理系统瘫痪。早期也曾经因为调整某证券系统宕机而影响股民交易，这些都对客户造成了影响，但这些都是成长必须要走的路。经过这两次事件后，我自己也思考、总结了很多，在之后的调优工作中我基本上再没有犯过错误。

我的秘诀：学习、积累、规划

2006 年 8 月我获得"2006 年中国首届杰出数据库工程师"称号，算是对我多年学习数据库的一个总结。自 2007 年开始，我专注于做一些大客户的运维工作，并相应减少了培训次数。2008 年，我被建设银行以年薪 217 万聘请为资深技术专家来维护 Oracle 和 Informix 数据库。就做技术而言，以一己之力能挣到年薪几百万常常令我感到自豪，也让我感受到技术的魅力，觉得自己多年来对技术的钻研得到了认可。

之所以讲述我的技术之路，主要目的是给大家一些参考，希望大家尽可能多地去了解社会的需求，有意识地给自己制定人生规划。我自己认为，多年来能取得这样的成绩，勤奋、努力和坚持一直是我最看重的。因为有了这些，才不至于当机遇光顾时，你却不知所措。

现在很多年轻人，恰恰缺少的就是这样的忘我与痴迷，在我熟悉的数据库技术领域，很多年轻人越来越早地将注意力集中在薪水和职位上，这是很不明智的行为。其实，往往那些将诸如高薪与职位忘怀的人反而能更快地取得成功。"不经一番寒彻骨，安得梅花扑鼻香"这样的道理人人都懂，可能够真正去实践的人却并不多。结合我的学习经验与感悟，我总结有 16 字要诀：去除浮躁，认真学习，不断积累，寻找机遇。

最后，我用这句话与大家共勉：古之成大事者，不唯有超世之才，亦唯有坚忍不拔之志也！

作者简介：

牛新庄博士，研究方向为数据仓库和数据挖掘，是 IBM 官方资深培训讲师（培训 DB2、AIX、MQ、WebSphere 和 CICS），2002 年获 IBM 杰出软件专家奖，2006 年获"首届中国杰出数据库工程师奖""2006 年 IT168 技术卓越奖"，是中信银行、山东农信、广东农信等公司资深技术顾问，中国建设银行总行特聘资深技术专家，拥有 OCP、AIX、DB2、HP - UX、MQ、CICS 和 WebSphere 等二十多项国际认证，著有《Oracle 数据库开发讲座——Oracle 9i Jdeveloper 与 J2EE 实务应用》《DB2 应用开发实战指导》《循序渐进 DB2——系统管理、运行维护与应用案例》《深入解析 DB2——高级管理、内部体系结构与诊断案例》《DB2 性能调整与优化》等。

（本文来源：《程序员》杂志 2009 年第 1 期）

7.5 Visual C++的信息存储——文件

利用 VC 进行信息存储，不一定非要用数据库。比如，对于不是以数据为核心的应用程序（如一些工控软件）就没有必要用数据库，而且对于数据库，由于涉及数据库的连接等比较耗时且易发生异常，这些都是用数据库的代价。因此在设计软件之初，就要先想好是否必须用到数据库。

利用 VC 进行信息存储，最基本的方式就是利用文件。文件是操作系统提供给我们的信息存储方式，它一般存储在外部介质（如磁盘）上，当使用的时候再调入内存。文件可以分为普通文件和设备文件两种。普通文件是指存储在磁盘等外部介质上的一个有序的数据集合，可以是源文件、目标文件、可执行文件等，也可以是一些初始化、待处理的数据；设备文件则相对抽象一些，它指的是与主机关联的各种外部设备，如显示器、打印机等。在 Windows 操作系统中，为了管理的方便把外部设备看做一个文件来进行管理，将对于外部设备的输入输出等同于对于磁盘文件的读写。

另外，从编码方式来看，文件可以分为文本文件和二进制文件两种。对于这两种文件，读者朋友一定要分清楚，因为如果你要去求职、参加个 IT 公司笔试，经常会碰到要你区分这两者的题目。文本文件也叫做 ASCII 码文件，这种文件在磁盘中存放时每个字符对应一个字节，这个字节用来存放该字符的 ASCII 码。比如数字 863 的存储形式为：

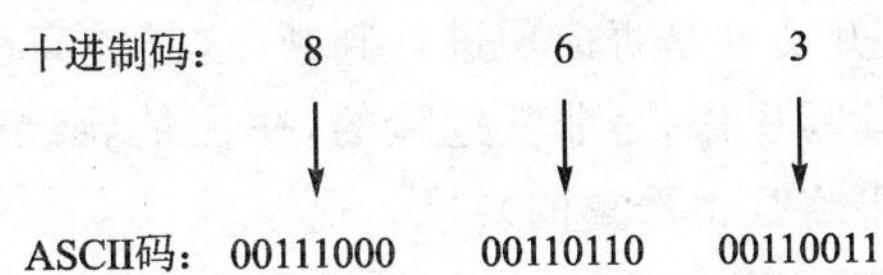

共占 3 字节，这些 ASCII 码可以在屏幕上显示，因此文件的内容是可以读懂的，比如常见的源程序文件就是典型的文本文件。

二进制文件是按二进制编码方式来存储文件的。比如上面的 863 这个数对应的二进制存储形式就是：00000000 00000000 00000011 01011111 占 4 字节（VC 6 中整型变量占 4 字节）。虽然二进制文件也可以在屏幕上显示，但无法读懂其内容。当我们用 C++/C 语言来处理这些文件时，并不区分类型，统一看做是字符流，按字节进行处理。输入输出字符流的开始和结束由程序控制而不受回车符等的控制。因此，把这种文件称为"流式文件"。

利用 VC 对文件进行操作，方法很多，下面逐一进行介绍，让读者有个整体的把握，以后需要时选择适合的方法。

7.5.1　利用 C 语言的标准库

在 C 语言中，对于文件的操作都是通过标准库函数来完成的。当打开一个文件时，此文件就和某个流相关联，流是文件和程序之间通信的通道。比如，标准输出流能使程序将数据输出到屏幕上；而标准输入流则可以使程序读取来自键盘的数据。下面介绍 C 语言关于文件操作的知识和技术要点。

1. 文件指针

C 语言中，用一个指针变量指向一个文件，这个指针称为文件指针。通过文件指针就可以对它所指向的文件进行各种操作。定义文件指针的一般形式如下：

```
FILE * 文件指针名;
```

其中，FILE 一定要大写，因为它是一个结构类型，其定义在 stdio.h 中，该结构含有文件名、文件状态等信息。

```
struct _iobuf {
        char * _ptr;
        int    _cnt;
        char * _base;
        int    _flag;
        int    _file;
        int    _charbuf;
        int    _bufsiz;
        char * _tmpfname;
        };
typedef struct _iobuf FILE;
```

在具体应用中，直接使用 FILE 即可，可以只把它当做基本的数据类型来使用，而不必关心其内部实现细节。例如：

```
FILE * pf;
```

表示 pf 是指向 FILE 结构的文件指针变量，通过 pf 就可以找到与它相关的文件，进而进行文件的操作。

2. 文件的打开和关闭函数

在读写文件之前先要打开文件，使用完了要关闭。这是一种"结对"编程的原则，也是一种好的编程习惯。另外，还要对打开文件是否成功进行判断，这是提高程序健壮性的要求。不管打开文件是否成功就进行文件的读写操作，是非常危险的，往往是导致程序致命错误的原因之一(如果是用在军事上的软件那后果将是很严重的)。

(1) 文件打开函数 fopen()

此函数用于打开一个文件，其一般的使用形式为：

```
文件指针 = fopen(文件名,文件使用方式);
```

其中，"文件指针"必须是 FILE 类型的指针变量；"文件名"是要被打开的文件的名称，为字符串或者字符数组；"文件使用方式"则是指文件的类型和操作方式。例如：

```
FILE *pf;
pf = fopen("Initdata.txt","r");
```

上面语句的意思是指在当前目录下打开文件 Initdata.txt，并且只允许做"读"操作，使 pf 指向该文件。又如：

```
FILE *pf;
pf = fopen("C:\\Data\\Initdata.txt","w");
```

上面的代码则表示在计算机 C 盘的 Data 文件夹下打开 Initdata.txt 文件，并且只允许进行"写"操作。其中的两个反斜杠\\中的前一个代表转义字符。

上面提到对于文件的操作，共有 12 种，列于表 7-1 中，以便于读者朋友参考。

表 7-1 C 语言中对于文件的使用方式的符号和意义

文件使用方式	意 义
"rt"	只读打开一个文本文件，只允许读数据
"wt"	只写建立一个文本文件，只允许写数据
"at"	追加打开一个文本文件，并在文件末尾写数据
"rb"	只读打开一个二进制文件，只允许读数据
"wb"	只写建立一个文本文件，只允许写数据
"ab"	追加打开一个二进制文件，并在文件末尾写数据
"rt+"	读写打开一个文本文件，允许读和写
"wt+"	读写建立一个文本文件，允许读和写
"at+"	读写打开一个文本文件，允许读，或在文件末尾追加数据
"rb+"	读写打开一个二进制文件，允许读和写
"wb+"	读写建立一个二进制文件，允许读和写
"ab+"	读写打开一个二进制文件，允许读或在文件末尾追加数据

其中几个英文字符的含义为：

r(read)：读。

w(write)：写。

a(append):追加。

t(text):文本文件,可省略。

b(binary):二进制文件。

上面提到了一般打开文件要加上出错处理代码,以增强程序的健壮性。比如:

```
FILE * pf;
if( pf = fopen("initdata.txt",""r) == NULL )
{
    出错处理代码;
}
```

(2) 文件关闭函数 fclose()

用户使用完文件后,就要关闭,以避免文件数据丢失等情况的发生。这里的关闭指的是文件指针不再指向文件,也就是不能再通过该指针操作文件。

fclose()调用的一般形式为:

```
fclose(文件指针)
```

如果完成关闭,则返回值为 0,否则为出错。

3. 文件检测函数

(1) 文件结束检测函数 feof()

函数原型为:

```
int feof(FILE * stream)
```

用于判断是否处于文件结束位置,若结束返回 1,否则为 0。

(2) 读写文件出错检测函数 ferror()

函数原型为:

```
int ferror(FILE * stream)
```

用于检查文件在输入输出函数进行读写时是否出错,返回 0 表示未出错,否则为出错。

(3) 文件出错与结束标志清除置 0 函数 clearerr()

函数原型为:

```
void clearer( FILE * stream)
```

这个函数用于清除出错标志和文件结束标志,并将它们设置为 0。

4. 字符、字符串读写函数

(1) 字符读写函数 fgetc()/fputc()

读取字符函数原型为:

```
int fgetc(FILE * stream)
```

用于从指定的文件中读入一个字符。例如:

```
char ch;
ch = fgec(pf);    //pf 是某个已经成功打开文件的指针
```

上面的代码就是从与 pf 相关联的文件中读取一个字符到 ch 中。

写字符函数的原型为:

```
int fputc( int c, FILE * stream)
```

用于把一个字符写入到文件中去。需要注意的是,如果以“写”或“读写”方式打开的文件,调用此函数会从文件头开始写入字符,即会覆盖原有的字符。如果不想覆盖,那必须以“追加”(append)的方式打开。对于这一点,后面要介绍的函数都是类似的。

(2) 字符串读写函数 fgets()/fputs()

读取函数原型为：

```
char * fgets(char * string, int n, FILE * stream)
```

用于从指定的文件中读取一个字符串到字符数组中，其中的 n 代表字符数组的大小，为正整数，由于字符串以“\0”结束，实际最多存储 n－1 个字符。当然，在读取 n－1 个字符前，如果遇到文件结束标志 EOF 或者换行符，读取过程就结束。fgets()的返回值是指向字符数组的首地址的指针。

写字符串函数的原型为：

```
int fputs( const char * string, FILE * stream )
```

用于向指定的文件(FILE 指针 stream 所指向)写入一个字符串(由常量指针 string 指向)。若写入成功，返回一个非负整数；否则，返回 EOF。

5. 数据块读写函数 fread()/fwrite()

对于整块数据，如数组、结构体，C 语言也提供了专门的函数。

(1) 读取数据块函数

函数原型为：

```
unsigned int fread(void * buffer,unsigned int size,unsigned int count,FILE * stream);
```

用于从指定文件中读取一组数据，返回读取数据的个数，遇到文件出错或结束，返回 0。

(2) 写数据块函数

函数原型为：

```
unsigned int fwrite(const void * buffer,unsigned int size,unsigned int count,FILE * stream);
```

用于向指定文件写入一组数据，返回已经写入数据的个数。参数的意义为：

buffer：要读取或者写入的数据块的首地址。

size：数据块的字节数。

count：要读写的数据块的个数。

stream：要操作的文件的指针。

举例如下：

```
typedef struct
{
    char name[20];
    char sex[4];
    int  age;
}Person;  //定义一个结构类型
Person person1;  //定义一个 Person 结构类型的变量
//则向文件 pf(声明为 FILE * pf)读写一个人的信息可使用如下语句：
fread( &person1, sizeof(person1),1, pf);
fwrite( &person1, sizeof(person1),1, pf);
```

7.5.2 利用C++语言的标准库

C++是通过输入输出流对象来进行文件的读写等操作的。所谓流，是一种从源到矢的抽象，读者可按照“水流”的形象来粗略理解(在计算机软件技术中，形象化的思维往往有助于我们理解抽象的概念)。流描述了程序到屏幕或文件的数据流向。

C++提供了一个流类库，由若干完成 I/O 操作的基础类以及支持特定种类的源和目标的 I/O 操作类组成。

C++提供了3个文件流类：ofstream、ifstream和fstream。它们被定义在fstream.h头文件中。

ofstream类：输出流类，用于向文件写入内容。

ifstream类：输入流类，用于从文件中读取内容。

fstream类：输入/输出流类，用于既要读又要写的文件操作。

每种流类都提供了构造函数用于文件的操作，以ofstream类为例，经常用到的构造函数如下：

```
ofstream( const char * szName, int nMode = ios::out, int nProt = filebuf::openprot);
```

第1个参数是要操作的文件名（要指定路径，不指定则在当前目录下）；第2个参数为文件打开方式；第3个是文件保护方式（这个一般较少用到）。C++文件的打开方式见表7-2。

表7-2　C++文件的打开方式

操作符	意　义
ios::in	具有输入能力（ifstream默认）
ios::out	具有输出能力（ofstream默认）
ios::ate	如果文件存在，输出内容加在末尾
ios::trunc	如果文件存在，清除文件内容（默认）
ios::nocreate	如果文件不存在，返回错误
ios::noreplace	如果文件存在，返回错误
ios::binary	以二进制方式打开文件

下面举一个简单的例子。

打开VC 6，建立一个控制台应用程序，命名为CPPFileTest，如图7-7所示。

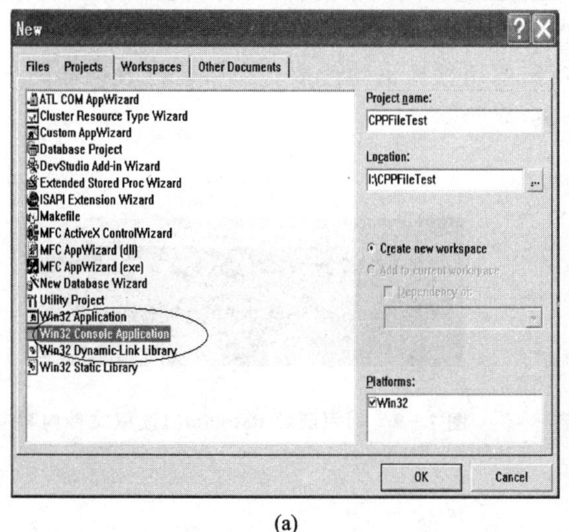

(a)

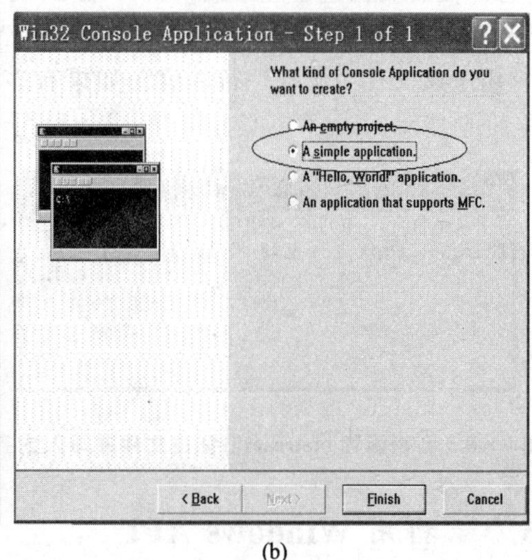

(b)

图7-7　建立一个控制台应用程序

建好工程后，在源文件CPPFileTest.cpp中添加如下代码：

```
#include "stdafx.h"
#include <iostream>   //输入输出流类的头文件
#include <fstream>    //文件输入输出流类的头文件
using namespace std; //使用std命名空间
```

```
int main(int argc, char * argv[])
{
    ofstream fout("F:\\filetest.txt");              //构造输出文件流类
    if (!fout)                                      //打开失败的处理
    {
        cout<<"文件打开错误"<<endl;
    }
    else
    {
        fout<<"This is test for c ++ file IO"<<endl; //输出到磁盘文件
        fout.close();                               //关闭文件输出流
    }
    ifstream fin("F:\\filetest.txt");               //构造输入文件流类
    if (!fin)                                       //打开失败的处理
    {
        cout<<"文件打开错误"<<endl;
    }
    else
    {
        char buffer[256];                           //输入缓冲区
        fin.getline(buffer,256);                    //从磁盘文件输入
        fin.close();                                //关闭文件输入流类
        cout<<buffer<<endl;                         //屏幕上显示输入文件的内容
    }
    return 0;
}
```

以上程序首先构造了一个输出文件流类，在 F 盘上创建了一个文本文件，并向其写入了一定内容。而后又构造了一个输入文件流类，同刚刚创建的文件相关联，利用一个内存缓冲区数组 buffer 将文件的内容读入，而后显示在屏幕上。由于只有一行，只简单地用了一个 getline()函数，它用于从文件中读取一行内容。如果有多行，要用循环语句读取。程序运行效果如图 7-8 和图 7-9 所示。

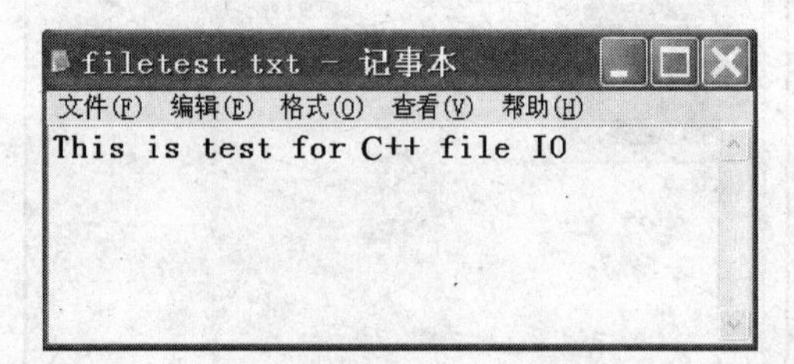

图 7-8　利用函数 ofstream()创建文件并写入内容

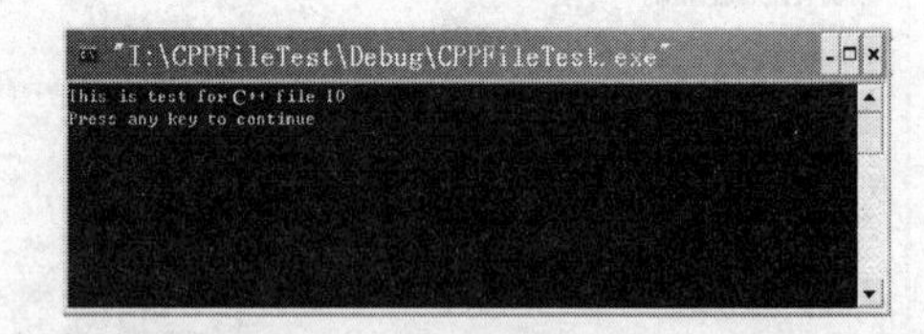

图 7-9　利用函数 ifstream()读取文件内容

7.5.3　利用 Windows API

读者既然选择了 VC 作为开发工具，那么就是要开发 Windows 应用程序（如果选择 Qt，那么对 Windows 和 Linux 都可以编写软件，但是毕竟人的精力有限）。既然开发 Windows 程序，最为正统的方法就是利用 Windows API。操作系统的 API 就是操作系统留给软件开发人员的接口函数，可以通过这些接口函数调用操作系统的不同功能。

文件操作的 API 是每个操作系统必须提供的。Windows 作为最为成功的商业操作系统自然不例外，在文件操作方面也提供了丰富的函数。基本的文件操作函数有 3 个：CreateFile()、

ReadFile()和 WriteFile()。下面简单进行介绍。

1. 文件创建与打开函数 CreateFile()

这个函数并不简单,它不仅仅可以对文件进行操作,还可以对多种对象进行操作(打开与创建),并返回用于读取相应对象的句柄。这些对象有控制台、通信资源、目录(只能进行打开操作)、磁盘设备(仅适用于 Windows NT/2000)、文件、邮槽和管道。

对于这些名词读者暂时可以不必管它,我们这里只关注文件的操作。

函数的原型为:

```
HANDLE CreateFile(
  LPCTSTR lpFileName,                          // file name
  DWORD dwDesiredAccess,                       // access mode
  DWORD dwShareMode,                           // share mode
  LPSECURITY_ATTRIBUTES lpSecurityAttributes,  // SD
  DWORD dwCreationDisposition,                 // how to create
  DWORD dwFlagsAndAttributes,                  // file attributes
  HANDLE hTemplateFile                         // handle to template file
);
```

看到了吧,Windows API 函数的特点就是参数多,往往让初学者感觉眼花缭乱。其实没关系,想想操作系统得有多复杂啊,它提供的 API 接口函数必定也不能过于简单,像 C 语言那样。其实看得多了,用得多了,慢慢就熟悉了,就没什么可怕的了,关键就是习惯问题。现在解释一下函数 CreateFile()各个参数的意义。

lpFileName:指定用于打开和创建的对象的名称。

dwDesiredAcess:指定对象的访问方式,包括读、写和设备查询,参数有 GENERIC_READ(指定对象可进行读操作)和 GENERIC_WRITE(指定对象可进行写操作)。

0:指定对象具有设备查询访问。

dwShareMode:指定共享方式。如果为 0,则文件不能共享,后续对于该对象的打开将失败,直至关闭句柄。

lpSecurityAttributes:指向一个 SECURITY_ATTRIBUTE 结构指针,用来确定返回的句柄是否能够被子进程继承。

dwCreationDisposition:指定如何创建文件。有点类似于我们在 C++文件操作一节所讲的 ios::XX 等设置标志,读者可以对比理解。这里 API 提供的常用参数有:CREATE_NEW(创建一个新文件,如果文件已存在,则函数调用失败),CREATE_ALWAYS(创建一个新文件,如果文件存在,则重写文件),OPEN_EXISTING(打开文件,如果文件不存在,则函数调用失败),OPEN_ALWAYS(如果文件存在,则打开文件;如果不存在,则如 CREATE_NEW 一样创建文件)。

dwFlagsAndAttributes:设置文件的属性和标志,可选参数较多,读者可参阅 MSDN,一般用 FILE_ATTRIBUTE_NORMAL 即可。

hTemplateFile:指定一个句柄,这个句柄 指向以 GENERIC_READ 方式打开的模板文件,一般较少用到,设置为 NULL 即可。

2. 写文件函数 WriteFile()

此函数用来向文件写入数据,写入方式可以是同步也可以是异步。同步是指在写入时,如果没有完整的写入数据,或者在读取数据没有读完时,程序将被挂起,直到数据写入和读取完毕,程序才能继续进行;而异步方式则不同,它不必等 I/O 操作完成就返回,操作系统会利用线程完成 I/O 操作。

从文件哪里开始写入数据由文件指针来确定。写完数据后，文件指针自动会由实际写入数据字节数来调整。

函数的原型为：

```
BOOL WriteFile(
  HANDLE hFile,                    // handle to file
  LPCVOID lpBuffer,                // data buffer
  DWORD nNumberOfBytesToWrite,     // number of bytes to write
  LPDWORD lpNumberOfBytesWritten,  // number of bytes written
  LPOVERLAPPED lpOverlapped        // overlapped buffer
);
```

各个参数的含义是：

hFile：指定要写入数据的文件的句柄。

lpBuffer：一个指针，指向要写入文件的数据所在的缓冲区。

nNumberOfBytesToWrite：指定要向文件中写入的字节数。

lpNumberOfBytesWritten：一个指针，指向实际接收到的字节数。函数 WriteFile()在动作前将此值置零。指定要写入数据的文件的句柄。

lpOverlapped：指向 OVERLAPPED 结构体的指针。如果使得此参数生效，那么在用函数 CreateFile()打开文件时，设置文件的属性时需要添加 FILE_FLAG_OVERLAPPED 标记，告诉系统需要异步访问此文件。一般默认情况下是以同步方式来写的。

3. 读文件函数 ReadFile()

此函数用于从文件中读取数据。

函数的原型为：

```
BOOL ReadFile(
  HANDLE hFile,                   // handle to file
  LPVOID lpBuffer,                // data buffer
  DWORD nNumberOfBytesToRead,     // number of bytes to read
  LPDWORD lpNumberOfBytesRead,    // number of bytes read
  LPOVERLAPPED lpOverlapped       // overlapped buffer
);
```

各个参数的含义与 WriteFile 很类似，几乎是对应的，说明如下：

hFile：指定要读取数据的文件的句柄。

lpBuffer：一个指针，指向要从文件读出的数据所在的缓冲区。

nNumberOfBytesToRead：指定要从文件中读出的字节数。

lpNumberOfBytesRead：一个指针，指向实际读取的字节数。

lpOverlapped：指向 OVERLAPPED 结构体的指针。与前面类似，如果要使此参数生效，那么在用 CreateFile()打开文件时，设置文件的属性时需要添加 FILE_FLAG_OVERLAPPED 标记，告诉系统需要异步访问此文件。

好了，基本的文件操作函数已经介绍完了，下面来举个例子。为了对比和容易理解，我们这里用上面介绍的3个 API 函数，完成如 C++文件操作一节中的相同功能的程序。

打开 VC 6，建立一个控制台应用类型程序，如图 7-10 所示。

单击"Finish"直接完成工程的建立。由于我们选择了"A simple application"类型的工程，AppWizard 直接为我们建立好了一个.cpp 文件。我们可直接在里面编辑。

为了能使用 Windows API 函数，我们需要首先包含头文件 Windows.h。

```
#include<Windows.h>
```

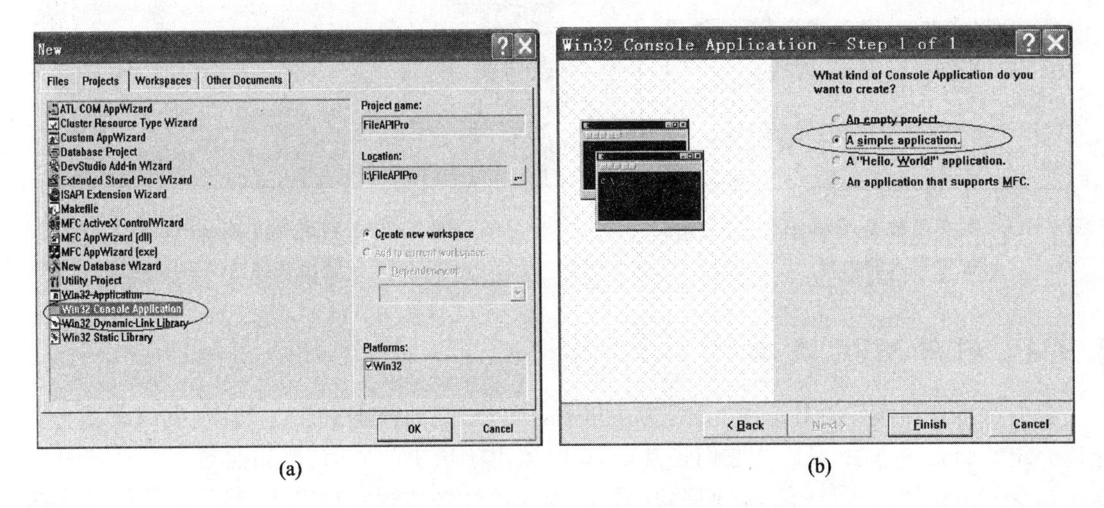

(a)　(b)

图 7-10　建立一个测试文件 API 函数的工程

而后我们加入如下的源代码：

```
#include "stdafx.h"
#include <windows.h>
#include <iostream>
using namespace std;
int main(int argc, char * argv[])
{
    HANDLE hFile; //定义文件句柄变量
    hFile = CreateFile("F:\\APITest.txt",GENERIC_WRITE,0,NULL,
    OPEN_ALWAYS,FILE_ATTRIBUTE_NORMAL,NULL);  //创建文件,用于写入
    DWORD dwWrite;
    //写入文件
    WriteFile(hFile,"This is a test for File API",strlen("This is a test for File API"), &dwWrite,
NULL);
    //关闭文件句柄
    CloseHandle(hFile);
    //创建文件,用于读入
    hFile = CreateFile("F:\\APITest.txt",GENERIC_READ,0,NULL,
                        OPEN_ALWAYS,FILE_ATTRIBUTE_NORMAL,NULL);
    char ch[256]; //接收读入文件内容的缓冲区
    DWORD dwRead;
    ReadFile(hFile,ch,256,&dwRead,NULL); //读出文件内容
    ch[dwRead] = 0;
    CloseHandle(hFile);
    cout<< ch <<endl;
    return 0;
}
```

以上代码首先创建一个文件,而后写入内容,最后再将内容读出。运行效果如图 7-11 和图 7-12 所示。

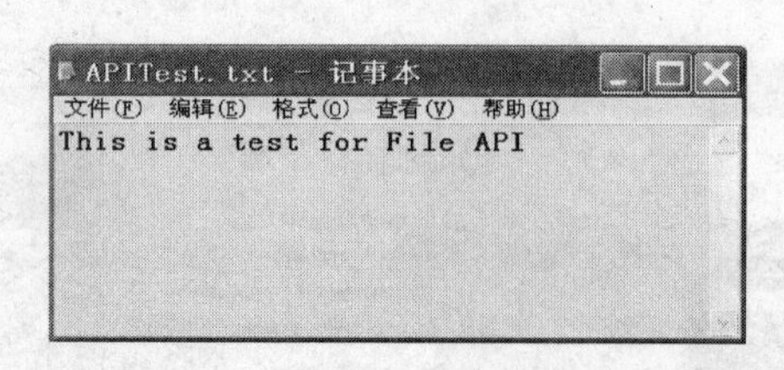

图 7-11 利用函数 WriteFile()在磁盘相应位置写入的内容

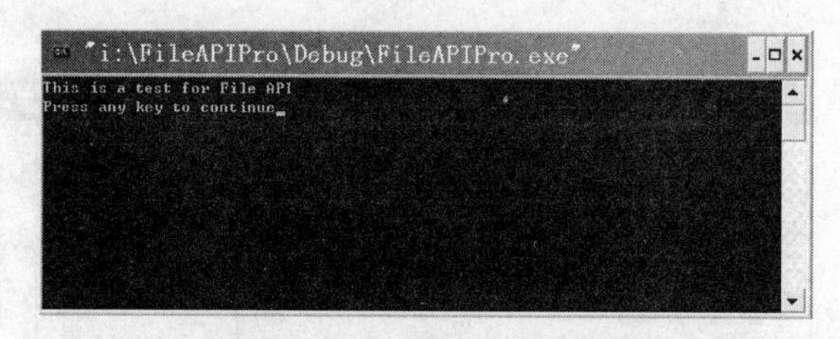

图 7-12 利用函数 ReadFile()读出文件的内容

7.5.4 利用 MFC 类库

我们这本介绍 VC 的书是以 MFC 为主角的，所以最终的落脚点放在 MFC 类的介绍上。之所以介绍前面几种方法，是因为它们是基础，有时候由于历史的原因(比如前辈用 C 语言开发的代码)，我们出于继承的目的也需要用到；另外，则是给读者传达一种思想，就是技术实现的路径是很多的，可以根据自己的需要灵活选择。我想，这也是做技术的趣味之一吧(就像我们小时候做数学题的一题多解)。

在 MFC 中，对于文件的操作都在"File Service"中。它们在类图中的整体构成如图 7-13 所示。

在文件相关类中，除了 CRecentFileList 类外，其他类均继承自 CFile 类。CFile 是文件基础类，提供了文件的基本操作。这里介绍两个最为常用的类 CFile 类和 CStdioFile 类。

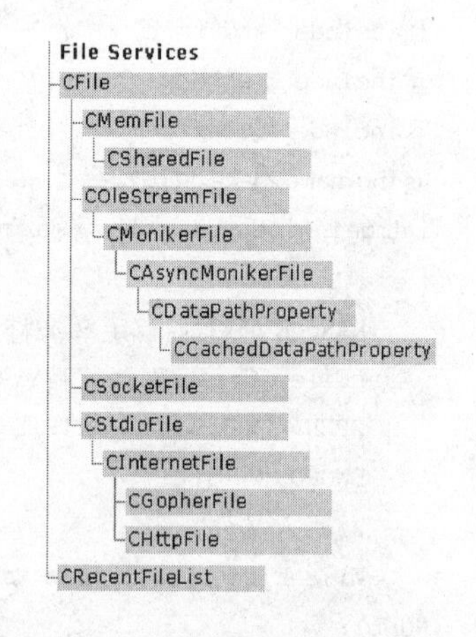

图 7-13 MFC 类库中的文件相关类

1. CFile 类

如前所述，CFile 类是 MFC 文件操作类的基类，提供了对于文件的基本操作。这些基本的操作无非就是打开文件、读取文件和写文件等。我们还是按照这样的思路来介绍 CFile 类。

CFile 类作为一个类，它的构造函数提供了初始化的操作，往往是通过它的构造函数来和一个文件关联。CFile 类有 3 种形式的构造函数：

```
CFile();
CFile(int hFile);
CFile(LPCTSTR lpszFileName, UINT nOpenFlags);
throw(CFileException);
```

常用的是第 3 种，它与我们前面讲到的方式中对于文件的打开很类似(如 C++中的 fstream)，其中 lpszFileName 为要打开的文件名(带文件路径，可以是绝对路径，也可是相对路径)，nOpenFlags 则是打开的方式，其取值参考表 7-3。

表 7-3 nOpenFlags 的取值说明

取 值	说 明
CFile::modeCreate	创建一个新文件。如果该文件已存在，则把它的长度截断为 0
CFile::modeNoTruncate	与 CFile::modeCreate 组合使用，如果正在创建的文件已存在，则不会截断为 0
CFile::modeRead	打开文件，仅可作读操作
CFile::modeWrite	打开文件，仅可作写操作

续表 7-3

取　值	说　明
CFile::modeReadWrite	打开文件,可进行读、写操作
CFile::modeNoInherit	禁止子进程该文件
CFile::ShareDenyNone	打开文件,同时允许其他进程对该文件的读写访问。如果该文件已经被其他进程以兼容模式打开,则文件创建失败
CFile::ShareDenyRead	打开文件,同时拒绝其他进程对该文件的读取访问。如果该文件已经被其他进程以兼容模式或者以读取方式打开,则文件创建失败
CFile::ShareDenyWrite	打开文件,同时拒绝其他进程对该文件的读入访问。如果该文件已经被其他进程以兼容模式或者以写入方式打开,则文件创建失败
CFile::shareExclusive	以独占模式打开文件,拒绝其他进程对该文件的读取和写入访问。如果该文件以任何其他模式打开,即使是由当前进程打开的,构造函数失败
CFile::shareCompat	表示在 32 位 MFC 中不可用
CFile::typeText	设置文本模式,带有回车换行符(仅在 CFile 的派生类中使用)
CFile::typeBinary	设置二进制模式(仅在 CFile 的派生类中使用)

CFile 类的另外两个基本的文件操作函数是 Read()和 Write()。

Read()的原型为:

```
CFile::Read
virtual UINT Read( void * lpBuf, UINT nCount );
throw( CFileException );
```

其中的参数含义如下:

lpBuf:一个指针,指向从文件读取数据存放的缓冲区。

nCount:读取的最大字节数。对于文本文件,回车换行符也作为单个字符计入。

Write()的原型为:

```
CFile::Write
virtual void Write( const void * lpBuf, UINT nCount  );
throw( CFileException  );
```

其中的参数含义如下:

lpBuf:一个指针,指向要写入文件的数据所在的缓冲区。

nCount:要写入文件的字节数。对于文本文件, 回车换行符作为单个字符计入。

关于 CFile 类的使用,我们曾经在第 3 章中举过一个例子,读者可以参看一下。限于篇幅,这里我们不再另行举例。

2. CStdioFile 类

CStdioFile 类是 MFC 中关于文件操作较常用也好用的类,它继承自 CFile 类(如图 7-14),并且增加了一些更加方便文件操作的函数。

(1) CStdioFile 的成员变量和函数

CStdioFile 包含了如下的成员变量和函数。

① m_pStream:指向一个已打开的文件的指针,同 C 语言库函数 fopen()的返回值一样。如果为 NULL,则表明文件从没有打开或者已经关闭。

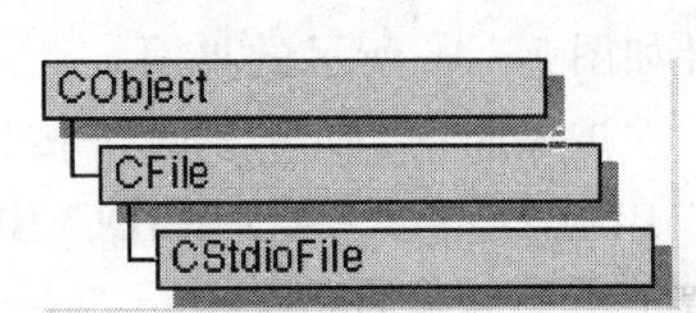

图 7-14　CStdioFile 类的层次结构

② 构造函数,有 3 种形式:

```
CStdioFile( );
CStdioFile( FILE * pOpenStream  );
```

```
CStdioFile( LPCTSTR lpszFileName, UINT nOpenFlags );
throw( CFileException );
```

注意：第 2 种形式中，pOpenStream 是一个用 fopen 函数打开文件的指针。

③ ReadString：从 CSdioFile 类所关联的文件中，读取一整行的数据到数据缓冲区中。有两种重载形式：

```
virtual LPTSTR ReadString( LPTSTR lpsz, UINT nMax );
throw( CFileException );

BOOL ReadString(CString& rString);
throw( CFileException );
```

前者的返回值是指向读取数据存放的缓冲区的指针，如果为 NULL，则直到文件末尾表示没有读出任何数据；后者返回 BOOL 类型，如果为 FALSE，则表示没有读出任何数据。

④ WriteString，原型如下：

```
virtual void WriteString( LPCTSTR lpsz );
throw( CFileException );
```

此成员函数将一个缓冲区中的数据写入与 CStdioFile 对象关联的文件中。结束的空字符（"\0"）不被写入该文件。形参 lpsz 中的所有换行符都被以一个硬回车——换行符对写入该文件。在响应某些条件（如磁盘已满条件）时，WirteString 抛出一个异常。

(2) 使用 CStdioFile 的例子

下面举个使用 CStdioFile 的例子。

① 新建一个基于对话框的 MFC 工程，命名为 CStdioFilePro，如图 7-15 所示。

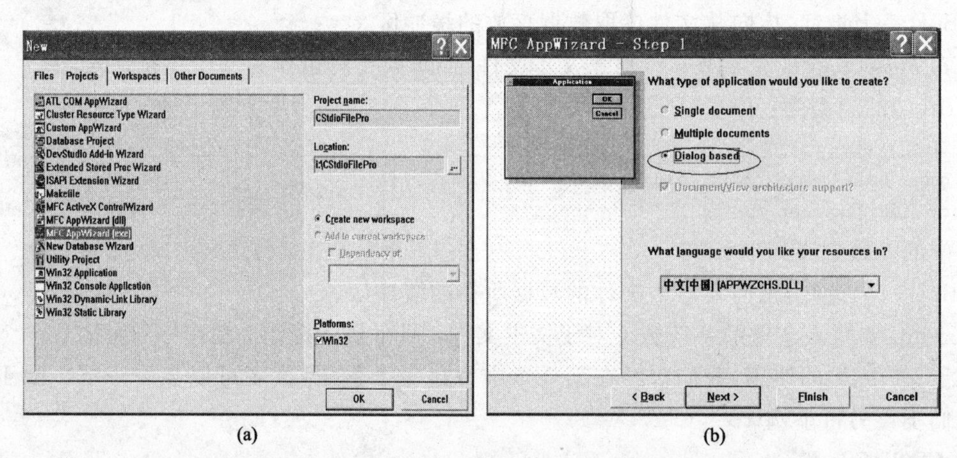

图 7-15　新建一个测试 CStdioFile 类的基于对话框的 MFC 工程

② 进入工程后，在资源编辑器中，在对话框模板中设计如图 7-16 所示的界面。

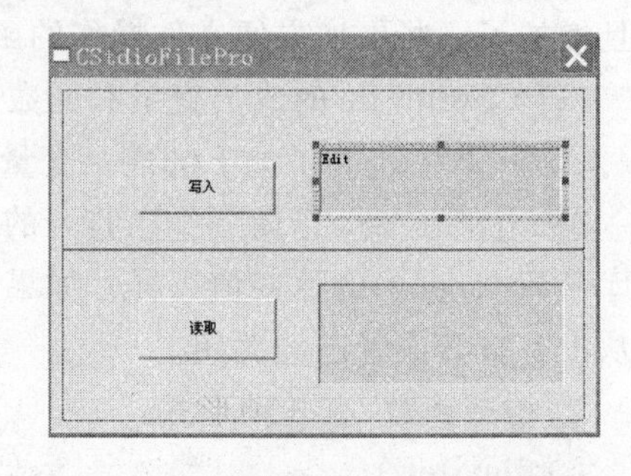

图 7-16　设计文件读写的界面

在该界面中，放置了两个按钮，ID 号分别设置为 IDC_BUTTON_READ 和 IDC_BUTTON_WRITE；还放置了用于显示的一个 List Box（列表框）控件和一个文本框控件，ID 号分别为 IDC_LIST_READ 和 IDC_EDIT_WRITE。

我们在文本框中输入要写入某文件（为简单起见，为文件起名为 data. txt）的字符，单击"写入"按钮将文本框中的字符写入到 data. txt 中，而后单击“读取”按钮，将刚刚写入到 data. txt 中的内容读取到列表框中。

③ 在资源设计器中直接双击“写入”和“读取”两个按钮（比使用 ClassWizard 要快捷些），为它们添加单击消息处理函数，如图 7 - 17 所示。

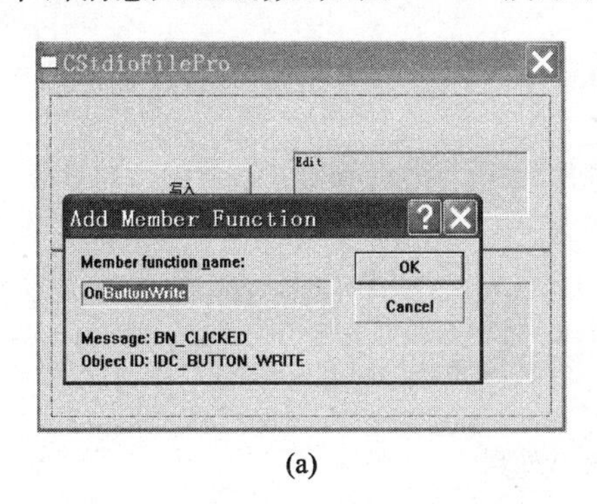

(a)

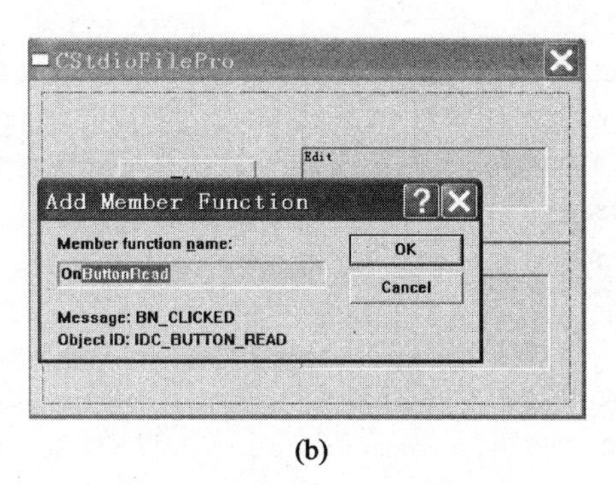

(b)

图 7 - 17　直接双击资源设计器中按钮为其添加事件处理函数

单击“OK”按钮就进入了代码编辑器中，我们在“写入”按钮的处理函数中添加如下代码：

```
void CCStdioFileProDlg::OnButtonWrite()
{
    CString str;
    CEdit * pEdit = (CEdit * )GetDlgItem(IDC_EDIT_WRITE);//获取写入文本框指针
    pEdit->GetWindowText(str);  //获取写入文本框内的文本
    str.TrimLeft();              //去除输入字符左边的空格
    str.TrimRight();             //去除输入字符右边的空格
    if (str.IsEmpty())
    {
        MessageBox("写入内容不能为空!","提示");
        return;
    }
    char * filename = "data.txt";  //文件名
    CStdioFile file;
    TRY
    {
        file.Open(filename,CFile::modeCreate|CFile::modeWrite);//打开文件
    }
    CATCH( CFileException, e )  //打开失败的异常处理
    {
#ifdef _DEBUG
        afxDump << "File could not be opened "<< e->m_cause << "\n";
#endif
    }
    END_CATCH
    file.WriteString(str); //数据写入文件
    file.Close();          //写完后关闭文件
    pEdit->SetWindowText("");  //清空写入文本框,造成写入效果,界面友好性
}
```

上面的代码中，首先是获取文本框中输入的文本，然后构造一个 StdioFile 类，使之与一个文件相关联（我们这里为了简便就直接命名了一个 data. txt 文件），利用 CStdioFile 的 Open 函数（继承自 CFile 类）打开文件，最后利用 CStdioFile 的 WriteString 函数将文本框中输入的内容输

入到文件当中去。最后关闭文件。

须注意的是，在打开文件时加入了异常捕获的代码，这是提高软件可靠性的要求。

在“读取”的处理函数中，添加如下代码：

```
void CCStdioFileProDlg::OnButtonRead()
{
    CListBox  * pListBox = (CListBox * )GetDlgItem(IDC_LIST_READ);//获取读列表框指针
    pListBox->ResetContent(); //重置列表框内容
    char * filename = "data.txt";  //要读取的文件名
    CStdioFile file;
    TRY
    {
        file.Open(filename,CFile::modeRead); //打开文件
    }
    CATCH( CFileException, e )   //打开失败的异常处理
    {
#ifdef  _DEBUG
        afxDump << "File could not be opened "<< e->m_cause << "\n";
#endif
    }
    END_CATCH
    CString str = _T("");
    while ( file.ReadString(str))  //读取文件，利用了 While 循环
    {
        pListBox->AddString(str);  //读取的内容显示在读列表框中
    }
    file.Close();
}
```

(3) 须要注意的几个细节

读者须要注意的几个小细节是：

① ListBox 控件的“Sort”属性默认是勾选的，读者要把它去掉如图 7-18 所示；否则，读取的内容会和文件中的不一致。

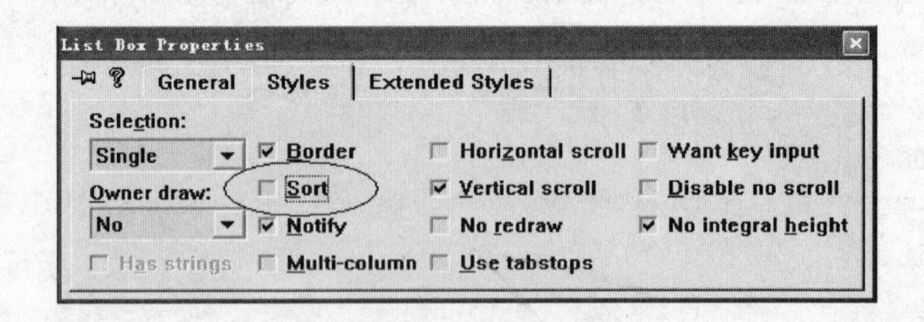

图 7-18 去掉 List Box 的“Sort”属性

② 为了能够在文本框中进行多行输入，读者要勾选它的“Multiline”属性(如图 7-19 所示)，在实际输入时，在文本框中按回车键是不管事的，此时应该按下“Ctrl+回车”快捷键才能成功换行。

最后编译运行程序，结果如图 7-20 所示。

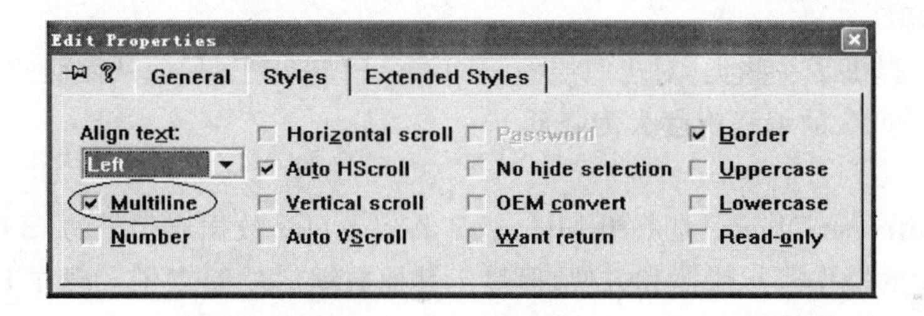

图7-19　勾选文本框控件的"Multiline"属性以便可以多行输入

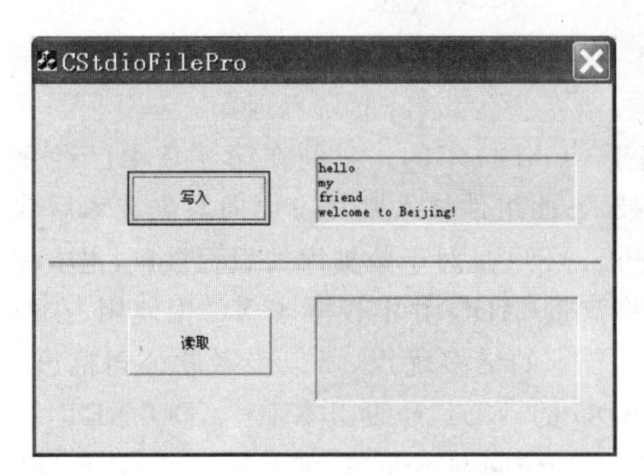

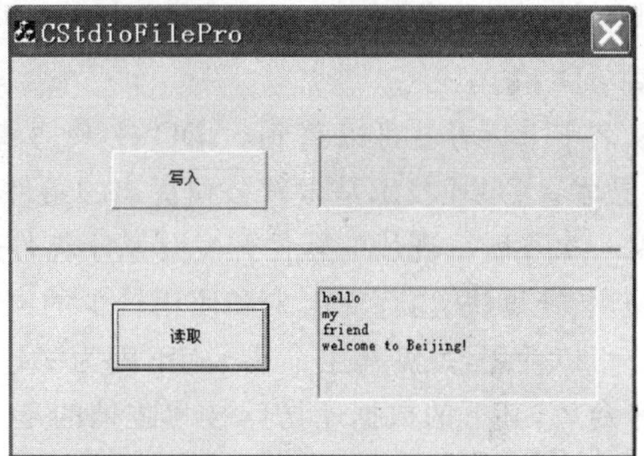

图7-20　写入和读取文件效果

7.6 Visual C++的信息存储——数据库

上面讲到的文件方式对于信息的存储而言只是简单而基本的方式。现代信息系统的核心和关键技术是数据库。对于数据库的重要性以及基本知识，我们在开头的几节中已经讲过了。相信读者朋友已经迫不及待地要探寻一下本书的主角VC是如何来操控数据库的。这一节就来解决这个问题。

7.6.1 综　述

如同VC对于文件的操控有多种方式一样，它对数据库的访问技术也有不少。这些技术各有特点，为读者提供了灵活的选择方式。VC提供的主要数据库访问技术有ODBC API、MFC ODBC、DAO和ADO。

下面对于这几种技术进行说明。

1. ODBC API

ODBC(Open Database Connectivity，开放数据库连接)是微软公司提出的统一的数据库访问规范，它提供了一组数据库访问的标准API(应用程序接口)，通过这些与具体的DBMS无关的API来完成数据库的连接和其他操作任务。

一个基于ODBC的应用程序，屏蔽了具体的DBMS的区别，所有的数据库操作由对应的DBMS的ODBC驱动程序完成(当然前提是这款DBMS实现了ODBC的驱动)。也就是说，无论你所使用的数据库管理系统是MS SQL Server，还是Oracle，均可用ODBD API进行访问。ODBC是一种底层的数据库访问技术，ODBC API可以使客户应用程序从底层设置和控制数据库，完成一些高级数据库技术无法完成的功能。

2. MFC ODBC

MFC ODBC 提供了一些类，对于底层的 ODBC API 进行了封装，从而简化了 ODBC API 的调用，使得对于 ODBC 的编程难度大为降低。

3. DAO

DAO(Data Access Object)是一组 Microsoft Access/Jet 数据库引擎的 COM 接口。通常对于 Access 数据库的操作非常快捷和方便，但对于其他数据库就差点了。现在 DAO 已用得很少了。读者朋友可以忽略之，知道一下就行了。

4. ADO

ADO(ActiveX Data Object)是我们关于 VC 的数据库操作的重点。读者可以把主要精力集中于对 ADO 的学习。

从名字上读者就可以猜到，ADO 技术是基于 COM 技术的。我们在第 4 章中已经介绍过 COM 技术。COM 技术是微软公司提出的组件技术，而组件技术则是继面向对象技术后软件技术的又一次飞跃。现代的软件开发是基于组件的。ADO 是对于数据库的编程接口，主要优点是易于使用、速度快、内存支出少和使用较少的网络流量（ADO 并不仅限于 VC 中使用，在网站脚本中亦可以使用，足见其生命力）。正因为 ADO 技术的诸多优点，所以当微软公司推出. NET 开发平台后，其下的数据库访问技术主推的是 ADO 的. NET 升级版本——ADO. NET，足见微软公司对于其的重视程度。其实，ADO 对于数据库的访问并不简单，涉及复杂的 OLE DB 等知识。刚刚接触的读者没有必要对于这些细节过于纠缠，尽可以把其当成黑盒子，仅仅将 ADO 作为访问、操作数据库的一组 COM 对象接口即可。会用 ADO，并能尽快利用其做出程序才是目的。

7.6.2 ADO 的对象模型介绍

ADO 模型包含 7 个对象，如图 7-21 所示。主体对象有 3 个，即 Connection、Command 和 Recordset，它们可以被独立地创建和释放；另外还包括 4 个集合对象，即 Errors、Parameters、Properties 和 Fields。

一个典型的 ADO 应用程序，使用 Connection 对象建立与目标数据库的连接，建立好连接后用 Command 对象给出对于数据库的操作（增、删、改、查）；将 Recordset 视为一个内存中的数据库，对于结果集进行维护和浏览；Command 命令中所使用的 SQL 语言与其所操作的数据库有关，不同的 DBMS 中 SQL 的语法会有些区别，读者在开发的时候，先要熟悉一下所使用的 DBMS 的 SQL 语法，以免发生不易察觉的错误。

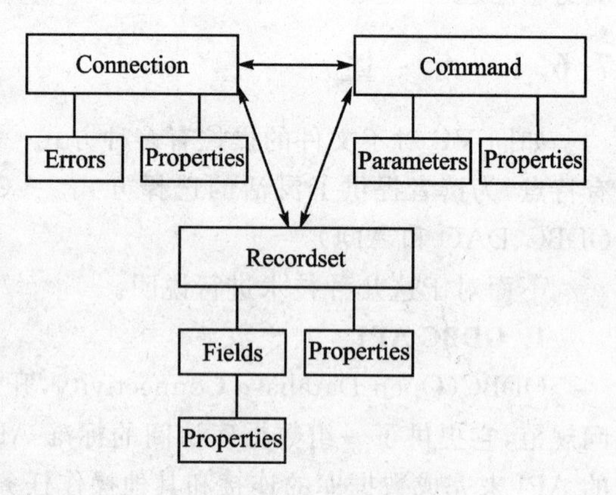

图 7-21 ADO 对象模型

这里提示读者，VC 的数据库编程技术，是 VC 编程一个非常重要的方面，也是一般企业招人的时候几乎要求应聘者必须掌握的技术。因此读者朋友务必重视。这里提供给读者朋友们的学习方法是：

① 利用 VC，使用 ADO 进行数据库编程的关键其实就是熟练地使用 ADO 提供的各种对象和方法。其中上面提到的 3 个基本对象是必须熟练掌握的。

② 应当掌握一个 DBMS，一般就是 Access 和 SQL Server，毕竟是微软公司的产品，配备有图形界面，秉持了微软公司一贯的易用性风格，简单，易入门；而 Oracle 一般对于初学者比较难。主要是熟悉数据库管理系统的基本概念、配置和操作。

③ 掌握 SQL 语言。对于基本而常用的 SQL 语言应当比较熟练地掌握，这样开发基于数据库的信息系统就会显得游刃有余。因为对于数据库管理系统的使用就是通过 SQL 语言来实现的。

④ 掌握基本的关系数据库设计的理论和方法。比如，从设计一些简单的表入手，由简到繁，逐步提高数据库系统的设计水平。

下面介绍一下 ADO 中的对象。

1. Connection(连接)对象

Connection 对象是 ADO 的基本对象之一，代表应用程序和数据库之间的一个连接，它独立于其他的对象。在访问数据库之前，必须先建立一个 Connection 对象，通过它来连接数据库。

2. Command(命令)对象

Command 对象是 ADO 的基本对象，代表向所连接数据库发出的操作命令，如增加、删除、更新、查询等。通过此对象，除了可以执行 SQL 命令外，还可以执行存储过程。

3. Recordset(记录集)对象

Recordset 对象是 ADO 的基本对象，代表了一个表的记录集或者查询命令的执行结果。记录集是 ADO 管理数据的基本对象，它的每一行对应一个记录(Record)，每一列对应一个域(Field)。可以说，Recordset 对象是 ADO 对象的核心，它既可以作为 Connection 对象或者 Command 对象执行特定方法的结果记录集，也可以独立于这两个对象而存在，使用起来非常灵活。

4. Field(域)对象

每个域对象对应于 Recordset 对象中的一列，它包含了用于处理记录集各列的域对象集合(Fields)，在记录集返回的每一列中，都有一个域对象与之对应。每个域对象封装了记录集对象的一列。使用 Field 对象可以获得字段名、字段数据和字段的其他特征。域对象只能在记录集对象中访问，不能独立存在。

5. Parameter(参数)对象

Parameter 对象代表了 Command 对象的参数，当 Command 对象进行存储过程操作时，参数对象包含了相关联的参数和自变量。

6. Property(属性)对象

Property 对象用于操作在 ADO 使用过程中其他对象的属性。在连接对象、命令对象、记录集对象以及域对象中包含所谓的“属性集合”(Properties)，这个集合用于保存与这个对象有关的各个属性对象(Property)。

7. Error(错误)对象

Error 对象包含了与单个操作相关的数据访问错误的详细信息。在数据库操作中，错误与异常是时有发生的，每个错误或异常出现时，一个或多个 Error 对象被放到 Connection 对象的 Errors 集合中。

7.6.3 ADO 编程模型

使用 ADO 技术开发数据库应用程序其实有两种方法，其中最为简单的方法是在程序中使用 ActiveX 控件,这种方法比较“傻瓜式”,但程序员对于程序的控制力较弱,对于刚学习 ADO 技术的读者,并不提倡用这种方法。

另外一种自然就是直接在程序中使用 ADO 模型进行编程,这是主流的方法,可以使程序员更容易控制对于数据库的访问。我们这里重点介绍这种方法。使用 ADO 技术进行编程,是有章可循的,由一些固定的动作序列组成,读者慢慢熟悉了这些比较固定的步骤,在以后的项目开发中就可以轻车熟路。以下就来介绍这些步骤。

1. 引入 ADO 动态链接库

在 VC 程序中,使用预编译指令#import 来告知编译器将此命令中指定的动态链接库引入到工程中来,并从动态链接库中取出其中的对象和信息。

一般在工程中的 StdAfx.h 中添加如下代码引入 ADO 库。

```
#import "C:\Program Files\Common Files\System\ado\msado15.dll"\
        no_namespace\
        rename("EOF","adoEOF")
```

第1行双引号中的是 ADO 动态库所在的绝对路径,读者可以在自己的计算机上按照这个路径找一找,找到这个库以后,可以把它复制到自己的工程目录里,这样就可以用相对路径了,也就是可以直接写为:

```
#import " msado15.dll"
```

这样做的好处是,读者编制的程序复制到其他的计算机上时,可以避免该计算机上没有这个库而造成无法运行。

建议读者朋友把平时常用的库(即使是操作系统默认安装了的,如 msado15.dll, opengl.dll 等),都放在自己的一个文件夹中,这样便于自己编程调试时使用。

第2行指示 ADO 对象不使用命名空间。命名空间是为了解决程序中对象或者函数名字冲突的一种方案。当一个程序变得比较大的时候,由于类、函数、变量众多,容易发生名字冲突、名字不够用的情况,这时候如果把相同的两个名字分别放在不同的命名空间里,就不会冲突了。在有些应用程序中,由于应用程序中的对象与 ADO 中的对象有可能出现命名冲突,所以有必要使用命名空间。我们这里程序比较简单,或者在项目的软件开发规约里严格要求不得使用与 ADO 中对象相同的名称,就可以不使用命名空间。如果想使用,则将第2行的代码改为:

```
rename_namespace("AdoNameSpace")
```

第3行中的 rename("EOF","adoEOF"),是将 ADO 中 EOF(文件结束)更名为 adoEOF,以避免同定义了 EOF 的其他库冲突。

另外,程序在编译的时候可能会出现如下的警告,对此 MSDN 中已经做了说明,可以不必理会。

```
msado15.tlh(407) : warning C4146: unary minus operator applied to unsigned type, result still un-
signed
```

2. 初始化 OLE/COM 环境

ADO 库是一组 COM 动态链接库,这就要求当我们编写的应用程序在调用 ADO 库之前,必须先初始化 OLE/COM 库环境。在 MFC 程序中,一般在应用程序类的 InitInstance 函数中做此项工作,添加如下代码:

```
//初始化 COM 环境
AfxOleInit();
```

也可以用 API 函数 CoInitialize,对应地要在结束时调用 CoUninitialize 函数。

3. 声明智能指针,创建 ADO 对象

编译程序后,会在工程目录下生成 msado15. tlh 和 ado15. tli 两个文件。这两个文件定义了 ADO 库,其中定义了几个智能指针,包括连接对象指针_ConnectionPtr,命令对象指针_CommandPtr,记录集对象指针_RecordsetPtr。这些智能指针封装了相应对象的 Idispatch 接口指针和一些必要的操作,通过这个指针就可以操作相应的对象。

使用智能指针创建 ADO 对象的方法简单,用得非常多,一般的方法是先声明一个指向要创建的 ADO 对象的智能指针,而后创建之。

```
  //定义 ADO 核心对象
_ConnectionPtr m_pConnection;
  _CommandPtr    m_pCommand;
  _RecordsetPtr  m_pRecordSet;
  ……
  //创建 ADO 对象
  m_pConnection.CreateInstance(_uuidof(Connection));
  m_pCommand.CreateInstance(_uuidof(Command));
  m_pRecordset.CreateInstance(_uuidof(Recordset));
```

这里要注意的是:

① 智能指针与后面的函数之间是“.”而不是“－＞”,这是因为 CreateInstance 函数是智能指针本身的方法,而不是其所指向的对象的方法。

② _ _uuidof 是 VC 的扩展关键字,通过它可以获取其后面表达式内的 GUID(COM 对象的唯一性标志)。读者可以记住这种形式,暂时不必深究。

4. 用创建好的 Connetion 对象连接数据库

创建好基本对象后,首先就是连接数据库,这是由 Connection 对象完成的。先创建好 Connection 对象,而后调用其 Open 函数创建与数据源的连接。

比如我们要连接一个 Access 数据库,可以写如下代码:

```
//初始化 COM,创建 ADO 连接
    AfxOleInit();
    m_pConnection.CreateInstance(__uuidof(Connection));
    try
    {
m_pConnection->Open("Provider=Microsoft.Jet.OLEDB.4.0;\
                    Data Source=Demo.mdb","","",adModeUnknown);
    }
    catch (_com_error)
    {
        AfxMessageBox("数据库连接出错!");
        return FALSE;
    }
```

这里要注意的是:

① 我们上面的例子是打开本地当前目录下的一个 Access 数据库,如果我们想打开一个网络上的 SQL Server 数据库文件,则要换一种形式:

```
m_pConnection->Open("driver={SQL Server};Server=192.168.0.1;DATABASE=Demo,UID=sa,PWD=
sa","","",adModeUnknown);
```

如果 SQL Server 数据库在本地,则上面形式改为:

```
m_pConnection->Open("driver={SQL Server};Server=(local);DATABASE=Demo,
       "","",adModeUnknown);
```

从上面的两种形式可以看出，连接远程的数据库与连接本地的数据库的区别在于服务器项Server的名称不同，而且在连接远程数据库的时候，必须使用数据库管理员所分配的用户名(UID)和密码(PWD)。这里使用的用户名和密码均采用"sa"。当成功连接到数据库之后，对于远程数据库的操控和本地数据库的操控是一样的。

② 在ADO中，由于涉及与数据库的交互操作，其间异常是难免发生的，因此要经常使用try…catch()来捕获异常信息，这样也可以增强程序的健壮性。

5. 建立好连接后，执行SQL命令操作数据库

一旦建立好与某个数据库的连接后，就可以创建一个ADO记录集，它包含了用SQL语言的SELECT语句操作的结果。可以说，它是一个"内存中的数据库"。当刚通过智能指针创建记录集对象时，记录集对象中还不包含数据库中的任何数据，此时需要打开记录集，从数据库中取得数据。打开记录集的方法有3种：

- 直接利用Recordset对象的Open函数。
- 利用Connection对象的Execute方法执行SQL命令。
- 使用Command对象执行SQL命令。

第1种方法最为直接，这里首先介绍这种方法。对应的代码一般为：

```
//首先要创建记录集对象
_RecordsetPtr m_pRecordset;
m_pRecordset.CreateInstance(__uuidof(Recordset));
//利用记录集对象的Open函数打开记录集
try
{
    m_pRecordSet->Open(
                "select * from DemoTable ",
                theApp.m_pConnection.GetInterfacePtr(),
                    adOpenDynamic,
                    adLockOptimistic,
                    adCmdText
            );
    }
    catch (_com_error *e)
    {
        AfxMessageBox(e->ErrorMessage());
    }
```

程序中的核心是Open函数，它的意思是从当前所连接的数据库中读取DemoTable表中的所有数据，然后放到记录集对象中去。如果执行正常，那么记录集对象就包含了DemoTable中的所有数据。

注意：这里依然需要用try…catch()语句来捕获异常信息。

记录集已得到数据库表中的全部数据了，那么下一步我们该怎样从各条记录中把数据读出来呢？也就是说，怎样才能使我们的应用程序取得每条记录呢？方法自然就是要在记录集中移动光标，使得要访问的行成为当前行，然后一条一条地读出。

通常，我们要遍历记录集，先把光标移到记录集首部，然后逐步后移光标，挨个读出每行记录。对应的一般性代码如下：

```
try
{
```

```
        if(!pRecordset->BOF)
          m_pRecordset->MoveFirst();    //将数据库光标移到头部
        else
        {
            AfxMessageBox("表中数据为空!");
            return;
        }
        while(! m_pRecordset->adoEOF)
        {
            //获取当前数据代码
            ……
            m_pRecordset->MoveNext(); //移动光标到一个位置
        }
    }
    catch(_com_error  * e)
    {
        AfxMessageBox(e->ErrorMessage());
    }
```

程序中首先将光标移动到首行，如果没有数据则返回。这里用到了一个文件头标记 BOF。当光标没有在首行时，BOF 为 FALSE，此时调用 MoveFirst 函数将光标移到首行，此时 BOF 的值为 TRUE。

如果有数据，则开始遍历，adoEOF 是文件结尾标志（注意：原本是 EOF，我们在引入 ADO 动态链接库的时候将其改为 adoEOF 了）作为循环退出判断条件，没有达到记录集尾部时，则通过 MoveNext 函数下移光标，从而实现遍历。

使用 Command 对象的方法也是常用的，因为它的名字不就说明了——它就是发送命令的嘛！通过它的 CommandText 属性，不仅可以执行 SQL 语句，还可以执行存储过程，非常方便。

使用 Command 对象的一般化代码如下：

```
//声明 Command 对象的智能指针
_CommandPtr    m_pCommand;
//实例化 Command 对象
pCommand.CreateInstance( uuidof( Command ));
//指定当前的数据库连接，前提是已经成功实例化 Connection 对象并连接到数据库
pCommand->ActiveConnection = m_pConnection;
//通过 CommandText 属性设置 SQL 命令
pCommand->CommandText = "Select * From DemoTable";
//执行 SQL 命令
pCommand->Execute();
```

6. 事务处理

事务处理就是诸如增加、修改、删除等操作的组合。事务其实是数据库理论中的一个术语，它是指一系列操作的组合，这些操作要么全成功，要么全失败，不能是操作组合中部分操作成功，而另一部分失败。因为，那样数据就完全没有可靠性可言了。对于失败的情况，数据库采取所谓“回滚”机制回到此事务发生前的状态，以保障数据的一致性，这也是数据库高可靠性要求的体现。

在 ADO 技术中，事务处理比较简单，就是调用 Connection 对象的 3 个方法：

① 事务开始：BeginTrans()。

② 事务结束并成功：CommitTrans()。

③ 事务结束但失败，则需要回滚操作：RollBackTrans()。

对于事务中具体的单个操作，比如插入、更新等，Recordset 对象有相应的一些方法可以实现。

举例而言，比如向数据库中插入某个人的信息（包括年龄、姓名），使用事务处理，则一般性的代码如下：

```
try
{
    //写入各字段
    m_pConnection->BeginTrans(); //开始事务
    m_pRecordSet->AddNew();  //准备为记录集对象加入新数据
    m_pRecordSet->PutCollect("Name",_variant_t(m_Name));//加入新数据
    m_pRecordSet->PutCollect("Age",_variant_t(m_Age));// 加入新数据
    m_pRecordSet->Update();  //更新记录集
    m_pConnection->CommitTrans(); //提交数据
    AfxMessageBox("插入成功");
}
catch (_com_error *e)
{
    m_pConnection->RollBackTrans(); //提交失败进行回滚
    AfxMessageBox(e->ErrorMessage());
}
```

上面代码中重点提示的部分已经清晰地标示出了事务处理的 3 个主要方法，它们都来自于 Connection 对象。

Recordset 对象的 AddNew 与 Update 方法之间执行的是插入操作，具体由 Recordset 对象的 PutCollect 函数来实现。此函数的两个参数读者要注意，前面一个是在数据库表中的字段名称；而后一个则是字段对应的值。要注意字段名称必须和数据表里的一致，而且类型也要符合要求。其中类型这一点要注意，比较容易出错。ADO 是基于 COM 技术的，COM 中使用的数据类型和 C++中是不同的。在 ADO 编程中需要考虑其数据类型与 C++数据类型之间的转换问题。COM 中最为重要和基本的数据类型有 VARIANT 和 BSTR 两个，它们在 ADO 中都较常用。

ADO 编程中，_variant 类封装并管理 VARIANT 这一数据类型。_bstr_t 类封装并管理 BSTR 这一数据类型。使用这两个封装类，就可以方便地把 C++类型的变量转换为 COM 类型。

在 VC 中，当使用 ADO 进行数据库编程时，大部分方法或函数的参数都是_variant 或者_bstr_t 类型的。当我们用 C++类型的时候，可以通过这两个关键字强制进行转换。比如 Recordset 对象最为常用的两个方法（函数）PutCollect 和 GetCollect，它们的原型如下：

```
void PutCollect( const _variant_t & Index, const _variant_t & pvar);
_variant_t GetCollect( const _variant_t & Index );
```

可见，它们的参数都是_variant_t 类型的，因此我们对 C++中的变量（比如上面例子中的 m_Name，m_Age）在写入的时候都需要进行强制类型转换。

7. 使用完毕，关闭连接，释放对象

对于记录集的操作完成后，需要调用函数 Close()关闭记录集，一般化的代码如下：

```
m_pRecordset->Close();
m_pRecordset = NULL;
```

对数据库所有的操作完成后，需要关闭同数据库的连接，这些代码往往添加在应用程序类的函数 ExitInstance()中，一般化的代码如下：

```
if( m_pConnection->State )
      m_pConnection->Close();
m_pConnection = NULL;
```

好了，上面介绍的利用 ADO 技术进行数据库编程的基本模型与步骤，基本涵盖了利用 VC 进行 ADO 编程的基本框架，读者在这个框架下就可以施展拳脚，编写自己的数据库应用程序了。当然，数据库编程本身是非常灵活的，这种灵活性体现在对于数据库的设计、对于所面向的业务对象的熟悉与理解(比如你要编写一个图书馆管理系统，要对整个系统的运作流程非常熟悉)。总之，熟能生巧，日积月累就会逐步提高 VC 数据库编程的能力。

7.6.4　ADO 编程实例

7.6.3 小节介绍了利用 ADO 技术进行数据库编程的整体步骤、框架，为了使读者加深理解，下面举一个具体的例了。这个例了比较简单，但却是"麻雀虽小，五脏俱全"，基本的数据库操作都已经涵盖了。下面分步骤详细介绍。

(1) 建立 MFC 应用程序

打开 VC 6，建立一个基于对话框的 MFC 应用程序，命名为 MyDBPro。

(2) 设计对话框界面

建好工程后，进入资源编辑器中，拖动控件，设计对话框界面如图 7-22 所示。

在如图 7-22 所示的界面中，用到了列表控件(对应的 MFC 类是 CListCtrl)，这个控件是数据库应用程序中经常用到的，读者以后一定要熟悉这个控件。要注意的是，要更改其属性中的某项，即把"Styles"选项卡中的"View"属性改为"Report"，这样才能使列表控件作为数据库内数据的展示工具，如图 7-23 所示。

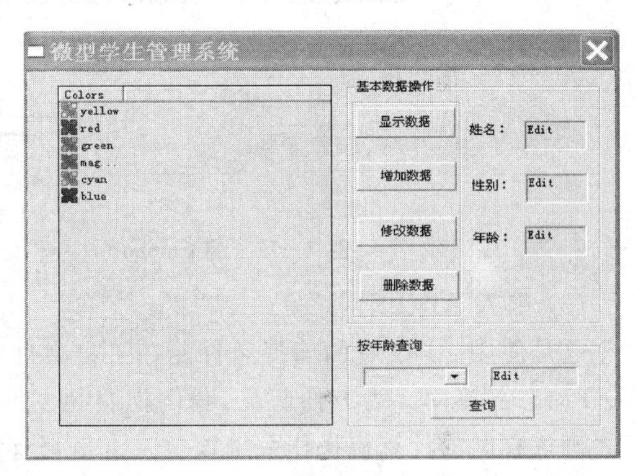

图 7-22　搭建用户程序界面

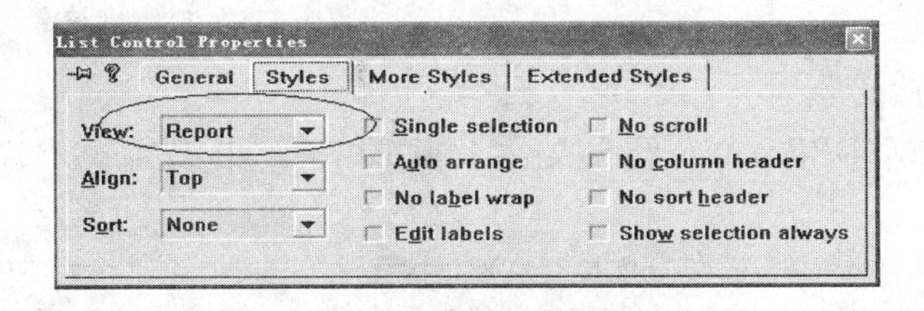

图 7-23　修改 ListCtrl 控件的属性

为了进行数据查询工作，添加了一个 ComboBox(下拉框)控件，用来为用户提供操作符(大于号、小于号等)，以产生不同的查询条件。对于下拉框，首先在其属性的"Styles"选项卡中，去掉"Sort"属性(也就是不让它对其数据进行排序)，并将其"Type"属性设置为"Drop List"，如图 7-24 所示。

设置好 ComboBox 的属性后，接下来就是为其添加数据项，也就是其下拉菜单中的选项，这个工作在其"Data"选项卡中完成，如图 7-25 所示。要注意的是：在输入过程中要实现换行需按"Ctrl+回车"快捷键；在下拉控件上拖动其下拉框的边界框，否则运行程序时它的下拉列表显示不出来。

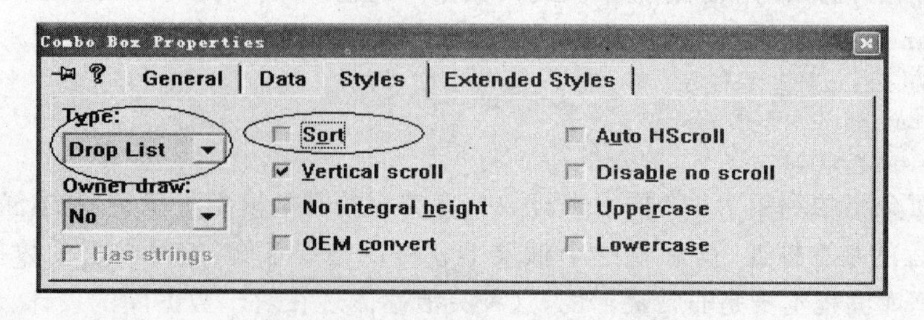

图 7-24　修改 ComboBox 控件的属性

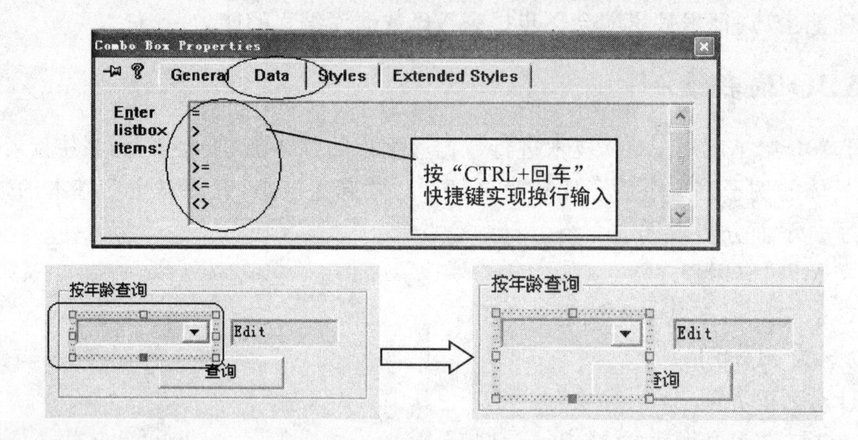

图 7-25　为 ComboBox 控件添加下拉列表数据项，并拉伸

(3) 引入 ADO 库

这是使用 ADO 库的前提条件。在工程文件的 StdAfx.h 中使用预编译指令＃import 引入 ADO 动态链接库。为方便起见，我们把路径 C:\Program Files\Common Files\System\下(请读者确认自己的计算机操作系统该目录下是否有该文件，如没有请直接将本书光盘中此动态库复制到自己的计算机上即可)的 msado15.dll 复制到工程目录下，以方便程序的移植。代码如下：

```
#import " msado15.dll"\
        no_namespace\
        rename("EOF","adoEOF")
```

(4) 添加智能指针变量

在应用程序类 CMyDBProApp 的头文件 MyDBPro.h 中添加 3 个智能指针变量。代码如下：

```
_ConnectionPtr  m_pConnection;  //连接对象智能指针
_RecordsetPtr   m_pRecordset;   //数据集对象智能指针
_CommandPtr     m_pCommand;     //命令对象智能指针
```

而后在应用程序类的 InitInstance 函数中，完成初始化工作：包括初始化 OLE/COM 库环境，创建 3 个核心对象(连接对象、数据集对象、命令对象)，并连接数据库。这里为了简便起见，我们使用本地的 Access 数据库，将其复制到工程目录下即可(关于 Access 数据库的使用比较简单，请读者参考相关资料)。代码如下：

```
BOOL CMyDBProApp::InitInstance()
{
    ......
    //初始化 COM,创建 ADO 连接
```

```
    AfxOleInit();
    //创建连接对象
    m_pConnection.CreateInstance(__uuidof(Connection));
    try
    {
        //与数据库连接
        m_pConnection->Open("Provider=Microsoft.Jet.OLEDB.4.0;\
            Data Source=Student.mdb","","",adModeUnknown);
    }
    catch (_com_error e)
    {
        AfxMessageBox("数据库连接出错!");
        e.ErrorMessage();
        return FALSE;
    }
    try
    {   //生成 Command 和 Record 对象
        m_pCommand.CreateInstance(__uuidof(Command));
        m_pRecordset.CreateInstance(__uuidof(Recordset));
    }
    catch (_com_error e)
    {
        AfxMessageBox("创建 Command、Recordset 对象失败!");
        AfxMessageBox(e.ErrorMessage());
    }
    CMyDBProDlg dlg; //主对话框
    m_pMainWnd = &dlg;
    int nResponse = dlg.DoModal();
    if (nResponse == IDOK)
    {}
    else if (nResponse == IDCANCEL)
    {}
    return FALSE;
}
```

一般在应用程序类的 InitInstance 函数中涉及资源的代码，那么对应地要在 ExitInstance 函数中对于资源进行释放。这是好的编程习惯，是一种很有用的“结对编程原则”。

应用程序类默认情况下没有 ExitInstance 函数，需要手动添加，按下“Ctrl＋W”快捷键启动 ClassWizard，而后为其添加 ExitInstance 函数，如图 7-26 所示。

而后添加代码如下：

```
int CMyDBProApp::ExitInstance()
{
    // 关闭 ADO 连接状态
    if(m_pConnection->State)
        m_pConnection->Close();
    m_pConnection = NULL;
    //释放命令对象
    if (m_pCommand->State)
        m_pCommand->Release();
    m_pCommand = NULL;
    //关闭释放数据集对象
    if(m_pRecordset->State)
```

```
        m_pRecordset->Close();
    m_pRecordset = NULL;
    return CWinApp::ExitInstance();
}
```

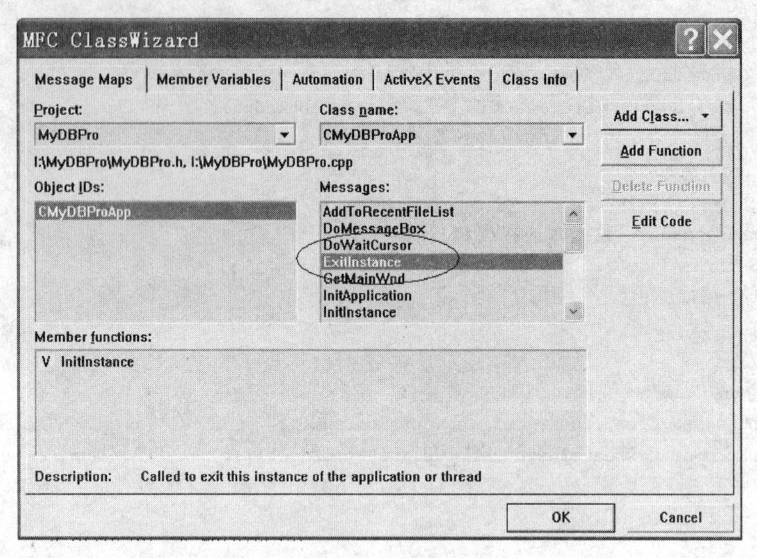

图 7-26　为应用程序类添加 ExitInstance 函数

(5) 在对话框类中编写代码

程序的主要功能是在主对话框中实现的，因此下面的工作就是在对话框类中编写代码，实现数据库操作的相关功能。下面详细介绍在对话框类中编写操控数据库代码的步骤。

① 因为在对话框类中，涉及不同的数据库操作，而不同的数据库操作往往需要不同的数据集对象，因此首先在对话框类的头文件 MyDBProDlg.h 中添加两个记录集智能指针变量，一个是用于一般查询、增加、删除、修改时的记录集；另一个是条件查询时的记录集。

```
_RecordsetPtr m_pRecordset;          //一般查看的记录集对象
_RecordsetPtr m_pRecordsetQuery;     //查询操作的记录集对象
```

② 在对话框类的 OnInitDialog 函数中添加初始化操作代码，包括初始化列表控件、记录集对象的创建和数据的显示。

```
BOOL CMyDBProDlg::OnInitDialog()
{
    ……
    // 1-----初始化设置 ListCtrl 控件
      ListCtrlInit();

      //2-----创建记录集对象，用于操作我们的数据库表
    try
    {
        m_pRecordset.CreateInstance(__uuidof(Recordset));
    }
    catch (_com_error * e)
    {
        AfxMessageBox("对话框类中创建数据集对象失败!");
        AfxMessageBox(e->ErrorMessage());
    }
```

```
    //3 ------显示数据
    ShowData(); //自定义函数,用于显示数据库整体数据
    return TRUE;  // return TRUE  unless you set the focus to a control
}
```

在以上代码中,可以比较清晰地看出共分为3部分,先是初始化 ListCtrl 控件,而后是创建记录集对象,最后是数据的显示。其中,初始化 ListCtrl 控件的代码,我们将它封装在了一个见名知意的函数 ListCtrlInit()中;而显示数据的代码则封装在函数 ShowData()中。

ListCtrlInit()的代码如下:

```
void CMyDBProDlg::ListCtrlInit()
{
    //设置 ListCtrl 的风格
    m_listData.SetExtendedStyle(LVS_EX_FULLROWSELECT|LVS_EX_GRIDLINES);
    m_listData.InsertColumn(0,"姓名",LVCFMT_LEFT,80,-1); //设置各个列的标题
    m_listData.InsertColumn(1,"性别",LVCFMT_LEFT,80,-1);
    m_listData.InsertColumn(2,"年龄",LVCFMT_LEFT,80,-1);
    m_listData.SetColumnWidth(0,80); 设置各个列的宽度
    m_listData.SetColumnWidth(1,80);
    m_listData.SetColumnWidth(2,80);
}
```

其中,m_listData 是通过 ClassWizard 为列表控件添加的成员对象,类型为 CListCtrl,如图 7-27 所示。

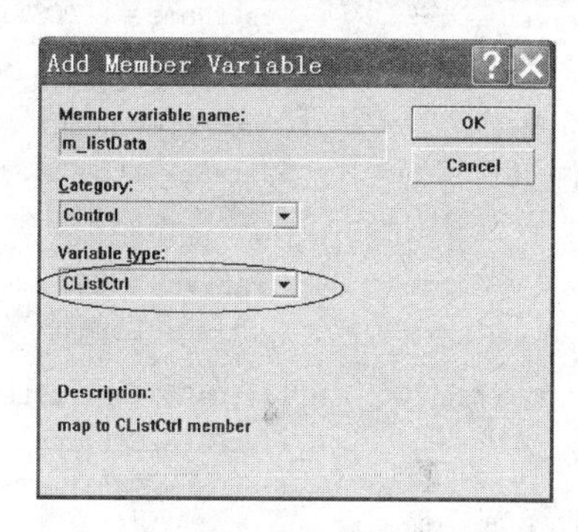

图 7-27　在对话框类中添加列表控件对应的成员变量

代码中应用了几个 CListCtrl 类的成员函数。其中,SetExtendedStyle 用来设置列表控件的显示风格,这里设置的是"单击单行全选中"加"网格化显示"的风格,一般常用的就是这两个风格;InsertColumn 用于插入列,一般数据表中有几项就插入几列;SetColumnWidth 用于设置列宽,比较好理解。

ShowData 函数用于显示数据,它是在已经成功生成记录集对象的基础上进行的。代码如下:

```
void CMyDBProDlg::ShowData()
{
     m_listData.DeleteAllItems();     //清除列表中的所以数据
    if(m_pRecordset->State)            //如果数据集正打开,则先关闭之
        m_pRecordset->Close();

        //读取数据库中的数据表,我们的数据表为 Student 数据库下的 StudentInfo
    try
    {
        m_pRecordset->Open("SELECT * FROM StudentInfo",
                theApp.m_pConnection.GetInterfacePtr(),
                    adOpenDynamic,
                    adLockOptimistic,
                    adCmdText
                );
    }
    catch (_com_error * e)
    {
        AfxMessageBox(e->ErrorMessage());
```

```
    }
    CString strName,strSex,strAge;    //3 个变量对应数据库中的 3 项内容
    if (!m_pRecordset->BOF)           //先将光标移到数据集首
    {
        m_pRecordset->MoveFirst();
    }
    else
    {
        AfxMessageBox("表内数据为空!");
        return;
    }
    _variant_t var;           //用于获取数据集中的变量
      int i = 0;                 //用于表示当前行
    //遍历数据库
    try
    {
        while ( ! m_pRecordset->adoEOF)  //退出条件是到数据库尾部
        {
            var = m_pRecordset->GetCollect("Name");
            if( var.vt! = NULL)
                strName = (LPCSTR)_bstr_t(var);

            var = m_pRecordset->GetCollect("Sex");
            if( var.vt! = NULL)
                strSex = (LPCSTR)_bstr_t(var);

            var = m_pRecordset->GetCollect("Age");
            if( var.vt! = NULL)
                strAge.Format(" %d",var.intVal);

            m_listData.InsertItem(i,strName); //插入新的一行,写入首项数据
            m_listData.SetItemText(i,1, strSex);//写入第 2 项数据
            m_listData.SetItemText(i,2,strAge); //写入第 3 项数据

            m_pRecordset->MoveNext();
            i++ ;
        }
    }
    catch (_com_error * e)
    {
        AfxMessageBox("读取数据表出错");
        AfxMessageBox(e->ErrorMessage());
    }
}
```

上面的代码较长,但也可以分为较清楚的 3 部分。首先是清除列表控件中的内容、关闭已打开的数据集;而后是打开数据库,注意 Open 语言里面的 SQL 语法,这里是将数据库中某个我们想要的表进行了全盘的查询;最后,则是遍历数据库,将数据显示在列表控件里面。

重点是遍历数据库的代码。在上面的 ADO 编程模型中已经进行了框架性的介绍,这里代码中给出了更为详尽的细节。我们看到,用到了两个辅助变量,一个是_variant_t 类的 var,它用于从数据集中取值,之所以用它是因为记录集对象的 GetCollect 函数返回的是_variant_t 类型的变量;另一个是用于标识当前行的整型变量 i。

注意,在数据表中,姓名和性别是文本类型的,而年龄是整型的。而我们为了方便在列表控

件中显示，声明了 3 个与之对应的变量都是 CString 类型的。因此当从记录集对象中读取出数据后，需要做相应的类型转换。对于字符类型的，通过两次转换，先是用_bstr_t，再用 LPCSTR 强制转换为 CString 类型。对于整型的变量，_variant_t 类本身含有其构造函数，intVal 即可代表这个整型变量，直接通过 CString 的 Format 函数转换过来就可以了。

③ 为对话框界面中的"显示数据"按钮添加消息处理函数(直接双击界面上的按钮)，直接调用我们上面的函数 ShowData()即可。代码如下：

```
void CMyDBProDlg::OnButtonDatalist()
{
    ShowData();
}
```

此时编译执行程序，列表控件中会显示数据库表中的信息，如图 7－28 所示。

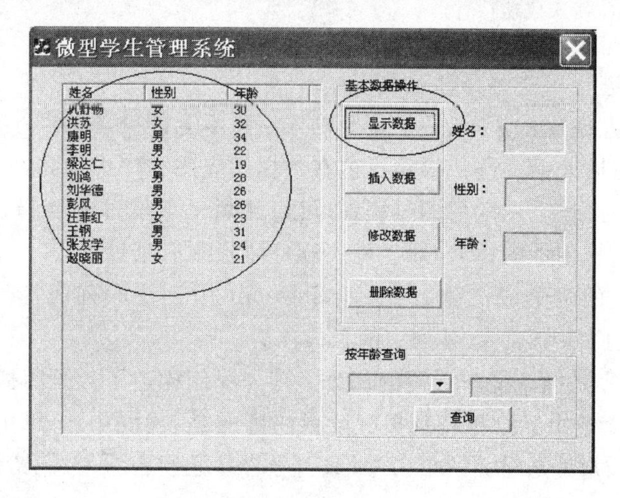

图 7－28　为显示数据按钮添加处理代码后的执行效果

④ 为对话框界面中的"插入数据"按钮添加消息处理函数。直接双击按钮，编辑如下代码：

```
void CMyDBProDlg::OnButtonDatainsert()
{
    UpdateData(TRUE);        //接受控件输入
    if (m_strName == ""|m_strSex == ""|m_strAgev"")
    {
        AfxMessageBox("输入信息不完整,重新输入!");
        m_strName = m_strSex = m_strAge = ""; //控件内容清空,造成插入效果
        UpdateData(FALSE);
        return;
    }
    int ItemNum = m_listData.GetItemCount(); //获取列表框内数据项数
    for (int i = 0; i<ItemNum; i++)
    {
        if ( m_strName == m_listData.GetItemText(i,0))
        {
            AfxMessageBox("该学生已经存在,请重新输入!");
            m_strName = m_strSex = m_strAge = "";
            UpdateData(FALSE);
            return;
        }
    }
```

```
    if( MessageBox(确认增加?","提示",MB_OKCANCEL|MB_ICONQUESTION)vIDCANCEL)
    {
        m_strName = m_strSex = m_strAge = ""
        UpdateData(FALSE);
        return;
    }
    CString strSQL;
    strSQL.Format("INSERT INTO StudentInfo(Name,Sex,Age)VALUES('" + m_strName + \
        "','" + m_strSex + "', % d)",atoi(m_strAge));  //构造 SQL 语句
  theApp.ExcuteCommandADO(strSQL); //执行 SQL 语句
    m_strName = m_strSex = m_strAge = "";
    UpdateData(FALSE);
    ShowData();  //显示插入后
    AfxMessageBox("插入成功!");
}
```

对于上面的代码进行一些解释和说明。

首先是几个较为人性化的提示:一个是对输入信息不全的处理;另一个是对于输入重复信息的处理;还有一个是在插入前的确认提示。这在数据库应用程序中也是经常用到的,是一种人机友好的体现。读者平时在学、用软件的过程中,可以注意一下软件的容错机制和人性化的设计。这些也是软件可靠性、易用性的体现,对于提高软件质量很有帮助。

用到了 CListCtrl 的两个成员函数:GetItemCount 用于获取列表控件中的数据项数;GetItemText 则获取列表控件中某行、某列中的具体内容。

代码中的核心内容是插入操作代码的部分。首先我们构造了数据库插入的 SQL 语句,把它放在了一个 CString 变量中。这里特别提醒读者注意的是,代码中 strSQL 变量的 Format 函数后面加深显示的内容,尤其是里面的单引号、双引号容易让读者看晕、犯错误。对于 SQL 插入语句在数据库中应该是形如下面格式的:

```
INSERT INTO StudentInfo(Name, Sex, Age)VALUES('小丽','女',22)
```

在程序中,"小丽"的部分我们用的是 CString 类变量 m_strName;"女"的部分用的是 CString 类的 m_strSex;后面的当然就是个整型变量代表年龄了。所以,把上面这个语句放到程序中,由于有 CString 变量的加入,就会被分成几个部分。

```
INSERT INTO StudentInfo(Name, Sex, Age)VALUES('
m_strName
','
m_strSex
', atoi(m_strAge)
```

构造好 SQL 语句后,接下来比较关键,就是执行以下代码。

```
theApp.ExcuteCommandADO(strSQL); //执行 SQL 语句
```

调用了一个应用程序类的函数 ExcuteCommandADO(),这个函数是我们手动加上去的(其实它是在最开始设计时就完成的,之所以放在这里讲,考虑放在这里出现显得不突兀,读者可更好、更自然地理解它的用处和由来),设计它的目的就是为了执行一般性 SQL 语句的方便。它的原理核心就是利用 Connection 对象的 Execute 方法。代码如下:

```
BOOL CMyDBProApp::ExcuteCommandADO(CString strSQL)
{
    if ( strSQL == "")
    {
```

```
        AfxMessageBox("空 SQL 语句!");
        return NULL;
    }
    _bstr_t strQuery = strSQL;  //先将 CString 类型转为_bstr_t 类型(ADO 类型)
    try
    {
        m_pConnection->Execute(NULL,NULL,adCmdText);//核心语句,执行 SQL 语句
          return TRUE;
    }
    catch (_com_error * e)
    {
        CString strError;
        strError = "执行" + strSQL + "语句失败";
        AfxMessageBox(strError);
        AfxMessageBox(e->ErrorMessage());  //错误信息
        AfxMessageBox(e->Source());         //错误源
        AfxMessageBox(e->Description());   //错误描述
        Return FALSE;
    }
}
```

程序的核心是 try 后面的语句。在这里,中心是 Connection 对象。它已经取得与当前数据库的连接(应用程序类的 InitInstance 函数中完成)后,利用自身的 Execute 方法执行外部传入的 SQL 语句,执行成功后的结果就是改变了数据库,并返回 TRUE,否则捕获异常,返回 FALSE,代表执行失败。

此时编译、运行程序,看一看效果,试着插入一个学生记录,如图 7-29 所示。

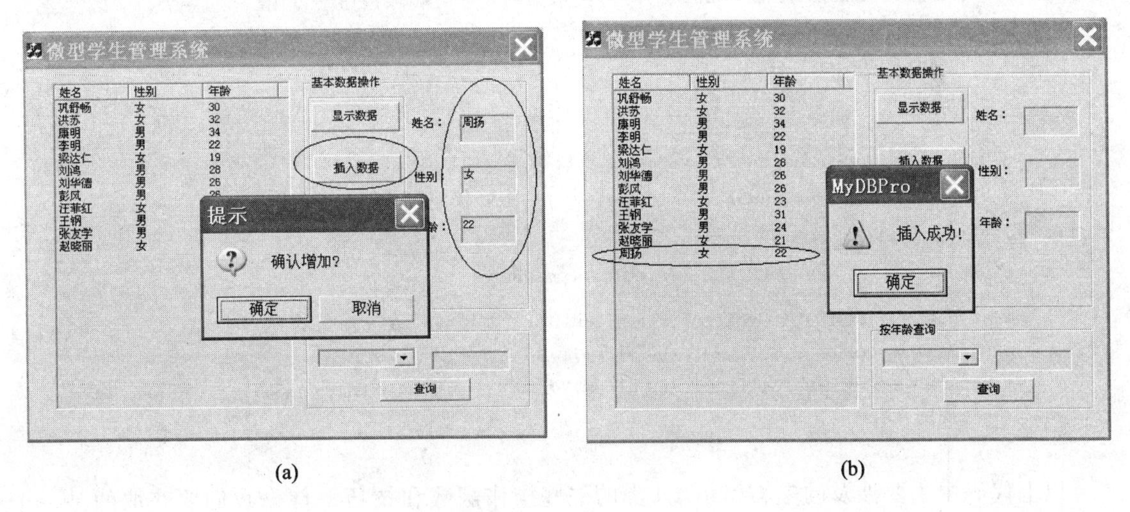

图 7-29　插入数据的执行效果

⑤ 为对话框界面中的“删除数据”按钮添加消息处理函数。注意,在删除或者修改数据时,需要首先选中数据集中的某一行记录(在对话框类中声明一个整型变量 m_nItem 标示当前选中的行),这通过单击 ListrCtrl 控件即可。MFC 中 ListCtrl 控件有相应的消息,即 NM_CLICK,添加此消息的处理函数即可,如图 7-30 所示。

进入代码编辑界面后,在处理函数 OnClickListData()中输入如下代码:

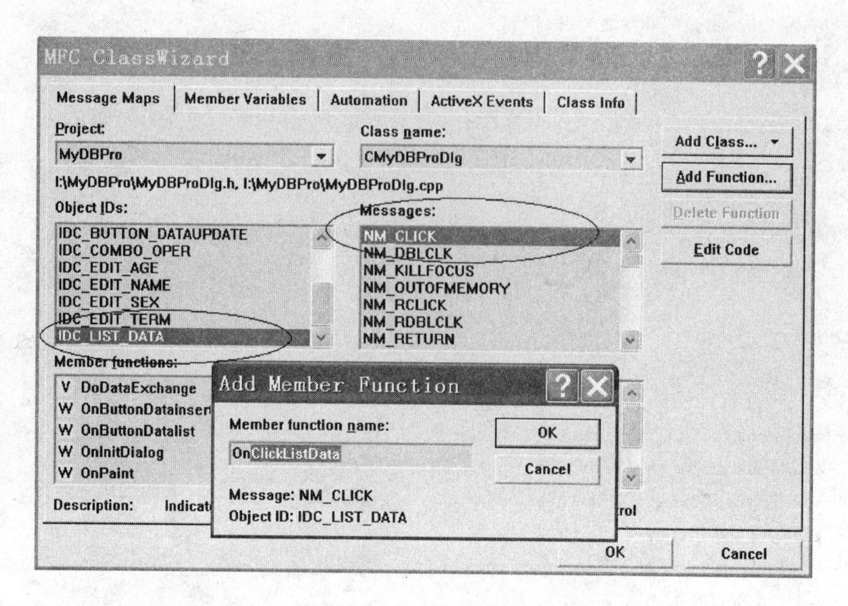

图 7-30　为列表控件添加单击事件处理函数

```
void CMyDBProDlg::OnClickListData(NMHDR * pNMHDR, LRESULT * pResult)
{
    //获取首次单击时的选择行在列表控件中的位置
    POSITION posUserSel = m_listData.GetFirstSelectedItemPosition();
    if ( posUserSel == NULL)
    {
        m_strName = m_strSex = m_strAge = "";
        m_BtnDel.EnableWindow(FALSE);   //没单击列表框时删除按钮不可用
        m_BtnUpdate.EnableWindow(FALSE); //没单击列表框时更新按钮不可用
        UpdateData(FALSE);
        return;
    }
    m_BtnDel.EnableWindow(TRUE); //选中某行后删除按钮可用
    m_BtnUpdate.EnableWindow(TRUE); //选中某行后更新按钮可用
    //获取列表控件选择的行
    m_nItem = m_listData.GetNextSelectedItem(posUserSel);
    m_strName = m_listData.GetItemText( nItem,0);//此函数获取选择行的具体项
    m_strSex = m_listData.GetItemText( nItem,1);
    m_strAge = m_listData.GetItemText( nItem,2);        UpdateData(FALSE);
    * pResult = 0;
}
```

以上代码中主要涉及的是 CListCtrl 类的一些操作函数和技巧。首先我们要获取的是一个位置变量(POSITION 类型)，这个变量代表首次单击列表控件时的单击位置。这个函数和后面的函数 GetNextSelectedItem()紧密配合，最终可以得到当前鼠标单击列表控件的位置，在代码中就是落实到了一个整型变量 nItem 身上。利用 nItem 变量就可以获取列表控件某行某列中具体的文本内容了，通过 CListCtrl 类的函数 GetItemText()即可实现，这个函数上面也用到过。

代码中的核心内容就是将列表中当前选中的内容传到对话框类的成员变量 m_strName，m_strSex、m_strAge 中去，完成了这一过程，后续的就可以接着删除和修改的操作(因为此时要删

除和修改的对象已经获取到了）。直接双击“删除数据”按钮，为其添加处理函数，代码如下：

```
void CMyDBProDlg::OnButtonDatadel()
{
    if (MessageBox("确定要删除?","提示",MB_OKCANCEL|MB_ICONQUESTION) == IDCANCEL)
    return;
    CString strSQL;
    strSQL = "DELETE FROM StudentInfo WHERE Name = '" + m_strName + "'";
    theApp.ExcuteCommandADO(strSQL); //执行 SQL 语句
    ShowData(); //显示执行 SQL 语句后的数据库内容
    m_BtnDel.EnableWindow(FALSE); //删除后让删除按钮重新变灰
    m_BtnUpdate.EnableWindow(FALSE); //删除后让更新按钮重新变灰
    m_strName = m_strSex = m_strAge = ""; //清空文本框的显示,体现删除的效果
    UpdateData(FALSE);  //显示控件内容
    AfxMessageBox("删除成功!");
}
```

编译、运行程序，删除效果如图 7－31 所示。

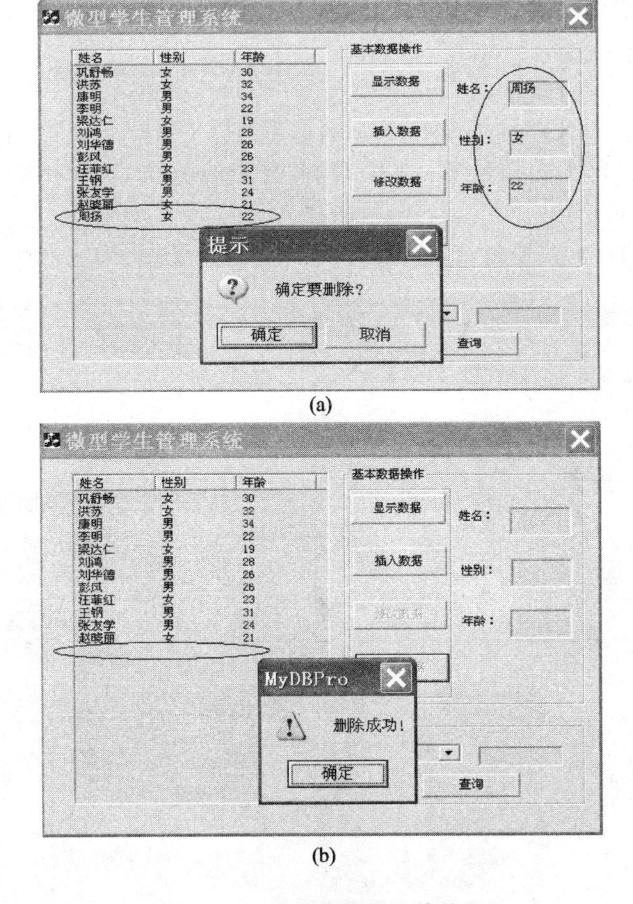

(a)

(b)

图 7－31　删除数据操作的效果

⑥ 为对话框界面中的“修改数据”按钮添加消息处理函数。修改操作同删除操作很类似，也是先要通过选中 ListCtrl 控件的某一行数据，而后更改之。选中数据的代码在步骤⑤中已经介绍了。这里直接添加修改数据的代码即可。双击对话框设计界面中的“修改数据”按钮，为其添加代码如下：

```
void CMyDBProDlg::OnButtonDataupdate()
{
    if(MessageBox("确认修改?","提示",MB_OKCANCEL|MB_ICONQUESTION) == IDCANCEL)
    {
        m_strName = m_strSex = m_strAge = "";
        UpdateData(FALSE);
        return;
    }
    CString strName,strSex,strAge;
    strName = m_listData.GetItemText(m_nItem,0);//获取选择行的第 1 项即 Name
    UpdateData(TRUE);
   //下面两行代码构造 SQL 语言用于数据库更新操作
    CString strSQL;
    strSQL.Format("UPDATE StudentInfo SET Sex = '%s',Age = %d WHERE Name = '%s'",\ m_strSex,atoi
(m_strAge),strName);  //以获取的姓名为依据来更新
    theApp.ExcuteCommandADO(strSQL); //执行 SQL 语句
    m_strName = m_strSex = m_strAge = "";
    UpdateData(FALSE);
    ShowData();  //显示执行更新后的数据库内容
    m_BtnDel.EnableWindow(FALSE);
    m_BtnUpdate.EnableWindow(FALSE);
    AfxMessageBox("修改成功!");
}
```

代码开始是一个人性化的确认提示,而后获取当前所单击的列表框中的条目,取得"姓名"这个修改条件,而后构造 SQL 修改语句,调用应用程序类的函数 ExeuteSQL()执行修改指令,最后显示更新后的数据表。

整个代码结构、顺序比较清楚,容易理解。程序运行效果如图 7-32 所示。

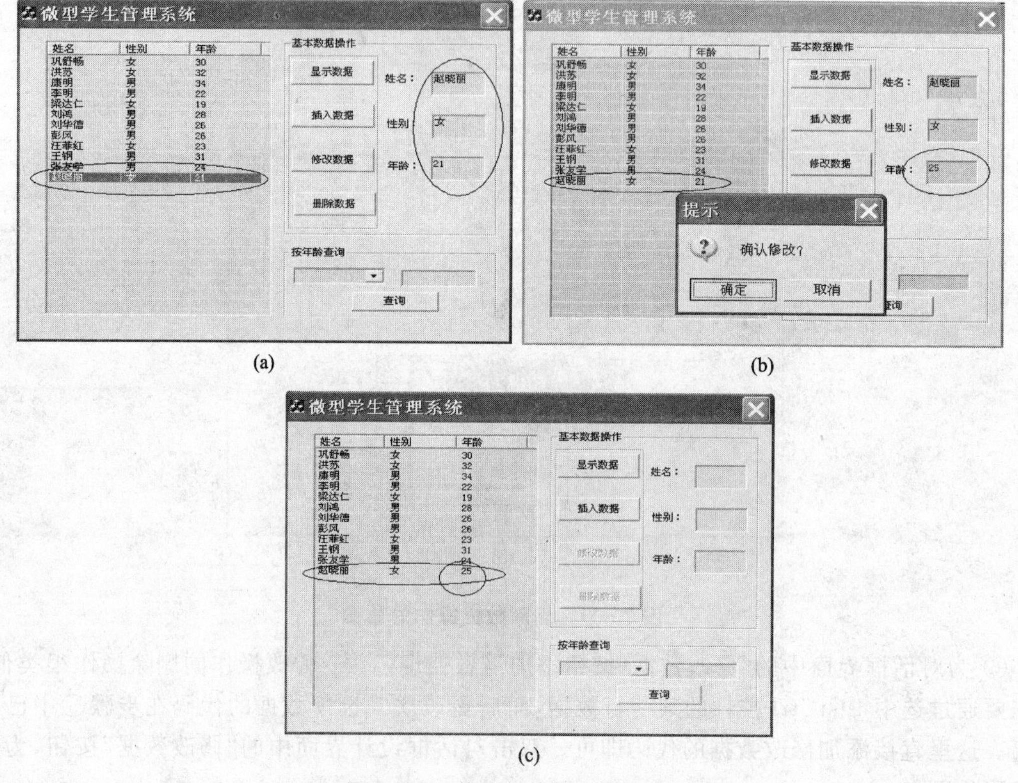

图 7-32 修改数据操作的效果

⑦ 为“查询”按钮添加处理函数，实现数据的查询功能。这里出于简便的目的，只实现年龄的查询。查询与上面的“增加”“删除”“修改”功能有所不同，它本身的操作是不改变数据库表的内容的，只是按用户的查询条件在原有数据库表的基础上的一个“虚表”(之所以称为“虚表”，是因为它不是新建立的表，只是在原有表内数据的基础上挑了一些符合特定要求的数据而构造出来的，算是原来数据表的子集)，在数据库理论中被称为“视图”。由于我们对话框类中的记录集对象智能指针 m_pRecordset 维护着整个数据库表，因此我们在对话框类中为了实现查询功能，再使用一个数据集对象 m_pRecordsetQuery，以用于维护查询操作后的“虚表”。

在界面中，我们用一个下拉框(CComboBox)控件选择运算符(如＞、＝)等，用一个文本框(CEdit)输入年龄数据。比如要查询年龄大于 20 岁的学生，那么就在下拉框中选择“＞”，而后在文本框中输入“20”即可。我们分别为下拉框控件绑定一个 CComboBox 类的成员变量 m_Oper，为文本框绑定一个 CString 类的变量 m_strItem，如图 7-33 所示。

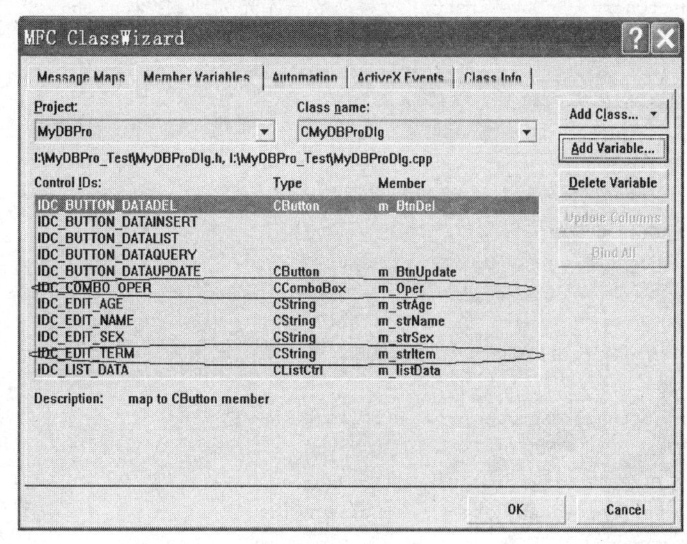

图 7-33　为用于查询操作的下拉框与文本框绑定变量

为“查询”按钮添加如下消息处理函数：

```
void CMyDBProDlg::OnButtonDataquery()
{
    CString strQuery;//用于查询 SQL 语句的构造
    CString strOper; //用于获取比较运算符
    UpdateData(TRUE);   //获取输入的比较运算符
    m_Oper.GetWindowText(strOper);
    if (strOper == ""||m_strItem == "")
    {
        AfxMessageBox("请选择查询条件!");
        return;
    }
    //构造 SQL 查询语句
    strQuery.Format("SELECT * FROM StudentInfo WHERE Age" + strOper + " % s",
m_strItem);
    ShowQueryData(strQuery); //显示查询数据结果的自定义函数
    m_Oper.SetCurSel(-1);  //重置 ComboBox 处于未选中状态
    m_strItem = "";
    UpdateData(FALSE);
}
```

上面代码中，先构造了查询语句，而后将此字符串变量作为传入参数传给了一个用于显示查询结果的函数 ShowQueryData()。在这个函数中，我们就是利用在对话框类中声明的记录集对象 m_pRecordsetQuery，实现查询数据的显示功能。ShowQueryData()的代码如下：

```
void CMyDBProDlg::ShowQueryData(CString strQuery)
{
    m_pRecordsetQuery.CreateInstance(__uuidof(Recordset));//创建查询记录对象
    m_pRecordsetQuery->Open(strQuery.AllocSysString(),//转为 COM 字符类型
        theApp.m_pConnection.GetInterfacePtr(),
        adOpenDynamic,
        adLockOptimistic,
        adCmdText);
    CString strName,strSex,strAge;
    if (!m_pRecordsetQuery->BOF)
      m_pRecordsetQuery->MoveFirst(); //移动数据库光标到数据库首部
    else
    {
        AfxMessageBox("表内数据为空!");
        return;
    }
    m_listData.DeleteAllItems(); //清除列表框的内容
    _variant_t var;//用来遍历的变量
    int i = 0;
    try
    {
        while (! m_pRecordsetQuery->adoEOF)
        {
            var = m_pRecordsetQuery->GetCollect("Name");//获取数据库中的项
            if( var.vt != NULL)
                strName = (LPCSTR)_bstr_t(var);
            var = m_pRecordsetQuery->GetCollect("Sex");
            if( var.vt != NULL)
                strSex = (LPCSTR)_bstr_t(var);
            var = m_pRecordsetQuery->GetCollect("Age");
            if( var.vt != NULL)
                strAge.Format("%d",var.intVal);
           m_listData.InsertItem(i,strName); //往列表框中插入新的一行
            m_listData.SetItemText(i,1,strSex);//设置新一行的第 2 个元素的值
            m_listData.SetItemText(i,2,strAge);//设置新一行的第 3 个元素的
            m_pRecordsetQuery->MoveNext();  //移动光标到下一个位置
            i++;
        }
    }
    catch (_com_error * e)
    {
        AfxMessageBox("查询数据库表内数据失败!");
        AfxMessageBox(e->ErrorMessage());
    }
}
```

上面的代码中，首先生成了用于查询的记录集对象，而后基本上跟我们讲过的 ShowData()的原理是一样的，就是先把光标移到记录集首部，而后挨个遍历。

编译、运行查询程序，执行效果如图 7-34 所示。

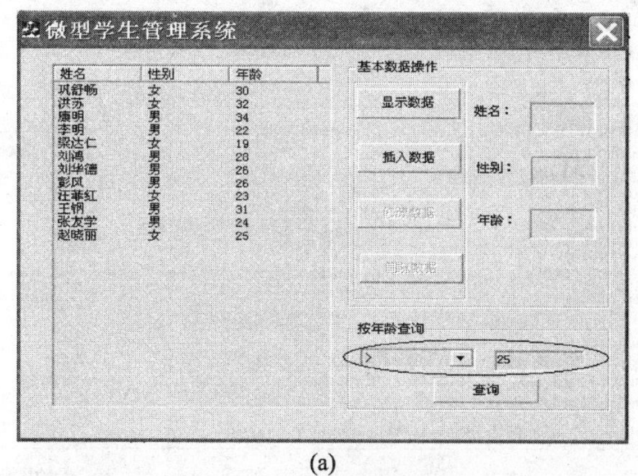

(a)

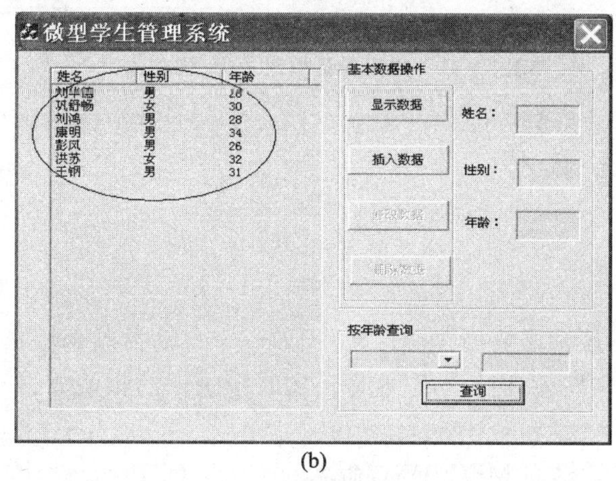

(b)

图 7－34　执行查询操作的效果

⑧ 最后是对于资源的释放工作。程序运行效果如图 7－35 所示。在对话框类中，主要就是关闭、释放两个记录集对象，代码添加在函数 DestroyWindow()中（注意这个函数是个虚函数），代码如下：

```
BOOL CMyDBProDlg::DestroyWindow()
{
    if( m_pRecordset->State)
        m_pRecordset->Close(); //关闭记录集
    m_pRecordset = NULL;
    if( m_pRecordsetQuery->State)
        m_pRecordsetQuery->Close();//关闭条件查询记录集对象
    m_pRecordsetQuery = NULL;
    return CDialog::DestroyWindow();
}
```

至此，这个利用 ADO 技术进行数据库基本操作的程序就介绍完了，请读者自己多在计算机上编程试验，以加深对 ADO 技术的理解。在熟练以后，可以将许多重复的工作封装在自定义类中，以方便自己以后使用。

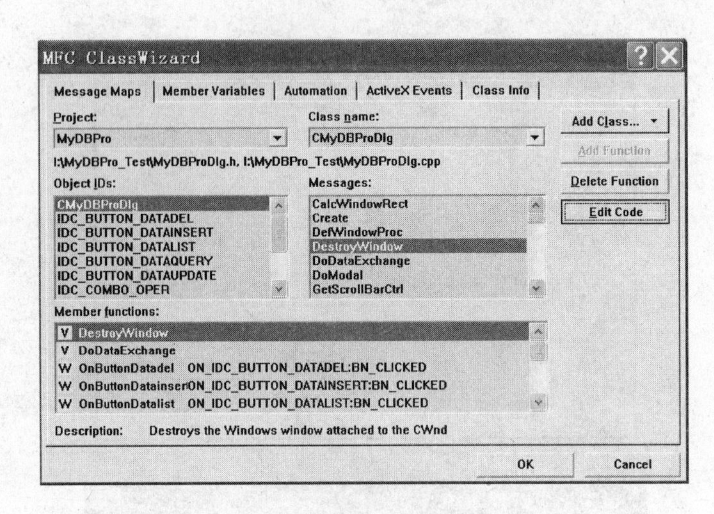

图 7-35 关闭对话框时关闭、释放资源

7.7 扩展实例与技巧

7.7.1 创建文件夹

在实际软件开发中,经常需要创建文件夹,比如一个自动控制程序在运行过程中,往往需要创建一个记录数据用的文件夹,而后动态地写入实时记录下的相关数据。下面介绍一下文件夹的创建技巧。

① 建立一个基于对话框的 MFC 工程,命名为 CreateDirPro。设计一个包含一个按钮和一个文本框的对话框界面。

② 双击按钮控件,而后加入如下按钮事件处理代码,用于创建文件夹。

```
void CCreateDirProDlg::OnButtonDir()
{
    CString dirPath;
    GetDlgItem(IDC_EDIT_DIR)->GetWindowText(dirPath); //获取文件夹路径
    if (!CreateDirectory(dirPath,0))  //创建文件夹
    {
        MessageBox("创建文件夹失败,文件夹可能已经存在!");
    }
    else
    {
        MessageBox("创建文件夹成功");
    }
}
```

以上核心代码是用到了函数 CreateDirectory()。其中,第 1 个参数是文件夹的完整路径,读者在实际应用中可以根据需要取值;第 2 个参数设为 0 即可。读者在文本框中输入完整路径后单击“创建文件夹”按钮即可。编译、运行程序,效果如图 7-36 所示。

图 7-36 创建文件夹

7.7.2 删除文件夹

删除一个文件夹并不简单(删除空文件夹只简简单单调用函数 RemoveDirectory()即可),关键是文件夹里面可能会有文件,而且可能会嵌套有文件夹,因此这就需要一个遍历查找所有文件夹下的文件的过程。

① 建立一个基于对话框的 MFC 工程,命名为 RemoveDirPro;设计一个包含一个按钮和一个文本框的对话框界面。

② 双击按钮控件,而后加入如下按钮事件处理代码,用于删除文件夹。

```
void CRemoveDirProDlg::OnButtonDelete()
{
    CString strDirectory;
    GetDlgItem(IDC_EDIT_DIR) ->GetWindowText( strDirectory);//获取文件夹路径
    if (RemoveDir(strDirectory)) //自定义函数,删除文件夹
    {
        MessageBox(_T("删除目录成功"));
    }
    else
    {
        MessageBox(_T("删除目录失败!"));
    }
}
```

其中 RemoveDir (CString strDirectory)是个自定义函数,比较重要,代码如下:

```
BOOL CRemoveDirProDlg::RemoveDir(CString strDirectory)
{
    CString strWildcard = strDirectory;
    strWildcard += _T("\\*.*");
    CFileFind finder;  //用于搜索文件的 MFC 类
    BOOL bFind = FALSE;
    bFind = finder.FindFile(strWildcard);     //查找文件
    while (bFind)  //在此循环内进行递归删除
    {
        bFind = finder.FindNextFile();  //查找下一个文件
        if (finder.IsDots())    //如果找到的不是文件,只是代表当前或上层目录
        {
            continue;
        }
        CString strPathName = finder.GetFilePath();//找到文件的路径
          //获得找到文件是文件夹类型(文件夹也是一种特殊文件)
        if (finder.IsDirectory())
        {
            if (!RemoveDir(strPathName))   //递归删除目录
            {
                return FALSE;
            }
        }
        else      //获得的是文件类型的文件
        {
            if (!::DeleteFile(strPathName))
            {
```

```
                return FALSE;
            }
        }
    }
    finder.Close();    //结束查找
    if (!::RemoveDirectory(strDirectory)) //删除空目录
    {
        return FALSE;
    }
    return TRUE;
}
```

这里注意：在操作系统中，文件夹也是一种特殊文件类型；在文件系统中，"."和".."在目录层次上代表当前和上层目录，它们也算是整个文件夹里的内容，只是比较特殊，如果搜索到的是它们两个(IsDots 函数判断之)，则继续进行搜索。

编译、运行程序，可以删除上面例子中建立的文件夹(读者可以先在里面建几个文件)，而后按"删除"按钮测试，看看是否彻底删除干净了文件夹下的所有内容，如图 7-37 所示。

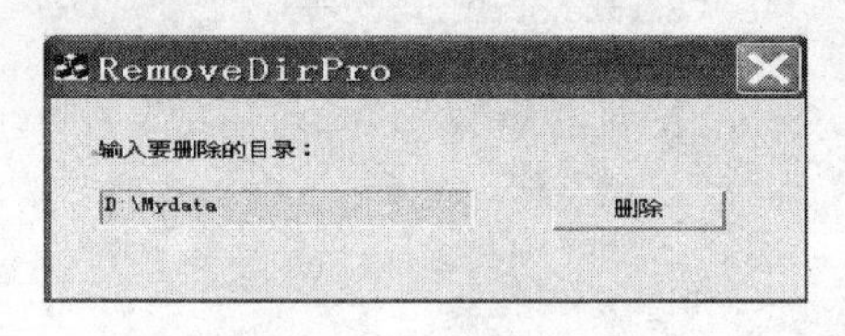

图 7-37　删除文件夹

7.7.3　删除文件

删除文件，可以用全局函数 DeleteFile()，其原型如下：

```
BOOL DeleteFile(
  LPCTSTR lpFileName    //带路径的文件名
);
```

比如要删除 D 盘下的文件 test1.txt，则可以在程序中使用如下语句：

```
::DeleteFile("D:\\test1.txt");
```

7.7.4　获取、设置当前进程目录

获取当前进程的目录很有必要，比如常常会碰到读取某个与当前路径有关的文件夹下的文件。

① 建立一个基于对话框的 MFC 工程，命名为 GetDirPro；设计一个包含两个按钮和一个文本框的对话框界面。

② 双击按钮控件，而后加入如下按钮事件处理代码。

```
void CGetDirProDlg::OnButtonGetdir()              //获取目录按钮的处理代码
{
    TCHAR szDirectory[MAX_PATH];                  //存放目录的宽字符数组
    //获得进程的当前目录
    if (::GetCurrentDirectory(MAX_PATH, szDirectory)) //核心代码,获取目录
    {
        CString strText = _T("");
        strText.Format(_T("进程的当前目录:\n%s"), szDirectory);
        GetDlgItem(IDC_EDIT_SHOWDIR)->SetWindowText(strText);
    }
}
void CGetDirProDlg::OnButtonSetdir()             //设置目录按钮的处理代码
```

```
{
    CString strDirectory = _T("D:\\");             //这里把目录设为了 D 盘
    if (::SetCurrentDirectory(strDirectory))  //设置进程的当前目录
    {
        CString strText = _T("");
        strText.Format(_T("进程的当前目录:\n%s"), strDirectory);
        GetDlgItem(IDC_EDIT_SHOWDIR) - >SetWindowText(strText);
    }
}
```

核心的代码就是全局函数 GetCurrentDirectory()和 SetCurrentDirectory()。编译、运行程序,效果如图 7-38 所示。

图 7-38　获取当前进程的路径

7.7.5　获取系统目录

① 建立一个基于对话框的 MFC 工程,命名为 GetSysDirPro;设计一个包含两个按钮和一个文本框的对话框界面。

② 双击按钮控件,而后加入如下按钮事件处理代码。

```
void CGetSysDirProDlg::OnButtonGetwin()
{
    TCHAR szDirectory[MAX_PATH]; //用于存放 Windows 路径的宽字符数组
    if (::GetWindowsDirectory(szDirectory, MAX_PATH)> 0) //获得 Windows 目录
    {
        CString strText = _T("");
        strText.Format(_T("Windows 目录:\n%s"), szDirectory);
        GetDlgItem(IDC_EDIT1) - >SetWindowText(strText);
    }
}
void CGetSysDirProDlg::OnButtonGetsystem()
{
    TCHAR szDirectory[MAX_PATH]; //用于存放 System32 路径的宽字符数组
    if (::GetSystemDirectory(szDirectory, MAX_PATH) > 0) //获得 System 目录
    {
        CString strText = _T("");
        strText.Format(_T("System 目录:\n%s"), szDirectory);
        GetDlgItem(IDC_EDIT1) - >SetWindowText(strText);
    }
}
```

编译、运行程序,效果如图 7-39 所示。

图 7-39 获取系统文件的路径

7.7.6 INIT 文件操作

INIT 文件是 Windows 操作系统中一种非常重要的文件类型，用于存放程序的初始化参数信息，爱玩游戏的朋友可以到其安装目录下看看，有许许多多 INIT 文件。INIT 文件有一定的格式，它由一个一个"段"(Section)组成，段里则是具体的一个一个的"键"。

建立并写入 INIT 文件的函数是 WritePrivateProfileString()，定义如下：

```
BOOL WritePrivateProfileString(
  LPCTSTR lpAppName,  //段名
  LPCTSTR lpKeyName,  //键名
  LPCTSTR lpString,   //写入的键值字符
  LPCTSTR lpFileName  //INIT 文件名
);
```

对应的读取 INIT 文件的函数是 GetPrivateProfileString()，定义如下：

```
DWORD GetPrivateProfileString(
  LPCTSTR lpAppName,          //段名
  LPCTSTR lpKeyName,          //键名
  LPCTSTR lpDefault,          //默认字符
  LPTSTR lpReturnedString,    //接收键值的字符缓冲区
  DWORD nSize,                //接收缓冲区大小
  LPCTSTR lpFileName          //INIT 文件名
);
```

这里我们假设建立一个 Rect.Ini 文件用于存放某个游戏程序里视景立方体的长、宽、高数据，段名为 Rect，键值分别为 Length，Width，Height。先写入，再读出。

① 建立一个基于对话框的 MFC 工程，命名为 InitPro；设计一个包含两个按钮、三个文本框和一个静态文本框的对话框界面。

② 利用 Class Wizard 将 3 个文本框绑定 3 个 CString 类型的变量。

③ 双击按钮控件，而后加入如下按钮事件处理代码。

```
void CInitProDlg::OnButtonWrite()    //为"写入 Init 文件"按钮添加代码
{
    UpdateData(TRUE); //获取控件输入的数据
    //向 Rect.int 文件写入长、宽、高数据
    ::WritePrivateProfileString("Rect","Length",m_strLen, ".\\Rect.ini");
    ::WritePrivateProfileString("Rect","Width",m_strWidth, ".\\Rect.ini");
    ::WritePrivateProfileString("Rect","Height",m_strHeight, ".\\Rect.ini");
}
void CInitProDlg::OnButtonRead()    //为"读取 Init 文件"按钮添加代码
{
    //从 Rect.int 文件中读取长、宽、高数据
    ::GetPrivateProfileString("Rect","Length",NULL,m_strLen.GetBuffer(128),128, ".\\Rect.
ini");
```

```
    ::GetPrivateProfileString("Rect","Width",NULL,m_strWidth.GetBuffer(128),128, ".\\Rect.
ini");
    ::GetPrivateProfileString("Rect","Height",NULL,m_strHeight.GetBuffer(128), 128  ,".\\Re-
ct.ini");
    UpdateData(FALSE);   //显示控件数据
}
```

对话框界面和"读取 Init 文件"程序如图 7-40 所示。

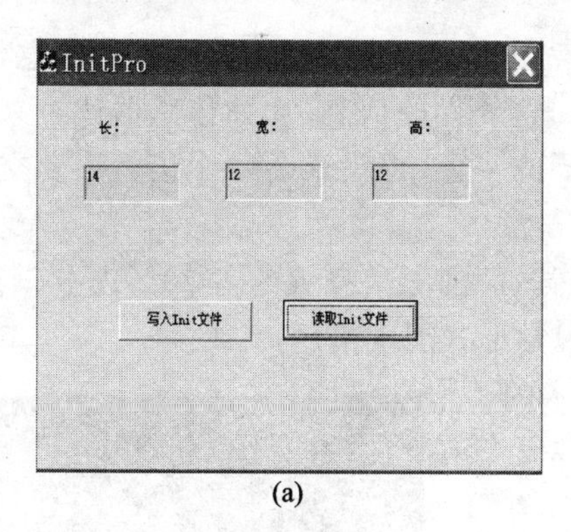

(a)

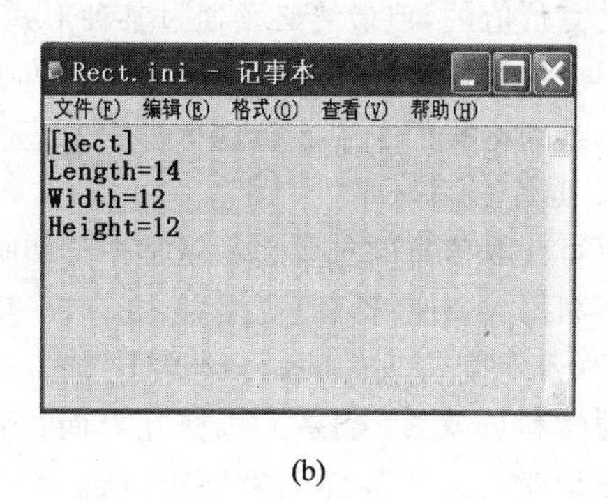

(b)

图 7-40　"读取 Init 文件"程序

第 8 章

信息技术四部曲——信息展现

信息是有价值的，但最终必须通过某种形式展现给用户；否则，再有价值的信息，看不见、摸不着也没用。计算机软硬件是我们获取信息的工具，外界的信息（比如传感器读过来的数据）要通过这个工具到达我们手中。在这个过程中，重要的一环、也是最后一个接力棒要交到“信息如何展示出来”这个技术环节上。

人的感官获取信息的主要途径就是视觉和听觉，而视觉信息大约占 70%以上。在这部分主要介绍如何利用 VC 使信息以更漂亮、更有效的视觉形式展现给用户。

其实，关于信息展现的问题会涉及计算机技术的两个重要的学科分支：一个是人机交互界面；另一个是计算机图形学。人机界面的发展可以说对于计算机的普及和应用起到了决定性的作用，最为典型的代表就是 Windows 操作系统（如图 8-1）。正是微软公司在人机界面上的巨大成功才使得其初创时期的“使人人桌上有一台 PC”的美好愿景得以实现，从而也确立了其在 IT 界呼风唤雨、不可动摇的霸主地位。近些年兴起的 Linux 一直在人机界面问题上乏善可陈，只能在服务器端默默耕耘，影响了其在大众化领域的传播和发展，但随着 Ubuntu 版本的 Linux 的异军突起以及 Qt 等开发工具的完善，会使 Linux 的用户逐渐增多。在用户界面方面具备王者风范的另一家公司就是著名的苹果公司。许多资深的 IT 业者都对苹果公司怀有深厚的感情，因为苹果机可能就是他们最早接触到的计算机，是他们进入计算机世界的一扇门。苹果公司在和微软公司的竞争中，由于战略等诸多原因处在下风，毫无疑问 PC 时代的主角是微软公司，苹果公司只能望其项背，但这也丝毫不妨碍苹果公司的产品拥有大批忠实的粉丝。最近，随着苹果智能手机 iPhone 的发布，苹果公司可谓掀起了一场革命。有人讲，PC 时代的主角是微软公司，Web 时代的王者是谷歌公司，那么 IT 界即将迎来又一场智能手机、智能移动终端的革命，这场革命的发起者和主角应该是苹果公司，iPhone 的发布就是其吹响的号角。这种说法很有道理，也很值得回味。苹果公司的产品在人机界面方面一向是以酷炫著称，因此才被众多年轻人作为时尚而倍加追捧。iPhone 本身堪称人机界面方面的杰作。

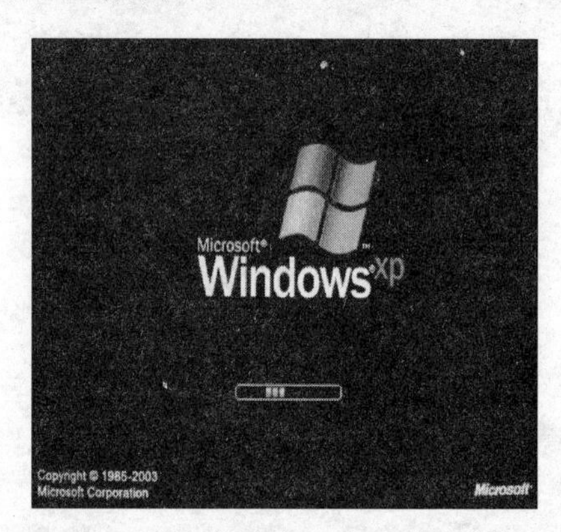

图 8-1　人机界面的经典之作——Windows

我的一位计算机老师曾在课上调侃式地对我们说，你们编的软件可以功能烂点儿，但界面一定要漂亮，显得“专业”些，这样用户似乎还能接受；相反，如果你的软件功能很强，就是界面太糙，估计没有谁会睬你的东西。这话虽然极端了点儿，但确实是经验之谈。老师自己参与过很多商业项目，也算是业界中人，他对于我们这些年轻人的告诫是中肯的。在以后用软件的时候，特意较为用心地观察了每一款软件的界面，包括一些软件升级后界面发生了哪些变化，哪里显得更漂亮了，久而久之发现自己的软件审美能力也提高了，对于一个软件是有张“鞋拔子脸”还是“猪腰子脸”也有了个自己的判断了。希望读者朋友平时在用软件的时候，也多加注意软件的界面，尤其是一些商业软件的界面元素，看看自己是否有能力复制一个“脸儿”出来，这也是对于编程能力有益的训练。

另一个对于信息展示有重要意义的计算机科学分支是计算机图形学。如果我们做一个“带给我们快乐的计算机技术”的排行榜的话，那么计算机图形学应该名列榜首。为什么？别的不说，光是计算机游戏、网络游戏就足可以说明问题了吧。无论是 2D 还是 3D 游戏，都是我们生活中快乐的源泉之一。如果 80 后、90 后的年轻人没有计算机游戏相伴，恐怕生活会单调乏味很多。当然，游戏只是计算机图形学的一个具体应用而已。最近火遍全球的《阿凡达》所带来的 3D 影视革命，则又是图形学技术的又一次辉煌。有人预言，不久的将来，互联网页面将实现全面的 3D 化，到那时图形学技术将对信息展现进行完美诠释，让人们以更加刺激和深入的体验来获取信息。其实，现在也有公司在进行这方面的尝试。笔者曾经听过一位中科院的师兄作的一个报告，这位师兄创业的公司就在做 3D 互联网方面的尝试，通过其公司自主研发的 3D 浏览器展示的效果真是不错。相信，随着技术的不断进步会催生出更多的高科技创业公司，说不定未来中国自己的微软就是读者中的哪位创出来的呢。

图形学的具体应用虽然如此喜闻乐见，可是其自身的理论却非常高深。在中国，浙江大学 CG/CAD 实验室、微软亚洲研究院在这方面都很牛，如果你想投身图形学研究直到弄到博士学位，可以考虑去学习学习。

8.1　换肤技术

8.1.1　为程序披上 Windows XP 的外衣

Windows XP 是迄今为止微软公司推出的最为成功的 Windows 操作系统版本。记得自己刚上大学的时候就开始用 XP，到了硕士毕业时还是在用 XP，而且 Windows 用户中 XP 的用户份额仍然是最多的。这使得微软公司后来推出 Vista 时遭遇了前所未有的困难和尴尬，形成了自己和自己打擂的局面，真正印证了“超越自我”是多么的不容易啊。在以后可预见的相当的一段时间里，XP 仍然会是主流版本之一，因为人们用它的时间太长了，太习惯了，而且许多配置不算特好的机器运行 XP 是最好的选择。Windows XP 操作系统本身就有很多的控件，大家随便打开几个 XP 自带的程序就会看到。可以看到这些控件都有统一的风格，譬如鼠标掠过时控件会有变色提示（一般由蓝色变成黄色），当用鼠标点选时也会有虚线提示。图 8－2 中的程序中就有几种不同的 XP 控件。

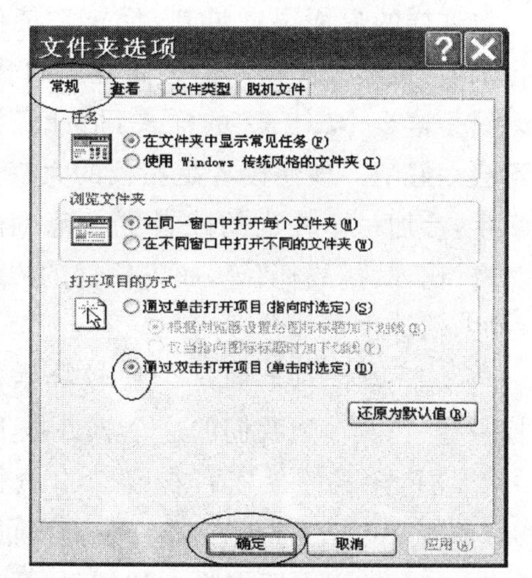

图 8－2　Windows XP 中的控件

我们用 VC 6 编程，由于它整体才有四五百兆字节大小，所以它没有那么多花里胡哨的控件（VC .NET 由于和 VB、C# 等其他语言共用. NET 控件，因此控件的类型丰富了很多，而且界面外观更加漂亮，当然代价是软件臃肿了一些）。我们在利用 VC 6 编程时，它所提供的控件外观都比较“朴素”，在一般做个小项目（比如毕业设计）时也无所谓，但是要想让软件看上去上点档次、有点技术含量的话，就得动用点儿技巧了。我们后边会讲到针对不同的典型控件进行专门的自定义美化，而后作为界面库中的一部分加入到我们的工程当中去。但是,如果你觉得麻烦了点儿,那么有没有比较省事的办法呢?这里我们介绍个“懒人用”美化方法,不用太费事儿就可以使编出来的程序具有 Windows XP 控件的外观,非常实用。好,下面我们就开始吧。

① 打开 VC 6,建立一个基于对话框的 MFC 工程,命名为 XPSkin,如图 8-3 所示。

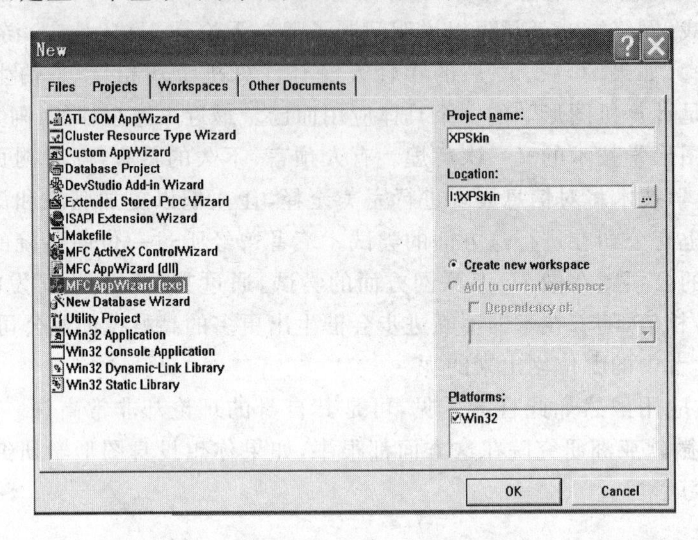

图 8-3 建立一个基于对话框的 MFC 工程

② 建立好以后,在对话框资源编辑器中拖放控件,自己摆一个界面出来。为了说明问题,我们可以多放几种不同类型的控件。当然,大家可以随意,这里只是演示一下而已,程序本身并没有什么实际的功能。

运行程序如图 8-4 所示,此界面大家应该非常熟悉,使用 VC 6 一定时间的读者都有点“审美疲劳”了吧,呵呵。其实,在科研中一般这样的界面很常见到,反正功能够了就行了呗,也不去卖钱。但是商业用的软件,如果只是这么个“朴素”的样式,估计经济效益不会太好吧。即使读者是在校的大三大四的学生,参加一个校内的或者更大范围的科技竞赛,比如“挑战杯”等,如果软件的界面漂亮一些,估计也是加分项之一。

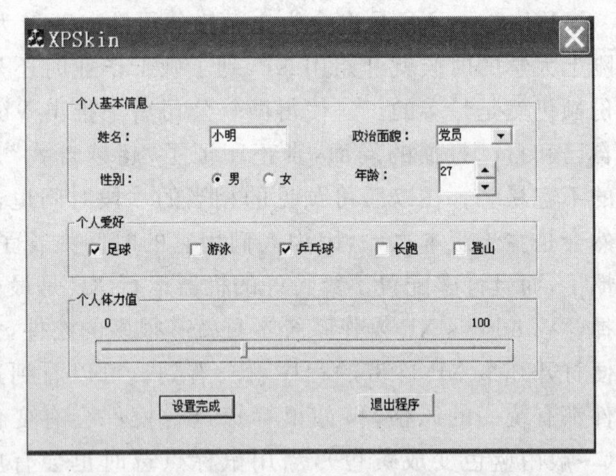

图 8-4 VC 6 编出的程序的典型界面

③ 下面针对上面这个比较朴素的界面加一些“花儿”,让我们的这个软件披上 Windows XP 样式的外衣。右键单击资源文件夹,单击“Insert”选项。随后在弹出的对话框右侧的 4 个按钮选项中选择“Custom”。在“Resource type”文本框中输入“24”,如图 8-5 所示。

④ 将资源属性的 ID 值改为 1,如图 8-6 所示。

⑤ 这时候右边资源编辑框中显示了 6 个“0”,光标停在这 6 个“0”后面,等待用户输入要编辑的资源内容。读者可能要问,我哪会编辑这个东西呀?! 没关系的,这里教给读者朋友的东西都是现成的,此时读者只需将下面这些内容原封不动地复制粘贴到资源编辑框中即可。

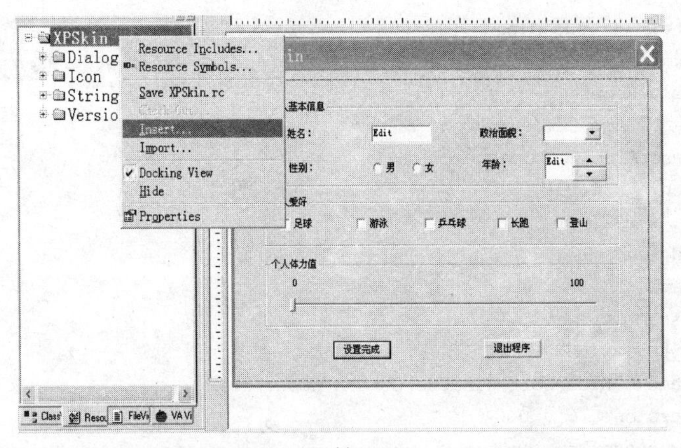

(a)

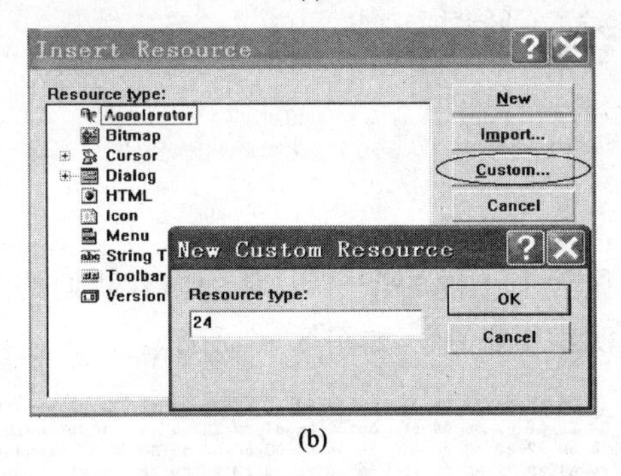

(b)

图8-5 在资源编辑器中插入客户自定义资源

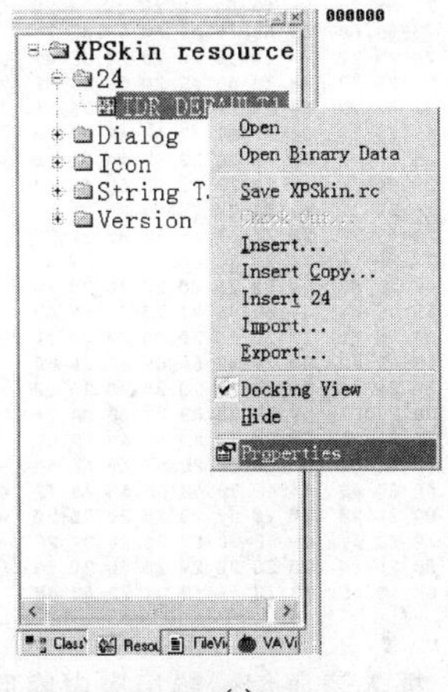

(a)

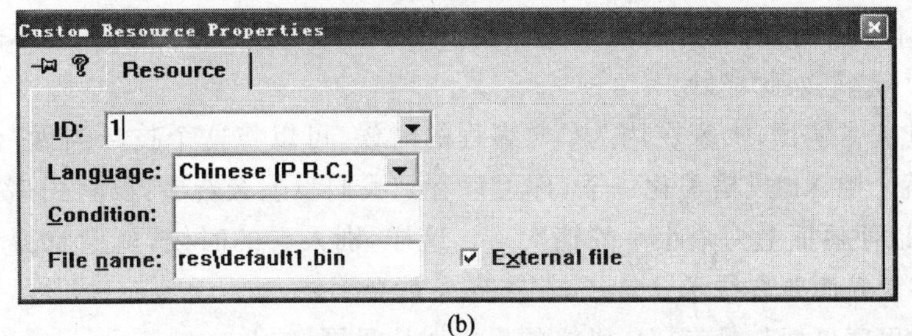

(b)

图8-6 将客户自定义资源的ID号设置为1

```
<? xml version = "1.0" encoding = "UTF - 8" standalone = "yes"? >
  <assemblyxmlns = "urn:schemas - microsoft - com:asm.v1"manifestVersion = "1.0">
    <assemblyIdentity
      name = "XP style manifest"
      processorArchitecture = "x86"
      version = "1.0.0.0"
      type = "win32"/>
    <dependency>
      <dependentAssembly>
        <assemblyIdentity
          type = "win32"
          name = "Microsoft.Windows.Common - Controls"
          version = "6.0.0.0"
          processorArchitecture = "x86"
          publicKeyToken = "6595b64144ccf1df"
          language = " * "
        />
      </dependentAssembly>
    </dependency>
  </assembly>
```

这时编辑器中显示一些像天书一样的东西(具体的内容我们的光盘里有,读者练习时可以直接将其复制到自己的工程资源编辑器中),如图 8－7 所示。

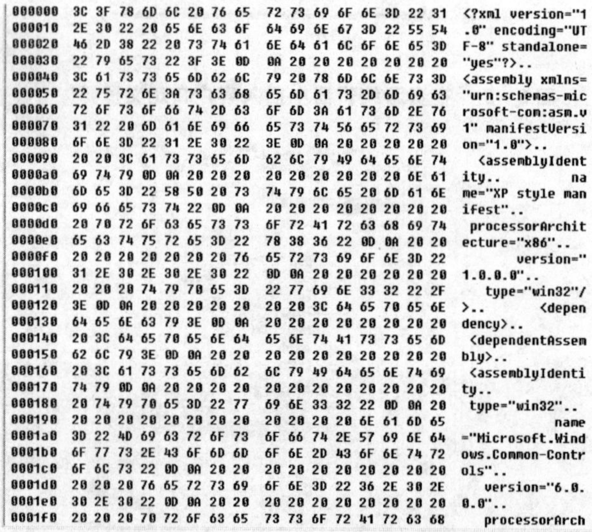

```
000000  3C 3F 78 6D 6C 20 76 65  72 73 69 6F 6E 3D 22 31  <?xml version="1
000010  2E 30 22 20 65 6E 63 6F  64 69 6E 67 3D 22 55 54  .0" encoding="UT
000020  46 2D 38 22 20 73 74 61  6E 64 61 6C 6F 6E 65 3D  F-8" standalone=
000030  22 79 65 73 22 3F 3E 0D  0A 20 20 20 20 20 20 20  "yes"?>..
000040  3C 61 73 73 65 6D 62 6C  79 20 78 6D 6C 6E 73 3D  <assembly xmlns=
000050  22 75 72 6E 3A 73 63 68  65 6D 61 73 2D 6D 69 63  "urn:schemas-mic
000060  72 6F 73 6F 66 74 2D 63  6F 6D 3A 61 73 6D 2E 76  rosoft-com:asm.v
000070  31 22 20 6D 61 6E 69 66  65 73 74 56 65 72 73 69  1" manifestVersi
000080  6F 6E 3D 22 31 2E 30 22  3E 0D 0A 20 20 20 20 20  on="1.0">..
000090  20 20 3C 61 73 73 65 6D  62 6C 79 49 64 65 6E 74    <assemblyIdent
0000a0  69 74 79 0D 0A 20 20 20  20 20 20 20 20 20 6E 61  ity..         na
0000b0  6D 65 3D 22 58 50 20 73  74 79 6C 65 20 6D 61 6E  me="XP style man
0000c0  69 66 65 73 74 22 0D 0A  20 20 20 20 20 20 20 20  ifest"..
0000d0  20 70 72 6F 63 65 73 73  6F 72 41 72 63 68 69 74   processorArchit
0000e0  65 63 74 75 72 65 3D 22  78 38 36 22 0D 0A 20 20  ecture="x86"..
0000f0  20 20 20 20 20 20 20 76  65 72 73 69 6F 6E 3D 22         version="
000100  31 2E 30 2E 30 2E 30 22  0D 0A 20 20 20 20 20 20  1.0.0.0"..
000110  20 20 20 74 79 70 65 3D  22 77 69 6E 33 32 22 2F     type="win32"/
000120  3E 0D 0A 20 20 20 20 20  20 20 3C 64 65 70 65 6E  >..       <depen
000130  64 65 6E 63 79 3E 0D 0A  20 20 20 20 20 20 20 20  dency>..
000140  20 3C 64 65 70 65 6E 64  65 6E 74 41 73 73 65 6D   <dependentAssem
000150  62 6C 79 3E 0D 0A 20 20  20 20 20 20 20 20 20 20  bly>..
000160  20 3C 61 73 73 65 6D 62  6C 79 49 64 65 6E 74 69   <assemblyIdenti
000170  74 79 0D 0A 20 20 20 20  20 20 20 20 20 20 20 20  ty..
000180  20 74 79 70 65 3D 22 77  69 6E 33 32 22 0D 0A 20   type="win32"..
000190  20 20 20 20 20 20 20 20  20 20 20 20 6E 61 6D 65              name
0001a0  3D 22 4D 69 63 72 6F 73  6F 66 74 2E 57 69 6E 64  ="Microsoft.Wind
0001b0  6F 77 73 2E 43 6F 6D 6D  6F 6E 2D 43 6F 6E 74 72  ows.Common-Contr
0001c0  6F 6C 73 22 0D 0A 20 20  20 20 20 20 20 20 20 20  ols"..
0001d0  20 20 20 76 65 72 73 69  6F 6E 3D 22 36 2E 30 2E     version="6.0.
0001e0  30 2E 30 22 0D 0A 20 20  20 20 20 20 20 20 20 20  0.0"..
0001f0  20 20 20 70 72 6F 63 65  73 73 6F 72 41 72 63 68     processorArch
```

图 8－7　插入资源编辑器相应内容后的显示

⑥ 此时编译、运行我们的程序,看看会有什么效果,如图 8－8 所示。会不会让你眼前一亮呢,哈哈。编程序就是如此奇妙!

以上这招儿非常实用,大家在用 VC 6 编程的时候,可以将这个技巧当做“例行公事”,每次设计完界面后就来用 XP 风格美化一下,你可以看到我们没怎么费事,没有用诸如什么界面库之类的东西,就可以使界面上一个小小的档次了。这样,别人看的时候,就会觉得你的软件比一般那种 VC 6 的朴素界面要有技术含量了,第一印象就会不错。

普通 VC 6 程序界面与具有 XP 风格的界面对比见图 8－9。

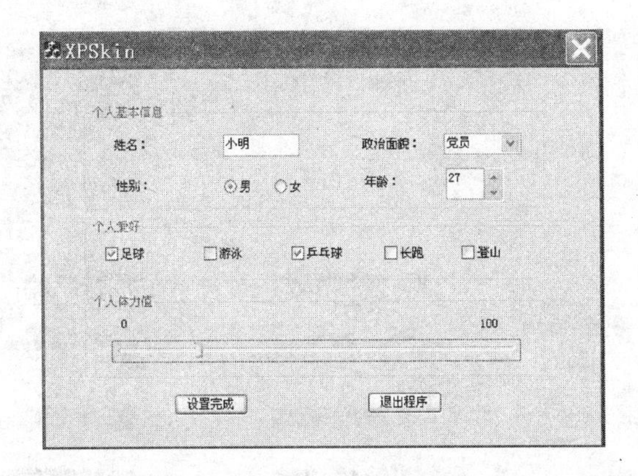

图 8-8　一个经过改良后具有 XP 样式的软件界面

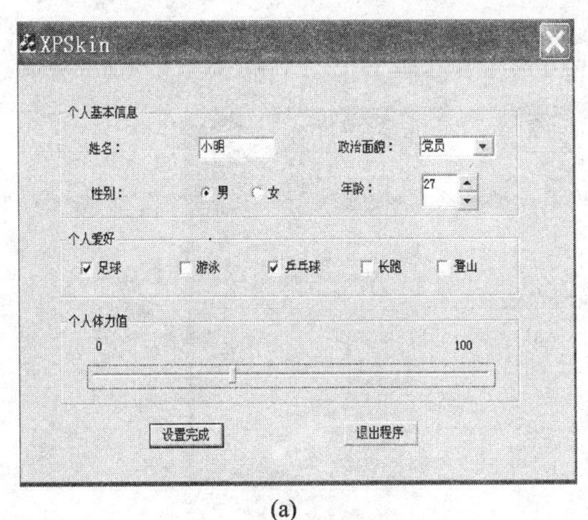

(a)

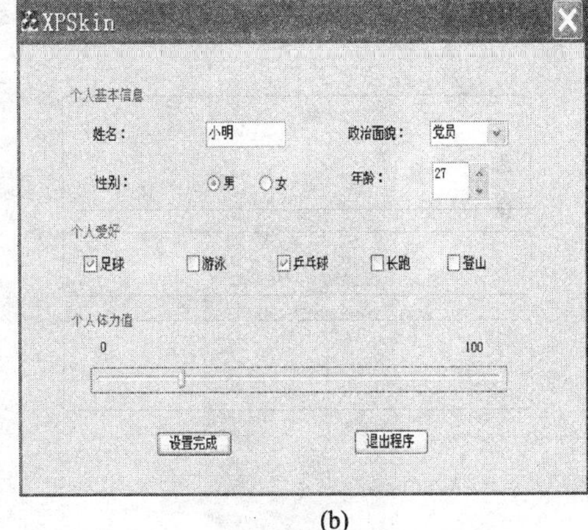

(b)

图 8-9　普通 VC 6 程序界面与具有 XP 风格的界面对比

8.1.2　用专业的界面库美化程序

现在的软件界面是越来越漂亮了。软件公司也深知界面的重要性，为此一般都会配备美工，设计一些有自己特色的界面图案，然后通过程序员做出漂亮的界面。我们从一些软件升级换代后的“脸面”的改变就可见一斑。比如一个软件，相对较低的版本可能外框还是 Windows 操作系统的标准外框，就是那种蓝色底色、“最小化”+“还原”+“关闭”按钮那种样式的，而升级后可以看到，这些都变成有自己特色的东西了。大家请看，图 8-10 是著名的超级兔子软件升级前后的对比图。升级后的软件就界面而言（功能的增强我们不谈）去除了 Windows 系统中给定的外框样式，色彩的搭配更加和谐，可以想见肯定是有美工出力了，否则估计程序员没这审美吧，哈哈。而且可以看出一点，现在单机软件的界面越来越向 Web 页面的样式靠拢了。

另外，很多软件（如著名的搜狗输入法）都配备有皮肤库，使得同一款软件可以披上不同的外衣，给用户时变时新的感觉，非常之“酷”。图 8-11 所示为同一款软件的不同皮肤。

一个实力稍微雄厚一点儿的软件公司会开发配备自己的界面库，打出自己的特色。如果没有实力或者是学生单打独斗（例如一个人或者三五个人参加挑战杯），为了使自己的软件界面变得专业，但同时自己又缺乏技术资源和手段，这时候可能就需要借助其他的力量，那就是一些他人（公司）已经做好的界面皮肤库。这些界面皮肤库有免费的，也有商用付费的。一般来说，商用

(a)

(b)

图 8-10　超级兔子升级前后的界面对比

付费的由一些专业的公司开发完成，质量要相对稳定一些，易用一些。比较著名的界面皮肤库有 SkinMagic、AppFace、Skin++等。这几个效果都不错。

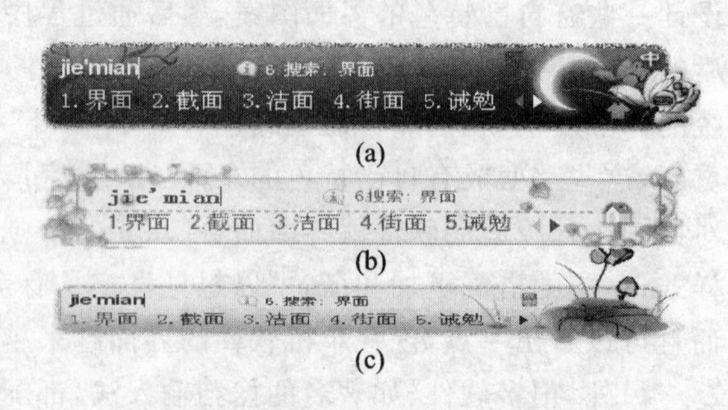

(a)

(b)

(c)

图 8-11　同一款软件的不同皮肤

下面讲讲如何用 SkinMagic 来为自己的程序换皮肤。

① 在 VC 6 中新建一个基于对话框的 MFC 工程，命名为 SkinMagicPro，直接单击“Finish”按钮完成建立，如图 8-12 所示。

② 在资源编辑器中设计一个简单的对话框界面，然后编译、运行程序（此程序没有什么实际功能，只是为了说明问题），显示如图 8-13 所示。

③ 将本书所附光盘中的 4 个文件，即 SkinMagicLib. h、SkinMagicLib. lib、DETOURS. lib、

＊.smf 复制到工程文件夹中。注意，前 3 个是库文件，最后一个.smf 文件是界面皮肤文件，不同名的此类文件可以用来生成不同的皮肤。

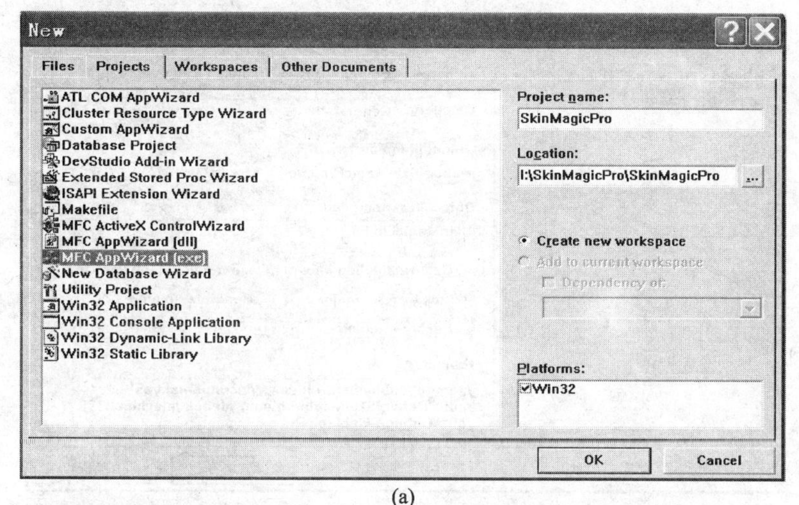

(a)

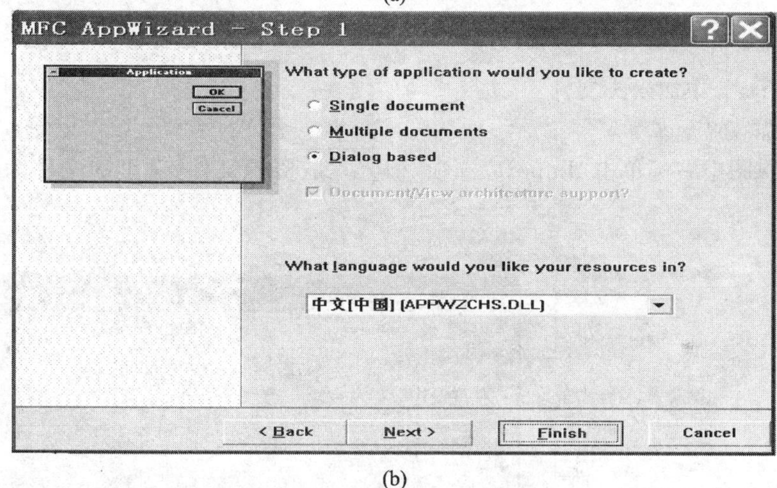

(b)

图 8-12　新建一个测试 SkinMagic 用法的工程

图 8-13　一个测试 SkinMagic 的普通对话框程序界面

④ 在 VC 6 中选择“Project”|“Setting”|“Link”命令，填入库文件 SkinMagicLib. lib，如图 8 - 14 所示。

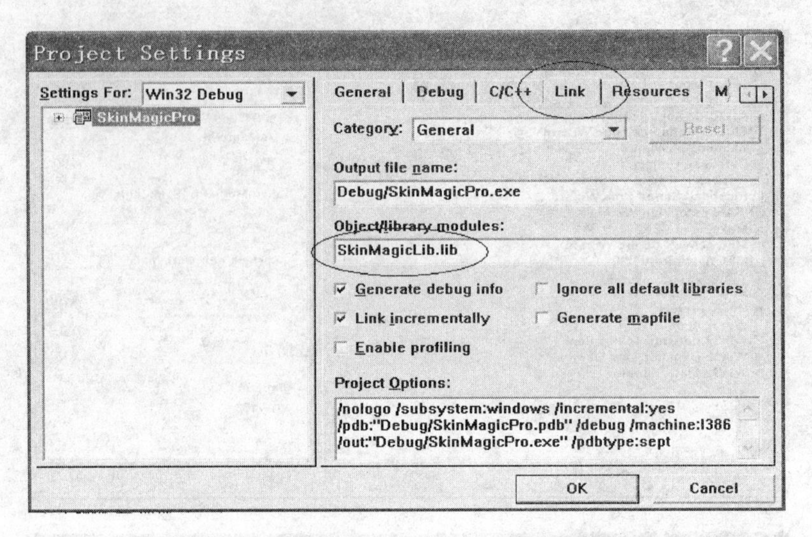

图 8 - 14　加入 SkinMagic 库文件到工程链接选项中

⑤ 在 StdAfx. h 中加入头文件：

```
#include "SkinMagicLib.h"
```

⑥ 在资源视图中右键单击“Import”选项，引入皮肤资源文件，这里的文件为 Tusk. smf，如图 8 - 15 所示。

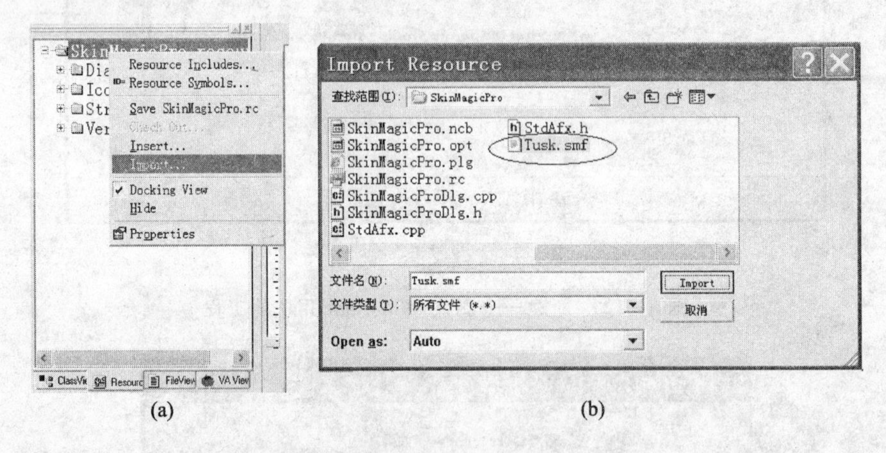

图 8 - 15　在资源编辑器中引入皮肤资源文件

⑦ 在弹出的资源描述对话框中的“Resource type”文本框中填入 SKINMAGIC，如图 8 - 16 所示。随后将资源的属性改为“IDR_SKIN_TUSK”。要注意的是，在其 ID 值中要加引号，否则会出错。

⑧ 在应用程序类 CSkinMagicProApp 的函数 InitInstance()中，加入如下代码：

```
VERIFY(1 == InitSkinMagicLib(AfxGetInstanceHandle(), NULL ,NULL,NULL));
//注意,第 2 个参数为资源的属性名
VERIFY(1 == LoadSkinFromResource(AfxGetInstanceHandle(),_T("IDR_SKIN_TUSK"),
                                  _T("SKINMAGIC")));
VERIFY(1 == SetDialogSkin(_T("Dialog")));
```

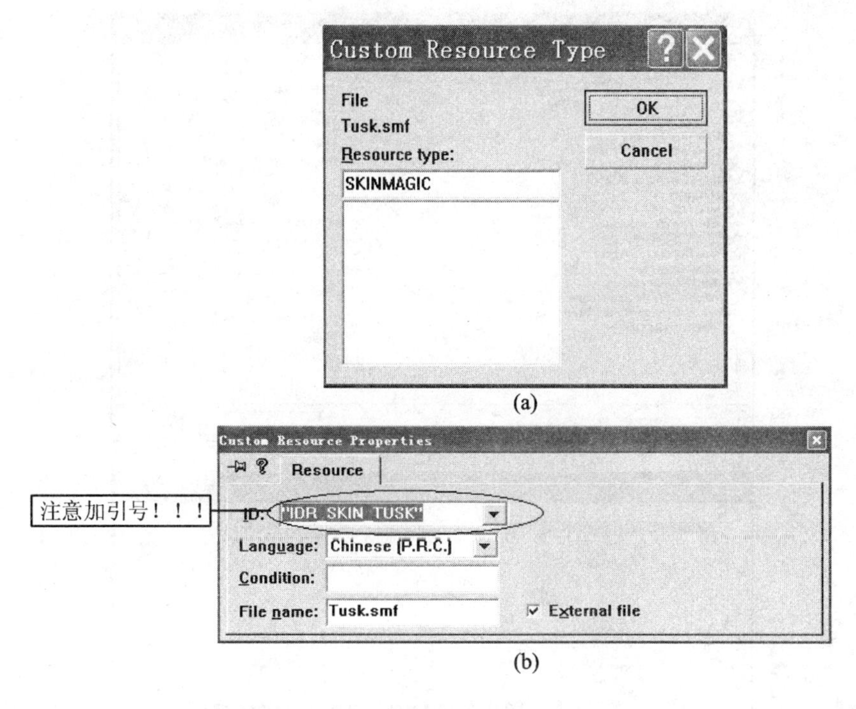

图 8-16　对资源类型的描述与属性的修改

在应用程序类 CSkinMagicProApp 的函数 ExitInstance()(需用 Class Wizard 手动添加)中加入如下代码(用于释放资源)：

```
int CSkinMagicProApp::ExitInstance()
{
    ExitSkinMagicLib(); //SkinMagic 库函数,退出时资源的释放
    return CWinApp::ExitInstance();
}
```

⑨ 编译运行程序,就会出现一个具有崭新皮肤的界面了,如图 8-17 所示,是不是很酷呢?如果想用更多的皮肤,就得掏银子去人家公司买了。不过,为了做出专业的界面,花点钱也值得,说不定你的回报更多呢(比如挑战杯获奖,绝对是你履历上光辉灿烂的一笔,对找技术类的岗位很有帮助的)。

图 8-17　利用 SkinMagic 对程序修饰后的效果

8.1.3　用 AppFace 美化程序

AppFace 也是一款商业界面皮肤库,提供 30 天的试用版和几个免费的皮肤文件让用户试用,如果觉得好,则可以购买。它提供的是一个 AppFace for VC 的开发包(AUDK),我们要用到的是 appface.h、appface.dll、gtclassic.urf,其中最后一个是免费的皮肤文件。读者可以先把这 3 个文件复制到自己的工程文件夹下面。

① 新建一个基于对话框的 MFC 工程,命名为 AppFacePro,如图 8-18 所示。

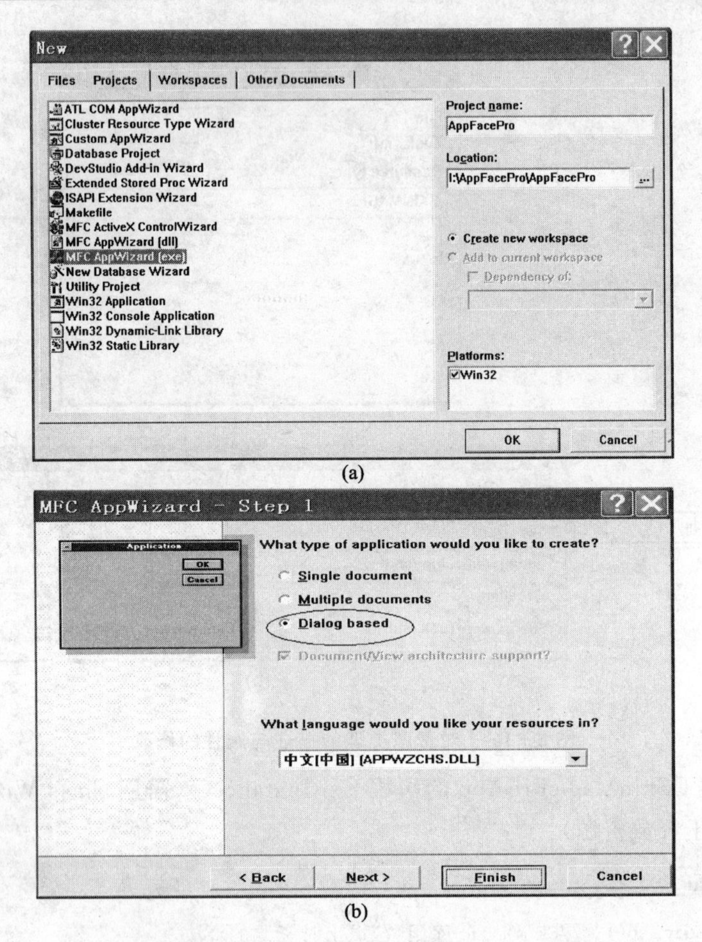

(a)

(b)

图 8-18　新建一个基于对话框的 MFC 工程

② 在资源编辑器中设计一个简单的对话框界面，读者可以随意设计，此程序也并没有什么实际功能，只是演示一下而已。编译、运行程序，如图 8-19 所示。这是一个再普通不过的 MFC 对话框程序。

③ 将光盘 AppFace 库文件夹下的 AppFace. dll 文件、AppFace. lib 文件和 AppFace. h 文件复制到当前工程的文件夹下面(注意：将. dll 文件也复制一份到 Debug 文件下，免得直接运行 Debug 目录下的. exe 文件时出错)，如图 8-20 所示。

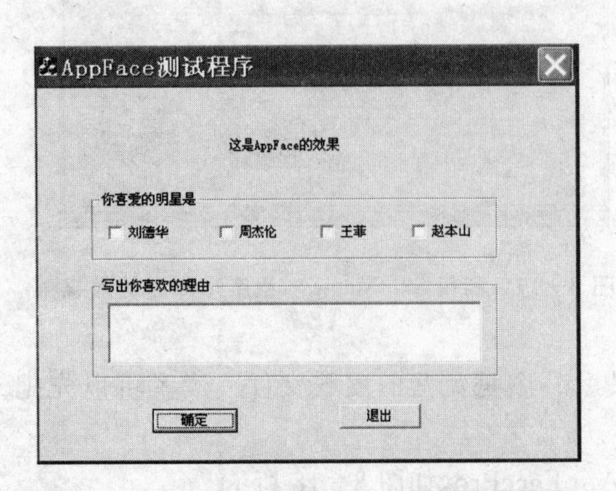

图 8-19　一个普通的 MFC 对话框程序界面

图 8-20　向工程中添加必需的 3 个文件

添加好文件后,选择"Project"|"Setting"|"Link"选项,填入 AppFace. lib,如图 8-21 所示。

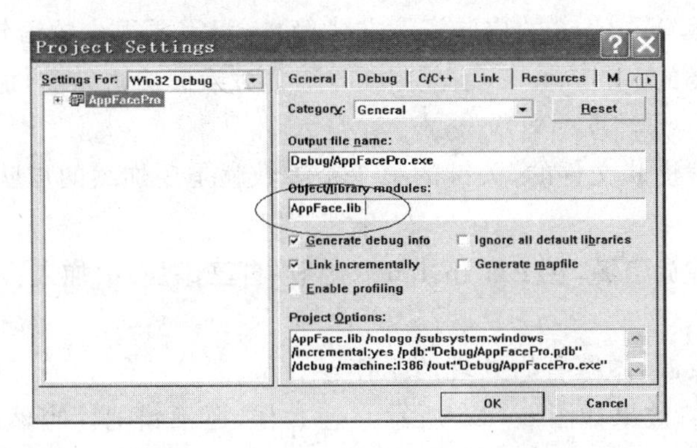

图 8-21　向工程中添加必要的库文件

④ 选择"Project"|"Add To Project"|"Files"命令,将 AppFace. h 文件添加到工程中来,如图 8-22 所示。此时在"Class View"类视图中可以看到 CAppFace 类了,如图 8-23 所示。

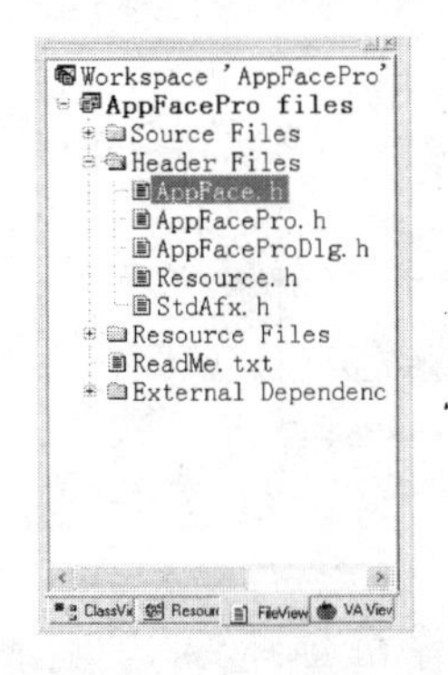

图 8-22　向工程中添加头文件 AppFace. h

AppFacePro classes
CAboutDlg
CAppFace
CAppFaceProApp
CAppFaceProDlg
Globals

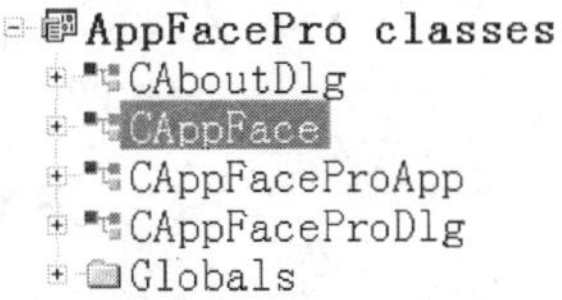

图 8-23　向工程中添加头文件 AppFace. h 及 CAppFace 类

⑤ 将皮肤资源文件复制到工程目录及 Debug 目录下(为了直接运行 Debug 目录下. exe 程序的方便)。

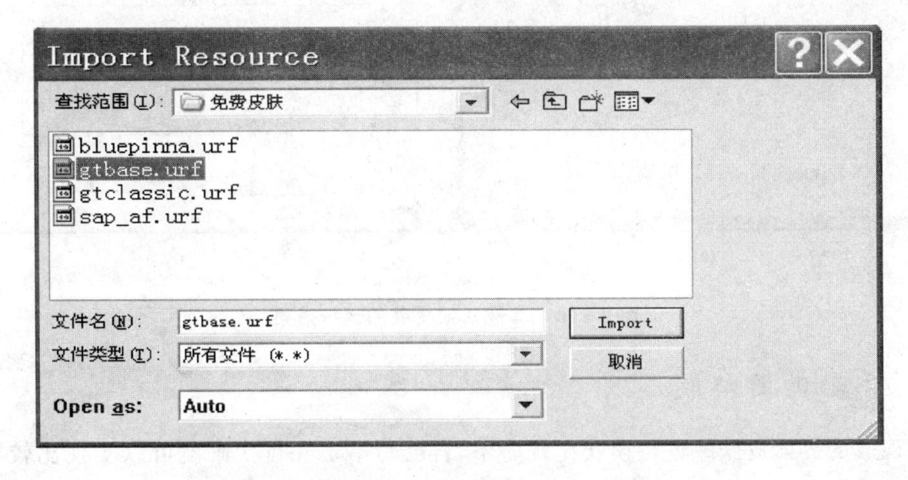

图 8-24　向工程中引入皮肤文件

⑥ 好了，现在前期的一切准备工作已经就绪了，剩下的自然是最为核心的步骤——代码的编写了。在程序中加载 AppFace 的皮肤资源非常简单，只需要很少的语句。

首先在应用程序类的 InitInstance 函数中(产生主对话框的语句前)加入：

```
SkinStart("gtbase.urf",0,0,1,0,0);
```

此语句是用来加载皮肤文件的，关键的第 1 个参数就是要加载的皮肤文件名，后面几个参数用默认值即可。

在程序退出时要释放资源，在 ExitInstance 函数(自己添加)中加入：

```
SkinRemove();
```

此语句用来清除资源，做些善后处理的工作。

⑧ 编译、运行程序，效果如图 8-25 所示。怎么样，还不错吧。当然，还有其他不同的皮肤效果，如图 8-26 所示。

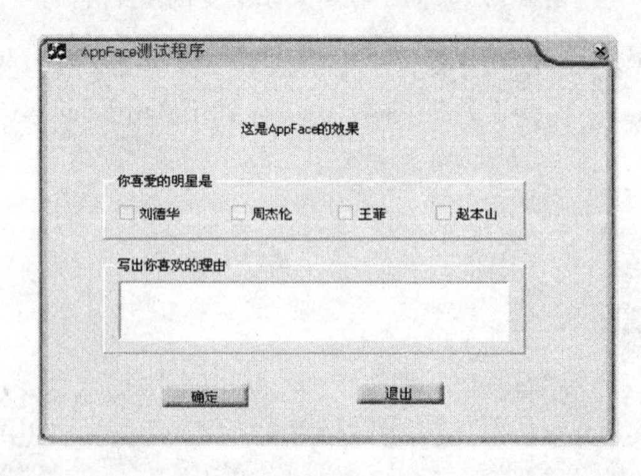

图 8-25　程序运行效果

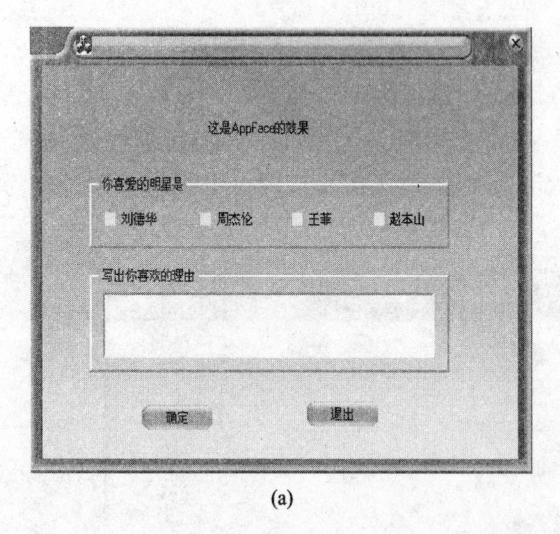

(a)

(b)

图 8-26　其他几款皮肤的运行效果

8.1.4　手动贴图换肤

利用现成的界面皮肤库进行换肤比较简单，自己写不了几行代码就可以实现比较漂亮的界面。这对于比较简单的应用(比如做个小小的课程设计)确实是比较实用的。但是，对于想深入学习、研究程序编写的读者朋友还是有些隔靴搔痒之感。况且利用现成的界面库有些不足之处：

质量好的往往要收费;内部机理不明的情况下会造成内存泄露。由于这些原因,还是自己动手写代码换肤来得痛快。

其实,进行一些简单的换肤并没有多复杂,一般我们就是去除掉 Windows 程序固有的“最大化”“最小化”“关闭”按钮,而后加入我们设计的特色按钮,可以加入背景图片,最后加入自定义的控件(后面会有详细介绍)。经过以上几步,基本就可以完成一个不错的界面了。

下面我们就来做一个工程,把一个原本“灰头土脸”的朴素程序粉饰装扮一下,看看效果如何。

① 新建一个基于对话框的 MFC 工程,命名为 FacePro。

② 为了进行换肤,需要准备一些图片,以便进行背景、按钮等的贴图。我们这里准备了几幅现成的,如图 8-27 所示。建议读者有时间和精力学一学 Photoshop,也就是常说的 PS 技术,而后自己根据需要做一些个性图片。PS 技术挺有用的,不光是我们用 VC 开发软件用得上,如果做网页的话,它可是大名鼎鼎的“三剑客”之一,而且 PS 是很能给人带来快乐的技术。

③ 进入工程后,打开资源编辑器。首先是对话框资源的设计。由于我们要换肤,所以默认的 Windows 的外框(包含“最小化”“最大化”“关闭”按钮)就要去掉。我们在对话框资源模板上右击 Property(属性)打开属性设计对话框,在其“Styles”选项卡的“Border”列表中选择“None”,此时可以看到默认的边框去掉了,如图 8-28 所示。

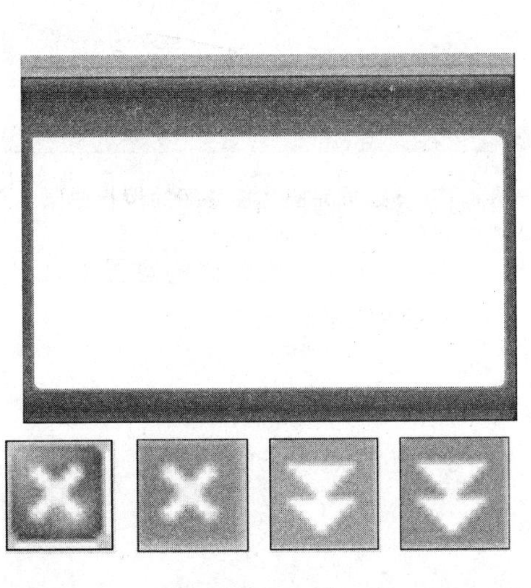

图 8-27　用于换肤的窗体背景图片及按钮图片

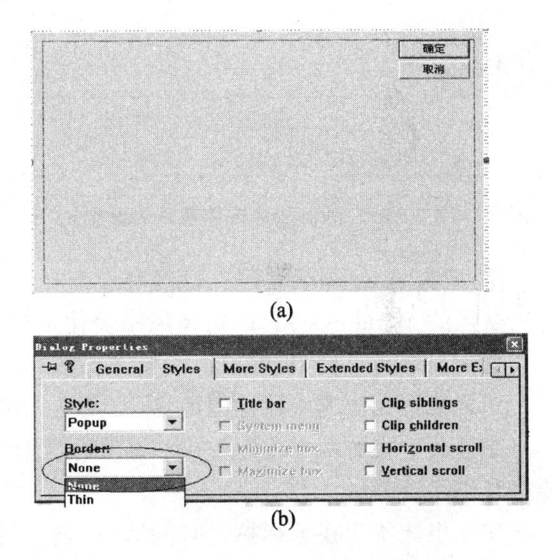

图 8-28　通过设置属性将默认的边框去掉

④ 将我们准备好的位图插入到资源编辑器的“Bitmap”中,分别命名为 IDB_BACKGROUND(背景位图),IDB_EXIT_NORMAL,IDB_EXIT_HOT(“关闭”按钮的两幅位图),IDB_HIDE_NORMAL,IDB_HIDE_HOT(“最小化”按钮的两幅位图)。

先适当把对话框的外边框拉大一些,这是为了一会儿插入位图时适应背景位图的大小。而后我们在对话框窗体的右上角插入两个 Picture 控件,属性设置为“Bitmap”,在位图 ID 中分别设置为默认的图片(我们的命名中后缀为 NORMAL 的),而后在“Extended Styles”选项卡中勾选“Transparent”复选框(注意:这个不可少!),如图 8-29 所示。

紧接着在窗体的左上角再放一个图片控件,属性设置为“Bitmap”,ID 则是我们的背景位图。

注意，这个就不要设置“Transparent”了。

读者朋友在初次摆放控件时，可能会感觉操作不太方便：

一是 VC 6 的对话框模板中有对齐线（一般在外框内侧的小虚线）和外框线，我们先把两者对齐。

二是在摆图片控件时要注意大一点儿的位图的大小，最好先把对话框拉大一点以便放得下大点儿的位图。

三是位图有大有小时，大的会覆盖小的，这时一般先放小的，再摆放大的，而且小的位图的属性中要勾选“Transparent”复选框。在大位图覆盖小位图以后，可能操作小位图有点不便，多试试，熟了就习惯了。

当然，这些都是利用图片控件图省事儿的代价，如果用 GDI 函数写代码贴位图自然不会有这些麻烦，但初学还是先从简单的入手吧。

⑤ 好了，还没写一行代码呢，先编译、运行一下程序，看看效果吧！效果如图 8-30 所示。

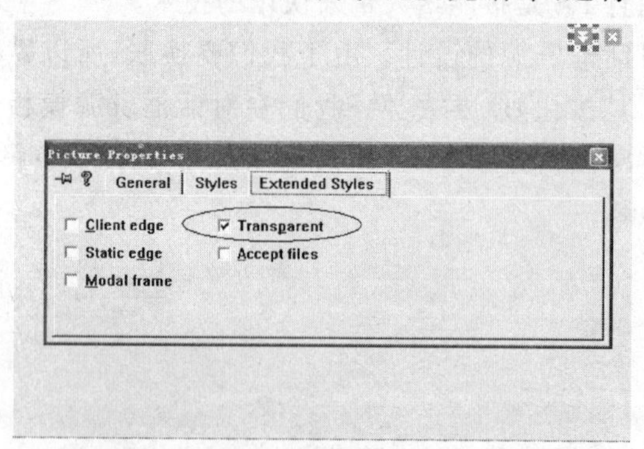

图 8-29 静态图片控件属性的设置

图 8-30 摆放完图片控件后的运行效果

嗯，看样子还不错，是吧？已经有模有样了，似乎能看到点儿那些商用软件的意思了，已经比使用默认的 Windows XP 的窗体风格美化不少了。好了，我们继续前进吧。

这个程序运行后，虽然长得漂亮，但是缺陷也是明显的：

一是根本无法响应鼠标的消息，尤其是无法拖动，硬邦邦的贴在那儿很不爽。

二是贴上去的两个按钮（一个“最小化”隐藏，一个“关闭”）还只是聋子的耳朵——摆设呢，必须得起作用呀。

三是想让按钮在鼠标掠过时能呈现“热点”状态。

四是还要在资源编辑器的对话框中放置控件呢，现在有个大的背景位图，总是感觉很碍事，得想个办法让它别这么妨碍我们放控件，最好就是在代码里解决。

下一步我们就解决这几个问题，解决完了以后就是一个挺不错的程序界面了。

⑥ 如何拖动窗体呢？按“CTRL＋W”快捷键打开“MFC Class Wizard”对话框，为对话框类添加 WM_LBUTTONDOWN 消息的处理函数，而后加入代码，见图 8-31。

这里用到了函数 PostMessage()，它是 CWnd 类的一个成员函数，定义如下：

```
BOOL PostMessage(UINT message, WPARAM wParam = 0, LPARAM lParam = 0);
```

它的作用就是在窗体的消息队列里放入一个消息，而后立刻返回。两个参数表征了消息的特性。我们在这里放了一个 WM_NCLBUTTONDOWN 消息，参数为 HTCATION，实际是“骗了”窗体一下，让它认为现在鼠标单击在了系统的标题栏上，这样就可以像拖动标题栏一样拖动我们的窗体了，呵呵。

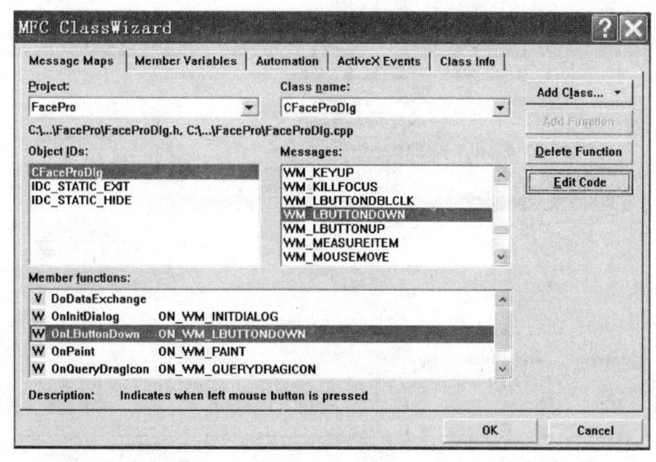


```
void CFaceProDlg::OnLButtonDown(UINT nFlags, CPoint point)
{
    // TODO: Add your message handler code here and/or call default
    PostMessage(WM_NCLBUTTONDOWN,HTCAPTION,MAKELPARAM(point.x, point.y));
    CDialog::OnLButtonDown(nFlags, point);
}
```

图 8-31　处理 WM_LBUTTONDOWN 消息使窗体可以被拖动

⑦ 对我们的两个贴上去的图片按钮加入功能代码。

首先是当把鼠标移到其上时，可以显示“热点”状态，这也是比较人性化的设计，一般上点儿档次的界面都是这样的。

无疑，我们要处理的就是 WM_MOUSEMOVE 消息。关键点在于如何判断鼠标的位置是否在图片按钮的区域内。利用 GetWindowRect 函数来获取图片控件所在的矩形（屏幕坐标系下），而后利用 ScreenToClient 函数转换为客户区坐标系下的矩形，利用矩形类 CRect 的 PtInRect 函数来判断鼠标是否在图片控件所在的矩形内。这里有几点要注意：GetWindowRect 函数与 GetClientRect 函数是有区别的，前者获取的是屏幕坐标下的矩形。而在 OnMouseMove 处理函数中，鼠标的位置是在客户区坐标中，所以要经过转换，调用一下 ScreenToClient 函数。这个技巧经常用到，请读者熟记。

在 VC 中图片控件是由 CStatic 来管理的，CStatic 有一个成员函数 SetBitmap 可以用来设置其显示的位图。我们通过判断语句来设计相应状态的位图。好了，现在开始实际动手吧。

首先按“Ctrl＋W”快捷键启动“MFC ClassWizard”对话框，为两个图片控件添加变量（CStatic 类），如图 8-32 所示。

接着添加处理 WM_MOUSEMOVE 消息的处理函数——OnMouseMove，如图 8-33 所示。

在 OnMouseMove 函数中添加如下代码，其中，m_bmp1 与 m_bmp2 为对话框类的成员变量，都是 CBitmap 类型的：

```
void CFaceProDlg::OnMouseMove(UINT nFlags, CPoint point)
{
    GetDlgItem(IDC_STATIC_HIDE)->GetWindowRect(m_rect_hide);//屏幕坐标系
    GetDlgItem(IDC_STATIC_EXIT)->GetWindowRect(m_rect_exit);
    ScreenToClient(&m_rect_hide); //转换为窗体的客户区坐标
    ScreenToClient(&m_rect_exit);
    m_bmp1.DeleteObject(); //清空位图资源
    m_bmp2.DeleteObject();
    if(m_rect_exit.PtInRect(point)) //判断某点是否在矩形内
    {
        m_bmp1.LoadBitmap(IDB_EXIT_HOT);//位图类加载位图
```

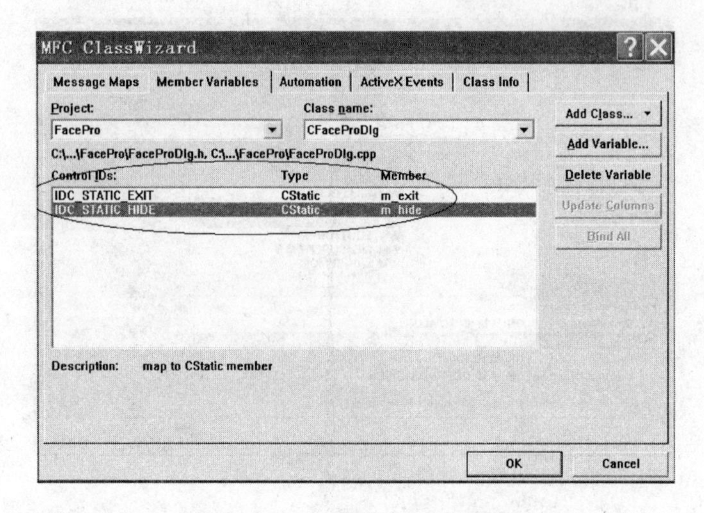

图 8-32 为图片控件添加变量

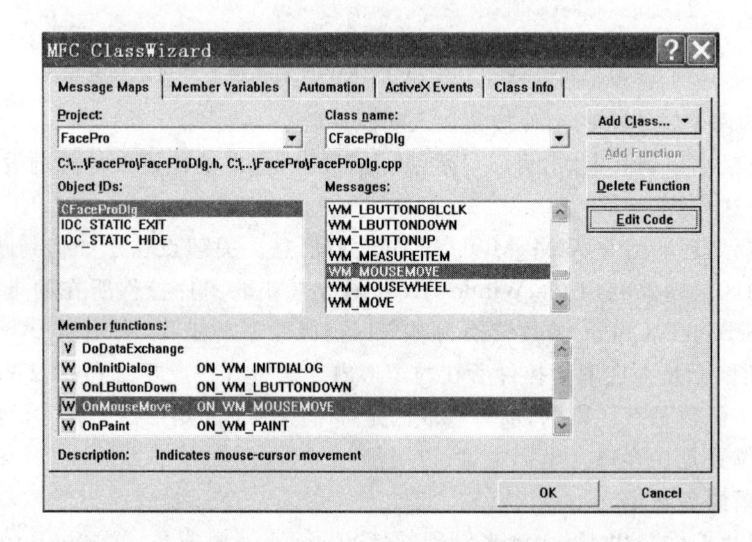

图 8-33 添加 OnMouseMove 函数处理 WM_MOUSEMOVE 消息

```
        m_exit.SetBitmap(m_bmp1); //CStatic 控件设置图片
    }
    else
    {
        m_bmp1.LoadBitmap(IDB_EXIT_NORMAL);
        m_exit.SetBitmap(m_bmp1);
    }
    if(m_rect_hide.PtInRect(point))
    {
        m_bmp2.LoadBitmap(IDB_HIDE_HOT);
        m_hide.SetBitmap(m_bmp2);
    }
    else
    {
        m_bmp2.LoadBitmap(IDB_HIDE_NORMAL);
        m_hide.SetBitmap(m_bmp2);
```

```
    }
    CDialog::OnMouseMove(nFlags, point);
}
```

然后为两个图片按钮加入按下时的处理函数，我们这里处理 WM_LBUTTONDOWN 消息。上面我们已经添加了这个函数，加入了可以拖动窗体的代码，这次我们添加的就是针对鼠标单击的处理代码了。代码如下：

```
void CFaceProDlg::OnLButtonDown(UINT nFlags, CPoint point)
{
    GetDlgItem(IDC_STATIC_HIDE)->GetWindowRect(m_rect_hide);
    GetDlgItem(IDC_STATIC_EXIT)->GetWindowRect(m_rect_exit);
    ScreenToClient(&m_rect_hide);
    ScreenToClient(&m_rect_exit);
    if(m_rect_hide.PtInRect(point))
        ShowWindow(SW_MINIMIZE);
    if(m_rect_exit.PtInRect(point))
        this->OnCancel();
    PostMessage(WM_NCLBUTTONDOWN,HTCAPTION,MAKELPARAM(point.x, point.y));
    CDialog::OnLButtonDown(nFlags, point);
}
```

这段代码与上面的 OnMouseMove 处理函数其实挺像的，一般判断鼠标是否在窗体某个矩形区域内大都是这个套路，希望读者朋友熟练掌握应用。这里有个 ShowWindow 函数，在我们控制窗体的显示时经常用到。其不同的参数可以控制不同的显示形式。比较常用的有：

SW_HIDE：隐藏。

SW_SHOW：显示。

SW_MINIMIZE：最小化。

SW_SHOWMAXIMIZED：最大化。

SW_RESTORE：还原窗体（当最大化或最小化了窗体后）。

SW_SHOWNORMAL：还原窗体大小。

⑧为了摆放控件方便，可以先不指定背景大位图的具体 ID 号，而是在 OnInitDialog()函数里利用 CStatic 类的 SetBitmap()函数设置。

8.2 百花齐放——缤纷的控件

VC 带给我们编程的魅力之一就是提供了丰富多彩的控件，这些控件的存在，使得我们编制的程序功能更加丰富，界面更加友好。可以说，正是这些控件的存在，才为信息展现提供了一扇明亮的窗户。其实放眼望去，现代的 IDE(集成开发环境)中，控件的提供几乎是“必须的”。无论是 Java、.NET，亦或是 Delphi，等等，控件的身影无处不在。控件的丰富程度，显示了某种语言及其 IDE 的“改变世界的能力”。如果某个技术群落的开发者们异常活跃，一大批的扩展控件会被开发出来，以满足方方面面的特殊需求。这样的积累越多，此种语言及其 IDE 的生命力就越旺盛。

VC 6 是经典的 C++的集成开发环境，说它经典就是因为它足够简单与高效。“简单”——区区几百兆字节的空间比起动辄几吉字节的.NET 等实在显得清爽了许多；“高效”——被无数开发者证明了的，在游戏、硬件等需要速度的场合发挥了巨大的作用。但同时，控件的样式比起巨大的.NET 就显得“朴素”了些。一般对于做个简单的毕业设计或者工程上对于界面要求低的场合倒也没什么。如果希望自己的作品上点儿档次，或者用于商业，那么太过"朴素"的控件就显得技术含量不高了。因为控件往往是界面中主要的元素(往往界面中呈现的就是琳琅满目的控件)，这时候我们需要对控件进行一些美化，以使我们的程序中呈现出来的控件突破 VC 本身比较朴素的限制，变得更加漂亮，这就好比为程序进行"梳妆打扮"了一样。

其实，我们前面所讲到的"为程序披上 XP 外衣"就是最简单的一种美化控件的方法，如果读者手头没有太多的积累和资源，也没有太多的时间(比如毕业设计近在眼前)，此时至少可以 XP 换肤一下，效果也是不错的。

8.2.1　改变对话框控件的颜色

对于一些比较简单的场合，虽然无需用到大量的五花八门的自定义扩展控件，但也希望对于控件"稍加渲染"，那么可以在对话框类里面直接进行操作。具体方法就是以重载 OnCtrlColor 函数来实现。下面具体介绍实现过程。

① 新建一个基于对话框的 MFC 工程，命名为 CtlColorPro，建好后设计一个简单的界面(包含若干控件)如下(注：程序只是演示改变控件颜色的方法，没有加入其他功能性代码)。界面如图 8－34 所示。

② 按下"Ctrl＋W"快捷键，弹出"MFC Class Wizard"对话框，为对话框类的 WM_CTLCOLOR 添加相应的消息处理函数——OnCtlColor，如图 8－35 所示。我们所要实现的改变控件颜色的功能代码就是在这个函数里面完成的。

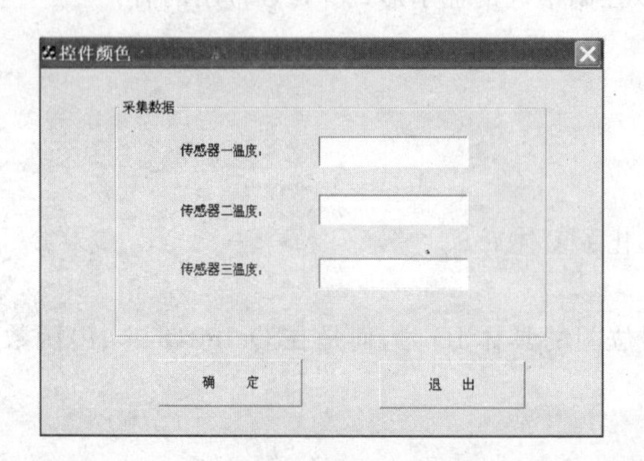

图 8－34　新建一个简单的 MFC 工程

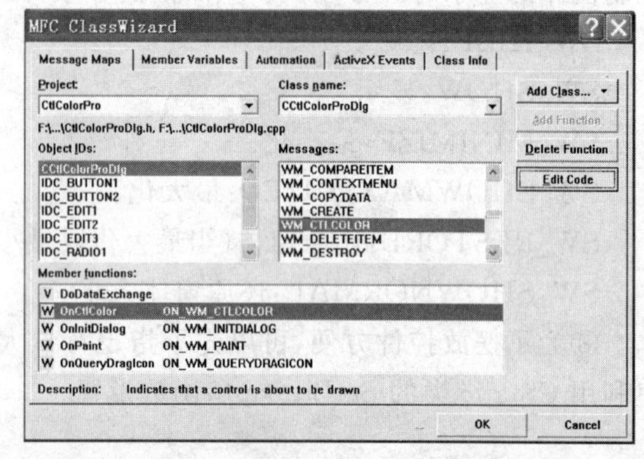

图 8－35　添加 WM_CTLCOLOR 的处理函数以改变控件颜色

在这个函数中，可以对于界面中的某一类的控件(比如文本框)进行统一处理。如何处理呢？只要我们针对参数中的 nCtlColor 进行一个 switch 判断即可。VC 为我们提供了若干选项，比如对话框就是 CTLCOLOR_DLG，文本框就是 CTLCOLOR_EDIT，静态控件就是 CTLCOLOR_STATIC，一般就是这几个。要注意的是，虽然有一个 CTLCOLOR_BTN 选项(也就是针对按钮控件的选项)，但是对于按钮控件不起作用，很多初学者都会碰到这个问题。可以看到很多编程论坛里的帖子，就是一些初学者在问这个问题。

大家要认识到，按钮控件较其他控件而言是有其特殊性的，要想实现五花八门、色彩斑斓的按钮，哪怕是变一变背景色，也要在其 OnPaint 函数或者 DrawItem 函数中进行，在 OnCtlColor 函数中是不能如愿的。按钮控件可以说是最重要的控件之一，后面还会详细说到。

好了，回到我们的主题——OnCtlColor 函数。刚刚说到的是对于某一类型控件整体的颜色改变，如果想对具体某一个控件呢(譬如一个文本框想变为红色，另一个为蓝色)？简单，就是利用 CWnd 类的 GetDlgCtrlID 函数。在 OnCtlColor 函数的参数中有一个代表当前对话框窗体的指针 pWnd，利用它可以轻松获取你想要改变颜色的控件的 ID，根据 ID 号改变之即可。

```
HBRUSH CCtlColorProDlg::OnCtlColor(CDC * pDC, CWnd * pWnd, UINT nCtlColor)
{
    HBRUSH hbr = CDialog::OnCtlColor(pDC, pWnd, nCtlColor);
    //以下生成 4 个画刷，用于改变控件颜色
    HBRUSH br1 = CreateSolidBrush(RGB(155,155,200));
    HBRUSH br2 = CreateSolidBrush(RGB(100,100,100));
    HBRUSH br3 = CreateSolidBrush(RGB(100,200,100));
    HBRUSH br4 = CreateSolidBrush(RGB(200,100,100));
    switch( nCtlColor)
    {
    case CTLCOLOR_DLG:  //对话框类型控件
        pDC->SetBkMode(TRANSPARENT);
        return br1;
        break;
    case CTLCOLOR_EDIT: //文本框类型控件
        pDC->SetTextColor(RGB(255,0,0));
        pDC->SetBkMode(TRANSPARENT);
        return br2;
        break;
    case CTLCOLOR_STATIC: //静态文本框类型控件
        pDC->SetBkMode(TRANSPARENT);
        return br3;
        break;
    case CTLCOLOR_BTN:    //按钮控件，注意此处改变颜色是无法成功的
        pDC->SetBkMode(TRANSPARENT);
        return br4;
        break;
    default:
        break;
    }
    if (pWnd->GetDlgCtrlID() == IDC_STATIC_GROUP)//具体某个控件颜色的改变
    {
        pDC->SetTextColor(RGB(255, 220, 0));
        pDC->SetBkMode(TRANSPARENT);
        return br1;
    }
    if (pWnd->GetDlgCtrlID() == IDC_STATIC1||IDC_STATIC2||IDC_STATIC3)
    {
        pDC->SetTextColor(RGB(20, 20, 250));
        pDC->SetBkMode(TRANSPARENT);
        return br1;
    }
    return hbr;
}
```

③ 编译、运行程序，运行效果如图 8-36 所示，怎么样，挺不错的吧。学工科的同学经常要显示一些硬件传回来的信息，此时美化一下界面，改改控件颜色，可以让自己的小程序更可爱一些。

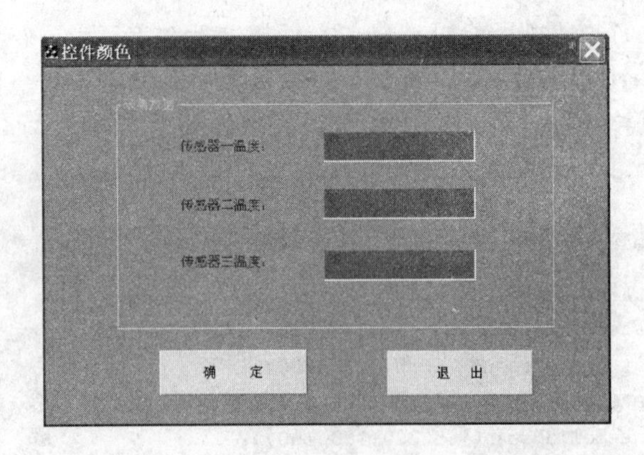

图 8-36 改变控件颜色的运行结果

8.2.2 按钮控件

按钮控件是最重要的控件了,用户与程序的交互往往需要通过它。比如,你单击一下“确定”按钮,可能火箭就发射出去了,呵呵。VC 6 中提供的按钮很普通,很朴素,可以说是最简单的按钮了。当界面上显示有美丽多彩的按钮时,程序的档次也就上了个小台阶,给人一个好印象。

Windows XP 风格类型的按钮就是一个例子。可以注意到,当鼠标在上面与不在上面会有所不同,单击与不单击也不一样,前面我们的 XP 风格换肤技术可以轻松实现这种效果。在实际应用中,可能想以更加丰富多彩的按钮来实现打造个性化界面的目的。这时候就需要编写自己的按钮类了。

一般的实现就是从 CButton 类进行派生,而后加入自己想要的功能,比如热点效果、按下效果等。用得最多的方法是重写 DrawItem 函数,这是一个虚函数,定义如下:

```
virtual void DrawItem( LPDRAWITEMSTRUCT lpDrawItemStruct );
```

要注意的是,VC 中还有一个 WM_DRAWITEM 消息处理函数,定义如下:

```
afx_msg void OnDrawItem( int nIDCtl, LPDRAWITEMSTRUCT lpDrawItemStruct);
```

这两个函数是有区别的,我们只用前一个,对于其他控件的自绘我们一般也就用前一个。从很多前辈的经典代码中我们会看到这一点的,踏着他们的足迹前进是没错的。

有些初学者对于这个 DrawItem 函数感觉有些陌生,尤其是那个古里古怪的 LPDRAW-ITEMSTRUCT 结构体。这并不奇怪。大多数读者一开始首先要想到的其实应该是改写针对 WM_PAINT 消息的处理函数 OnPaint,这个比较直观、好理解。

我们在这里分别利用两种方法实现自绘按钮控件,读者可以在对比中练习练习,以加深理解。

1. 利用 OnPaint()函数编写自绘按钮控件

OnPaint 函数是使用频率非常高的函数,也是初学者比较熟悉的函数,在它里面实现自绘控件是比较好理解的。我们首先利用它来做自绘的按钮控件。我们为按钮设置 4 种不同的状态,即一般状态、热点状态、按下状态、选中状态,而后针对每种状态进行绘图操作,这是我们的基本技术思路。

① 首先建立一个基于对话框的 MFC 程序。

② 按下“Ctrl+W”快捷键,启动“MFC ClassWizard”对话框,单击“Add Class”选项按钮下的“New”选项,为程序添加一个新类 CMyButton,其基类(Base Class)就是 CButton 类。也可以直

接选择“Insert”|“New Class”菜单命令，在弹出的对话框中添加自定义的按钮类。为程序添加新类的操作如图 8－37 所示。

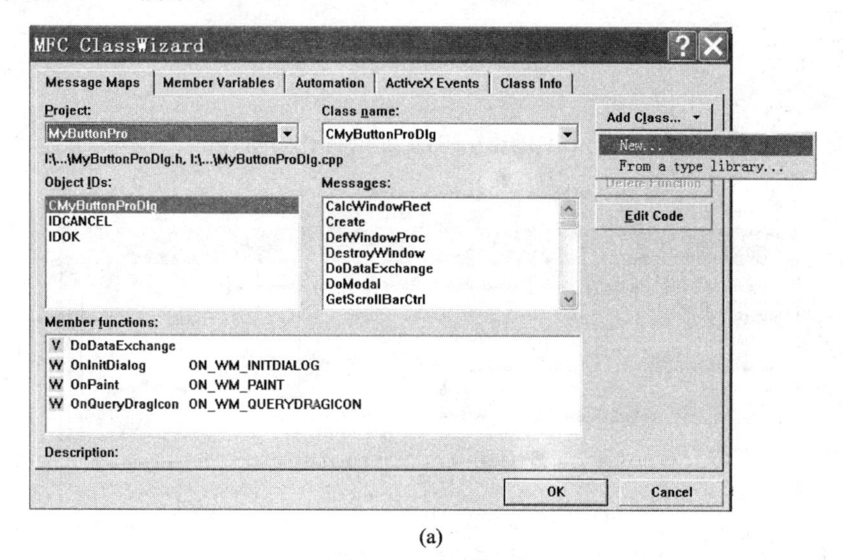

(a)

(b)

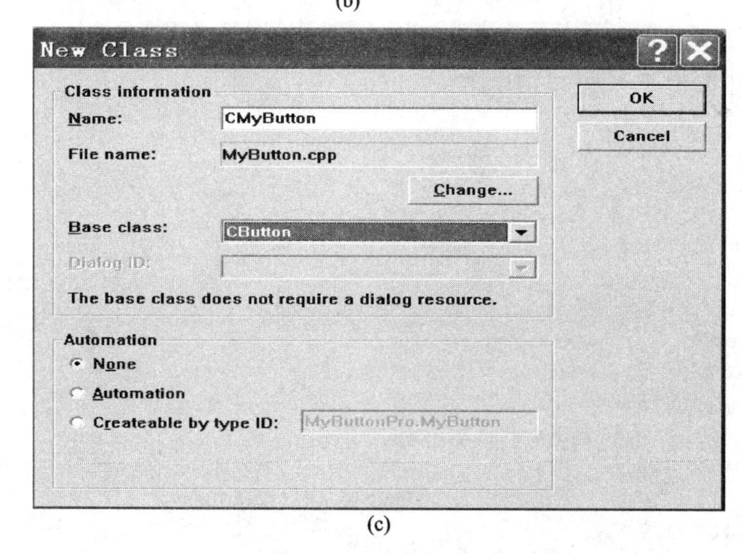

(c)

图 8－37　为程序添加自定义的按钮类

③ 我们为按钮设置 4 种不同的状态，分别是一般状态、鼠标热点、鼠标按下、选中按钮，为此我们在 MyButton. h 的类定义上添加一个全局的枚举变量 ButtonState 来表示，在类里面添加一个成员变量 m_nState 作为按钮状态的表示。

```
  //枚举变量，代表按钮的状态
enum ButtonState {bsNormal, bsHover, bsDown,bsSelected};

class CMyButton:public CButton
```

```
{
 ......
 public:
      int m_nState;
......
}
```

④ 为自定义按钮类添加 OnPaint 函数，在函数里针对不同的按钮状态进行绘图操作，如图 8-38 所示。

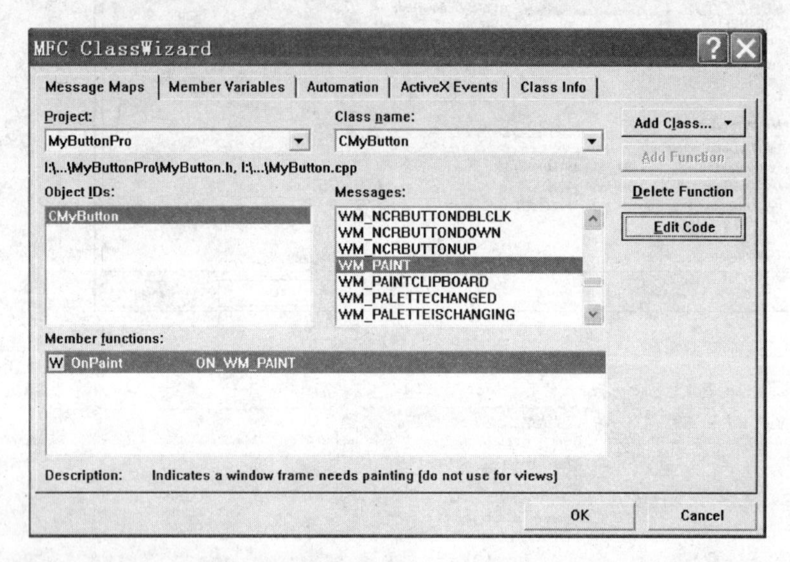

图 8-38　为自定义按钮类添加 OnPaint 函数响应 WM_PAINT 消息

而后在 OnPaint 函数中加入如下代码：

```
/****************************************************************/
/* 主要分为文字显示和背景颜色两部分
/* 这里不涉及位图的操作
/****************************************************************/
   void CMyButton::OnPaint()
   {
       CPaintDC dc(this);    // device context for painting
       CString Text;         //用来显示字体
       CFont   Font;
       CFont    * pOldFont;
       CBrush  br;           //用来绘制背景颜色
       CBrush   * pOldBrush;
       CRect   rt;           //都需要用到的 CRect 类,获取按钮大小
       CPoint  pt(2,2);
       GetClientRect(rt);    //取得按钮矩形的大小
/****************************************************************/
/* 创建字体工作
/****************************************************************/
       dc.SetBkMode(TRANSPARENT); //设置背景透明
       Font.CreateFont(16, 0, 0, 0, FW_HEAVY, 0, 0, 0, ANSI_CHARSET,
           OUT_TT_PRECIS,CLIP_DEFAULT_PRECIS,DEFAULT_QUALITY,
               VARIABLE_PITCH | FF_SWISS, "宋体");    //创建字体
       pOldFont = dc.SelectObject(&Font);
```

```
/*****************************************************************/
/* 根据不同的状态,设置不同的背景画刷及字体颜色
/*****************************************************************/
    if (m_nState == bsNormal)
    {
        br.CreateSolidBrush(RGB(230,230,230));
        dc.SetTextColor(RGB(0,0,0));
    }
    if (m_nState == bsHover)
    {
        br.CreateSolidBrush(RGB(200,100,100));
        dc.SetTextColor(RGB(0,0,0));
    }
    if (m_nState == bsDown)
    {
        br.CreateSolidBrush(RGB(200,100,220));
        dc.SetTextColor(RGB(0,0,0));
    }
    if (m_nState == bsSelected)
    {
        br.CreateSolidBrush(RGB(0,255,0));
        dc.SetTextColor(RGB(0,0,0));
    }
    pOldBrush = dc.SelectObject(&br);
/*****************************************************************/
/* 贴文字
/*****************************************************************/
        dc.RoundRect(&rt,pt);
        GetWindowText(Text);                    //获取按钮文本
        dc.DrawText(Text,&rt,DT_CENTER|DT_VCENTER|DT_SINGLELINE);
//绘制按钮文本
/*****************************************************************/
/* 资源清理工作
/*****************************************************************/
        br.DeleteObject();
        Font.DeleteObject();
        dc.SelectObject(pOldBrush);
        dc.SelectObject(pOldFont);//注意结对编程的原则
        // Do not call CButton::OnPaint() for painting messages
}
```

上面的代码结构比较清晰,加入注释后很好理解,对于有点 GDI 函数基础的读者来说,可谓"通俗易懂"。在这里,OnPaint 函数是负责绘图的"引擎",这个"引擎"根据按钮控件的不同状态来执行绘图工作。而各种不同的状态,则是由外部的消息来确定的,读者很容易想到,这些控制状态的函数就是对鼠标消息的处理函数,如 WM_MOUSEMOVE、WM_LBUTTONDOWN、WM_LBUTTONUP 等。

下面的工作就是在这些鼠标消息处理函数中进行不同状态的设定。这些函数代码极其简单,就是根据目前鼠标的状态,给 m_nState 成员变量不同的赋值(我们最早定义的枚举变量中的值)。

⑤ 为自定义按钮类添加鼠标消息处理函数。我们这里一共处理 4 个鼠标消息函数,分别是

WM_LBUTTONDOWN、WM_MOUSEMOVE、WM_LBUTTONUP 和 WM_LBUTTONDBLCLK。其代码如下：

```
void CMyButton::OnLButtonDown(UINT nFlags, CPoint point)
{
    if(m_nState == bsSelected) return; //已处于选中状态,则返回
    CRect rt;
    GetClientRect(rt);
    if (rt.PtInRect(point))      //判断鼠标是否在按钮区域内
    {
        m_nState = bsDown;
        InvalidateRect(NULL,TRUE);     //激发 WM_PAINT 消息,更新界面
    }
    CButton::OnLButtonDown(nFlags, point);
}
void CMyButton::OnLButtonUp(UINT nFlags, CPoint point)
{
    if(m_nState == bsSelected) return;  //已处于选中状态,则返回
    CRect rt;
    GetClientRect(rt);
    if (rt.PtInRect(point))
    {
        m_nState = bsSelected;
        InvalidateRect(NULL,TRUE);
    }
    CButton::OnLButtonUp(nFlags, point);
}
void CMyButton::OnLButtonDblClk(UINT nFlags, CPoint point)
{
    if(m_nState == bsSelected) return;  //已处于选中状态,则返回
    m_nState = bsSelected;
    InvalidateRect(NULL,TRUE);
    CButton::OnLButtonDblClk(nFlags, point);
}
void CMyButton::OnMouseMove(UINT nFlags, CPoint point)
{
    CRect rt;
    GetClientRect(rt);
    BOOL ret = rt.PtInRect(point);         //鼠标是否在按钮上
    if(ret)                                //在按钮上
    {
        if(m_nState == bsDown) return ;      //判断按钮是否为按下状态
            if(m_nState == bsSelected) return;
        if(m_nState! = bsHover)      //判断按钮是否不是热点状态
        {
            m_nState = bsHover;              //设置为热点状态
            InvalidateRect(NULL,TRUE);     //更新按钮
            SetCapture();                  //捕获鼠标
        }
    }
    else                        //不在按钮上
    {
```

```
        if (m_nState == bsSelected) //如果处于选中状态，则保持不变
        {
            ReleaseCapture();
            return;
        }
        m_nState = bsNormal;                    //设置按钮状态
        InvalidateRect(NULL,TRUE);            //更新按钮
        ReleaseCapture();                         //释放鼠标
    }
    CButton::OnMouseMove(nFlags, point);
}
```

其中对于 WM_MOUSEMOVE 消息（也就是设计热点状态时）的处理逻辑上略显复杂，我们这里列一下它的处理逻辑图，以便于读者朋友理清思路，在自己开发时可以参照这样的逻辑进行编写，如图 8－39 所示。

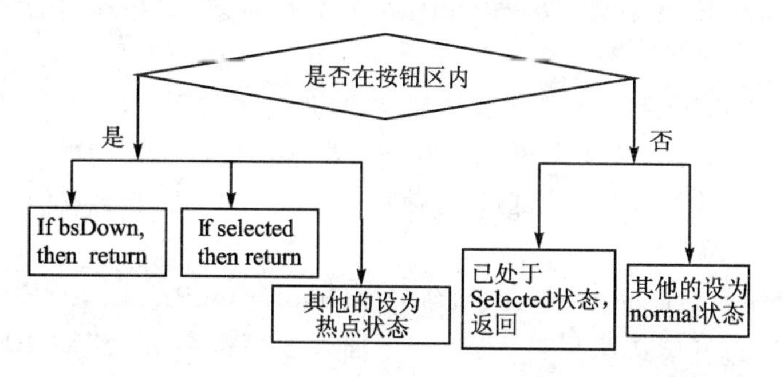

图 8－39　处理 WM_MOUSEMOVE 时的逻辑示意图

⑥ 在构造与析构函数中，都将状态设置为 bsNormal。

⑦ 增加两个辅助函数，便于手动将按钮状态复原（设为 bsNormal）。

两个函数是 SetNormal 和 isSelected，代码很简单，读者自己就可以想出来，也可参考光盘中的代码。

⑧ 测试一下我们的按钮类吧。在主对话框类里加入 MyButton.h 头文件，而后添加两个按钮控件，利用 ClassWizard 使其与 CMyButton 类相关联，如图 8－40 所示。

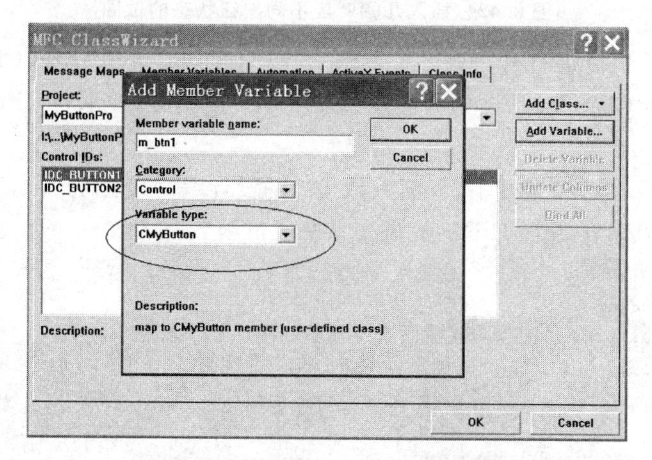

图 8－40　将控件与自定义按钮类关联

⑨ 运行程序，效果如图 8－41 所示。

2. 利用函数 DrawItem()编写自绘按钮控件

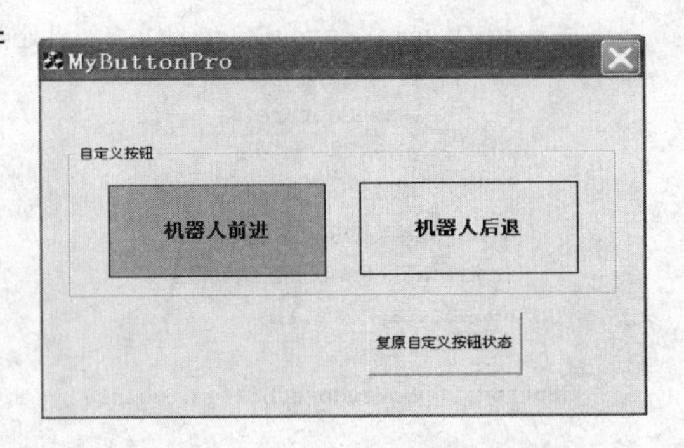

图 8-41 自定义按钮运行效果

现在的软件越来越注重界面的美观了,用个流行的词儿就叫"包装"。大家都看过赵丽蓉的小品《如此包装》吧,的确,在现在这个商业时代,"包装"往往是商品营销的重要一环。软件往往也是商品(当然科研等场合的就另当别论了),自然也不例外。开发工具 IDE 所提供的控件往往过于单调了,为了体现个性就需要另外"加工"一下以突显自己的特色。这其中往往是美工和程序代码的结合。美工利用 Photoshop 等工具制作图片,代码将它们嵌入自定义控件中。VC 6 中自定义控件有一个一般化的方法,就是利用 DrawItem 函数。虽然 OnPaint 比较好理解,但是利用 DrawItem 函数的方法则更为一般化。

我们上面利用 OnPaint 制作的自定义按钮类,只是字体与颜色的自绘,没有涉及位图操作。其实 MFC 提供了一个位图按钮类 CBitmapButton 类来实现位图按钮的一些功能,但在实际应用中感觉还不够强大。为了能够更加自如地使用自定义的按钮,下面我们利用 DrawItem 函数来实现位图型按钮的制作。

① 新建一个基于对话框的 MFC 工程,命名为 BmpButtonPro。

② 进入工程后,打开资源编辑器,向工程中插入 3 幅位图,命名为 IDB_NORMAL、IDB_HOVER 和 IDB_DOWN,分别对应按钮的 3 个不同状态(一般、热点、按下),这里借用一下 360 杀毒软件的几幅截图,如图 8-42 所示。

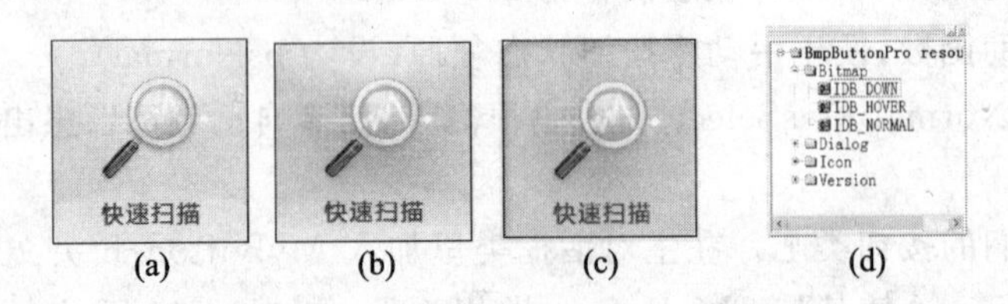

图 8.42 插入几幅对应不同按钮状态的位图

③ 按"Ctrl+W"快捷键打开"MFC ClassWizard"对话框,单击"Add Class"选项按钮,选择"New"选项,在"New Class"对话框中为程序添加自定义按钮类,继承自 CButton 类,如图 8-43 所示。

④ 前期的准备工作已经做好了,下面就是代码的设计编写过程了。

首先为 CMyButton 类添加如下的成员变量及成员函数。

```
public:
    UINT  m_DownPic;          //鼠标按下时显示的图片
    UINT  m_NomalPic;          //正常情况下显示的图片
    UINT  m_MovePic;          //鼠标经过按钮时显示的图片
    BOOLx  m_IsInRect;          //判断鼠标是否在按钮区域内
public:
    virtual void DrawItem(LPDRAWITEMSTRUCT lpDrawItemStruct);
    void DrawBK(CDC * pDC, UINT ResID);  //辅助函数,用于贴图
protected:
    virtual void PreSubclassWindow();  //主要是设置定时器
```

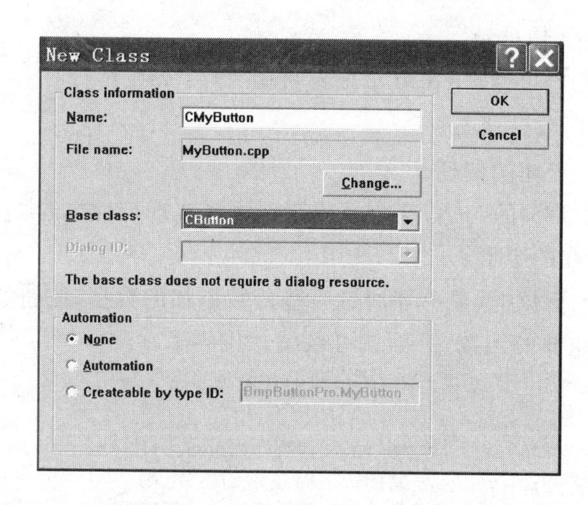

图 8－43　为程序添加自定义按钮类

```
    afx_msg void OnTimer(UINT nIDEvent);
```

其中的 DrawItem 函数是实现位图按钮自绘的主函数，DrawBK 是个辅助函数，为的是使代码更加结构化。PreSubClassWindows 函数中设定定时器，触发 OnTimer 函数，在 OnTimer 函数中检查、判断鼠标的位置是否在按钮区域中(这里没有用 OnMouseMove 函数是为了避免按钮过于闪烁的现象)。

这里先为大家介绍一下 DrawItem 函数。在 MSDN 中它的定义如下：

```
CButton::DrawItem
virtual void DrawItem( LPDRAWITEMSTRUCT lpDrawItemStruct  );
```

其中的 LPDRAWITEMSTRUCT 是一个结构体，定义如下：

```
typedef struct tagDRAWITEMSTRUCT  {
    UINT     CtlType;
    UINT     CtlID;
    UINT     itemID;
    UINT     itemAction;
    UINT     itemState;
    HWND     hwndItem;
    HDC     hDC;
    RECT     rcItem;
    DWORD     itemData;
} DRAWITEMSTRUCT
```

解释一下：

CtlType：标示控件的类型。

CtlID：标示控件的 ID 号。

itemID：用于表示菜单、列表、下拉框中子项的 ID 号。

itemAction：定义重绘动作，包含 ODA_DRAWENTIRE、ODA_FOCUS、ODA_SELECT。

itemState：代表当前绘图动作完成后的可视状态。

- ODS_CHECKED：菜单项被选中，此项只用于菜单。
- ODS_DISABLED：控件失效状态。
- ODS_FOCUS：控件焦点状态。
- ODS_GRAYED：菜单项不可用状态(变灰)。只用于菜单。

- ODS_SELECTED:控件被选中。
- ODS_COMBOBOXEDIT:下拉框某项被选中。
- ODS_DEFAULT:默认状态。

hwndItem:标示控件窗体的句柄。

hDC:标示绘图背景(DC)的句柄,这个必须用到才能实现控件自绘。

rcItem:控件窗体所在的矩形。

itemData:列表控件、下拉框、菜单等通过一些函数添加的数据,按钮类不用。

解释完了这个最为重要的函数,下面就可以编写代码了。

```
CMyButton::CMyButton()  //构造函数,初始化按钮状态变量
{
    m_NomalPic = IDB_NORMAL;            //正常情况下显示的图片
    m_DownPic = IDB_DOWN;           //鼠标按下时显示的图片
    m_MovePic = IDB_HOVER;           //鼠标经过按钮时显示的图片
    m_IsInRect = FALSE;
}
void CMyButton::PreSubclassWindow()
{
    SetTimer(1,10,NULL);        //设置定时器
    CButton::PreSubclassWindow();
}
void CMyButton::OnTimer(UINT nIDEvent)
{
    CPoint point;                              //声明 CPoint 变量
    GetCursorPos(&point);                      //获得鼠标位置
    CRect rcWnd;                              //声明区域对象
    GetWindowRect(&rcWnd);                   //获得按钮区域
    if(rcWnd.PtInRect(point))                  //判断鼠标是否在按钮上
    {
        if(m_IsInRect == TRUE)         //判断鼠标是否一直在按钮上
            goto END;                  //跳转到标记
        else                                 //鼠标移动到按钮上
        {
            m_IsInRect = TRUE;         //设置 m_IsInRect 变量值
            Invalidate();                    //重绘按钮
        }
    }
    else                                     //不在按钮区域内
    {
        if(m_IsInRect == FALSE)         //判断鼠标一直在按钮外
            goto END;                  //跳转到标记
        else                                 //鼠标移动到按钮外
        {
            Invalidate();                   //重绘按钮
        m_IsInRect = FALSE;         //设置 m_IsInRect 变量值
        }
    }
    END:  CButton::OnTimer(nIDEvent);
}
void CMyButton::DrawItem(LPDRAWITEMSTRUCT lpDrawItemStruct)
{
```

```
    CDC dc;                                  //声明设备上下文
    dc.Attach(lpDrawItemStruct->hDC);        //获得绘制按钮设备上下文
    UINT state = lpDrawItemStruct->itemState;    //获取状态
    CRect rect;                                  //声明区域对象
    GetClientRect(rect);                     //获得文本框客户区域
    CString Text;
    GetWindowText(Text);
    if(state & ODS_DISABLED)        //我们这里没有用失效状态
    {
        //    DrawBK(&dc,m_EnablePic);
        //    dc.SetTextColor(RGB(0,0,0));
    }
    else if(state&ODS_SELECTED)    //选中按下状态
    {
            DrawBK(&dc,m_DownPic);
            dc.SetTextColor(RGB(0,0,255));
    }
    else if(m_IsInRect == TRUE)       //热点状态
    {
            DrawBK(&dc,m_MovePic);
            dc.SetTextColor(RGB(255,0,0));
    }
    else                //默认情况下
    {
            DrawBK(&dc,m_NomalPic);
            dc.SetTextColor(RGB(0,0,0));
    }
    if(state&ODS_FOCUS)             //焦点状态
    {
            CRect FocTect(rect);
            FocTect.DeflateRect(2,2,2,2);
            dc.DrawFocusRect(&FocTect);
            lpDrawItemStruct->itemAction = ODA_FOCUS ;
    }
    dc.SetBkMode(TRANSPARENT);
    dc.DrawText(Text,&rect,DT_CENTER|DT_VCENTER|DT_SINGLELINE);
}
void CMyButton::DrawBK(CDC * pDC, UINT ResID)
{
    CDC memDC;
    memDC.CreateCompatibleDC(pDC);          //创建内存兼容 DC
    CRect rect;                              //声明区域对象
    GetClientRect(rect);                     //获得文本框客户区域
    CBitmap bitmap;     //以下是通用的位图操作步骤代码
    BITMAP bitStruct;
    bitmap.LoadBitmap(ResID);
    bitmap.GetBitmap(&bitStruct);
    memDC.SelectObject(&bitmap);
    pDC->StretchBlt(0,0,rect.Width(),rect.Height(),&memDC,0,0, bitStruct.bmWidth,bitStruct.
bmHeight,SRCCOPY);   //位图贴图
    memDC.DeleteDC(); //释放 DC
    bitmap.DeleteObject(); //释放位图资源
}
```

⑤ 在对话框类中添加自定义按钮的头文件，在资源编辑器中添加一个按钮控件，注意在按钮的属性中选择“Owner draw”复选框。

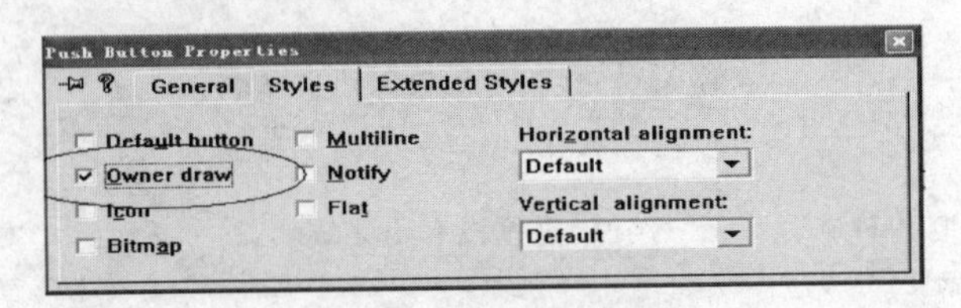

图 8-44 按钮控件自绘属性设置

通过 ClassWizard 为此控件与我们的自定义按钮绑定。

⑥ 编译、运行程序，效果如图 8-46 所示。

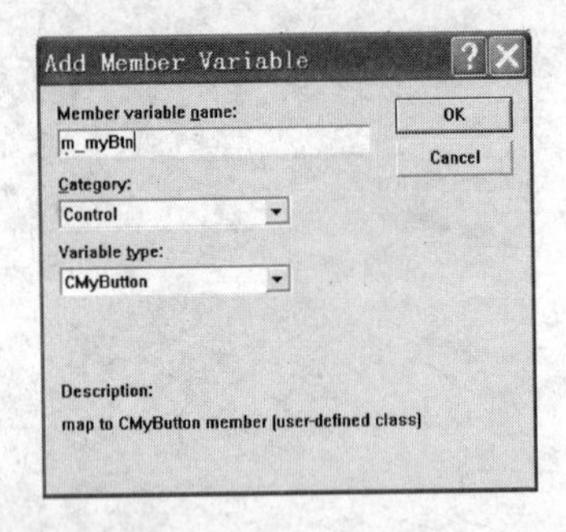

(a)

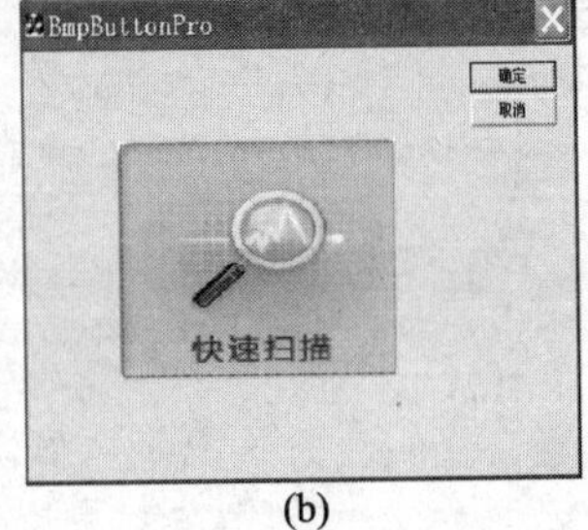

(b)

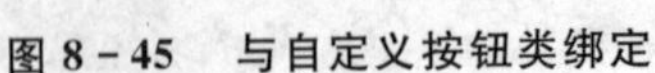

图 8-45 与自定义按钮类绑定

图 8-46 位图按钮运行效果图(鼠标掠过与按下)

8.2.3 静态控件

静态控件是一类很有用的控件，它泛指由 CStatic 类管理的控件，包含大家最常用的静态标签、图片控件。另外，它还可以起到外框架、分隔其他控件等作用。可以说，一般起“信息展板”作用的都是静态控件的活儿。它一般只是对外展示，而不接受输入，但也不绝对，若将其“Notify”属性勾选的话，那么它也可以响应外部单击。

静态控件的使用比较灵活，一般新建工程后，在对话框模板上放置一个静态控件后，通过选择它的不同属性，如“Bitmap”“Icon”“Rectangule”等就可以起到不同的作用。

由于静态控件最主要的功用还是作为标签，给用户做提示工具用，所以我们这里还是着重于这个方面的介绍。我们这里的自定义静态控件类，主要是针对其标签的作用。由于是作标签，直观的想到两个自绘内容，一个是字体，一个是背景色。这很简单，读者一想就明白。所以我们自绘的方法也就可以直接在 OnPaint 函数中进行了，利用一般的 GDI 函数就可以了，不必利用稍显晦涩的 DrawItem 函数。

① 新建一个基于对话框的 MFC 工程，命名为 CStaticPro。

② 进入工程后，按下“Ctrl+W”快捷键启动 ClassWizard，为工程添加一个新类，该类继承自 CStatic 类，也就是我们的自绘静态控件，如图 8-47 所示。

③ 具体进行自定义静态控件代码的编写。主要就是对于其字体与背景色的“描绘”。涉及的都是常规的 GDI 函数与 GDI 对象(这里主要就是 CFont 字体类)。

为 CMyStatic 类添加成员变量和成员函数，具体代码如下：

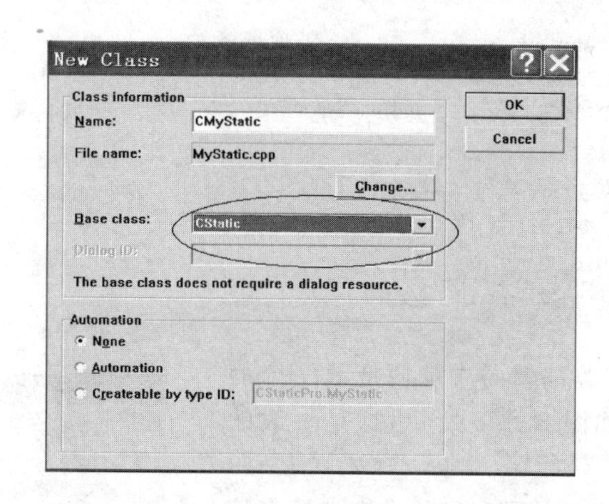

图 8-47　为工程添加自绘静态控件类——CMyStatic

```
public:
    CString    m_strText;   //要显示的文本
    CFont      m_font;      //文本的字体
    CRect      m_rt;        //文本框的矩形区域
public:
    void   SetText( LPCTSTR lpszText);    //设置要显示的文本
protected:
    virtual void PreSubclassWindow();    //前期的初始化工作
protected:
    afx_msg void OnPaint();              //具体的绘图操作
```

我们在函数 PreSubclassWindow()中创建字体。主要是利用 CFont 类的 CreateFont 函数。在 MSDN 中的定义为：

```
BOOL CreateFont( int nHeight, int nWidth, int nEscapement, int nOrientation, int nWeight, BYTE bI-
  talic, BYTE bUnderline, BYTE cStrikeOut, BYTE nCharSet, BYTE nOutPrecision, BYTE nClipPrecision,
  BYTE nQuality, BYTE nPitchAndFamily, LPCTSTR lpszFacename );
```

可以看到这个函数比较多,其实大多数的参数都使用常规的即可(可以参见 MSDN 中的示例),我们一般只关注字的大小、粗细和字体,在参数中对应的就是第 1、第 2、第 5 和最后一个参数。要注意的是,第 1、第 2 个参数可以是 0,此时代表的含义就是自动默认匹配大小。几个函数的代码列于下面,比较简单,参看注释,读者就可以理解。

```
void CMyStatic::PreSubclassWindow()
{
    GetClientRect(m_rt);               //获取整个控件窗体的大小
    m_font.CreateFont(12,0,0,0,FW_BOLD,0,0,0,DEFAULT_CHARSET,
        OUT_CHARA - CTER_PRECIS,CLIP_CHARACTER_PRECIS,DEFAULT_QUALITY,
        DEFAULT_PITCH |FF_DONTCARE, "宋体");  //创建字体
    CStatic::PreSubclassWindow();
}

void CMyStatic::OnPaint()
{
    CPaintDC dc(this);
    dc.FillSolidRect(m_rt, RGB(123,156,235));      //画控件窗体的背景
    dc.SelectObject(&m_font);
    dc.SetBkMode(TRANSPARENT);           //背景要透明,否则会有不好看的白条子
    dc.SetTextColor(RGB(255,255,255));      //设置文字颜色为白色
```

```
    GetWindowText( m_strText);              //获取标题文本
    dc.DrawText(m_strText.GetBuffer(0),m_strText.GetLength(),&m_rt,
    DT_SINGLELINE | DT_VCENTER | DT_LEFT | DT_PATH_ELLIPSIS); //显示文本
    }
void CMyStatic::SetText(LPCTSTR lpszText)
{
    m_strText = lpszText;
    Invalidate();  //触发 OnPaint 函数
}
```

④ 我们在对话框资源编辑器中随便拖放一个静态标签控件，运行程序如图 8-48 所示，这是一般的效果。

而后我们将这个静态控件同我们的自定义静态控件绑定（注意：绑定前静态控件的 ID 不要使用默认的 IDC_STATIC，而是要改成别的名字），如图 8-49 所示。

绑定以后运行程序，效果如图 8-50 所示。怎么样，还不错吧？

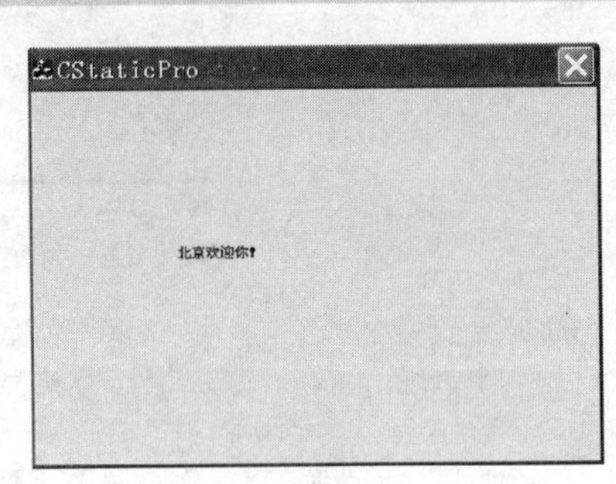

图 8-48　为工程添加自绘静态控件类——CMyStatic

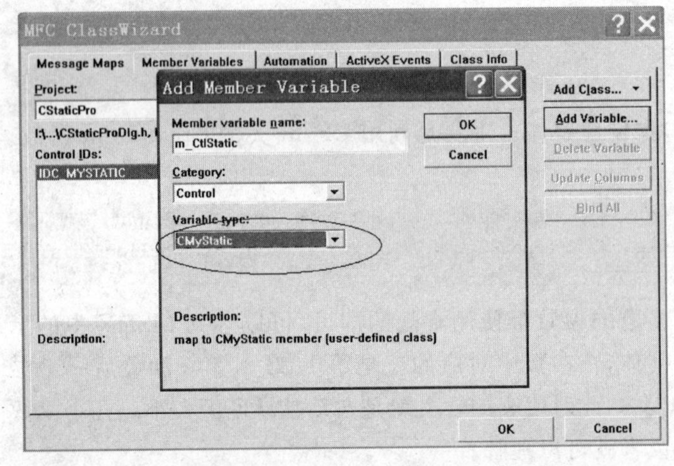

图 8-49　利用 ClassWizard 将标签控件与 CMyStatic 绑定

图 8-50　自定义静态控件运行效果图

8.2.4　文本框控件

文本框控件也是使用率非常高的控件，主要用于用户的输入，有时候也用于数据的显示。在 MFC 类库中对应的是 CEdit 类，继承自 CWnd 类。对于这个控件，我们的美化主要就是针对我们输入数据时的效果，因此主要就是对于背景和字体的美化修饰。

针对背景，为了使文本框显得更漂亮，我们采用贴位图的办法；而字体呢，比较简单，用它自己的 SetFont 函数就可以了。

① 首先建立一个基于对话框的 MFC 工程，命名为 EditPro，然后选取“Dialog Based”，而后单击“Finish”按钮即可。

② 进入工程后，按下“Ctrl+W”快捷键，启动 ClassWizard，为我们的工程添加一个新类，命

名为 CMyEdit，继承自 CEdit 类，如图 8－51 所示。

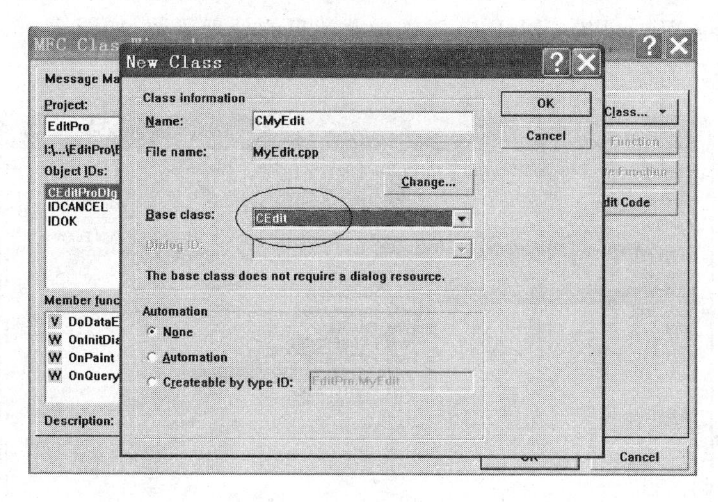

图 8－51　为工程添加自定义的文本框类

③ 进入资源编辑器，右击“Insert”项，而后为工程插入一幅位图。这里为了简便，我们就自己画一个。读者也可以通过“Import”自行导入外部的位图资源，如图 8－52。

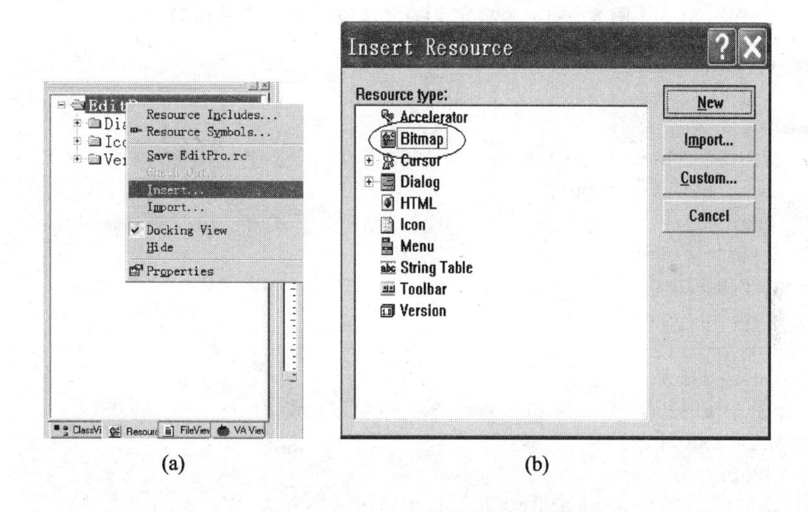

图 8－52　为工程添加自定义的文本框类需要的位图资源

针对位图操作，为我们的 CMyEdit 类添加一个 CBitmap 类型的常用变量，在初始化的代码中，载入位图资源。

```
public:
    CBitmap m_bmp;  //声明位图成员变量
……

  CMyEdit::CMyEdit()
  {
     m_bmp.LoadBitmap(IDB_EDITBMP);//在构造函数中载入位图
  }
```

④ 下面就是针对自定义文本框类的代码编写了。上面我们讲过，绘制方法有 DrawItem 以及 OnPaint 两种。这里我们再介绍一种，就是利用针对 WM_ERAEBKGND 消息的处理函数

OnEraseBkgnd()。顾名思义，这个函数，就是用来涂抹背景色的，在控件自绘中使用的也挺多。

我们启动 ClassWizard 为 CMyEdit 类添加此消息的处理函数，如图 8-53 所示。而后在此函数中，添加代码。

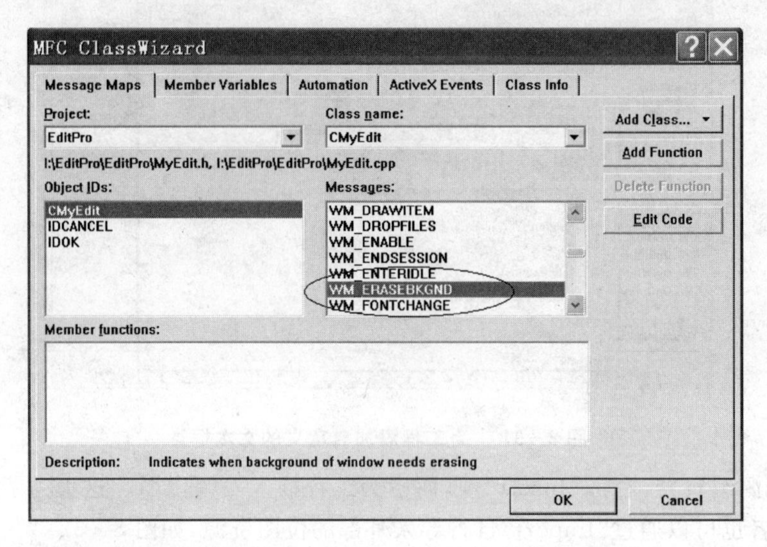

图 8-53　为自定义的文本框类添加自绘函数

```
BOOL CMyEdit::OnEraseBkgnd(CDC * pDC)
{
    CDC memDC;
    memDC.CreateCompatibleDC(pDC);
    memDC.SelectObject(&m_bmp);
    BITMAP bmp;
    m_bmp.GetBitmap(&bmp);
    int x = bmp.bmWidth;
    int y = bmp.bmHeight;
    CRect rt;
    GetClientRect(rt);
    pDC->StretchBlt(0,0,rt.Width(),rt.Height(),&memDC,0,0,x,y,SRCCOPY);
    memDC.DeleteDC();
    return TRUE;
  //  return CEdit::OnEraseBkgnd(pDC);//禁止调用基类方法
}
```

⑤ 在资源编辑器中，放置一个文本框控件，设置其属性，注意其中的“Multiline”复选框要勾选，如图 8-54 所示。而后利用 ClassWiard 为对话框类添加一个 CMyEdit 类型的成员变量，注意包含 CMyEdit 的头文件，如图 8-55 所示。

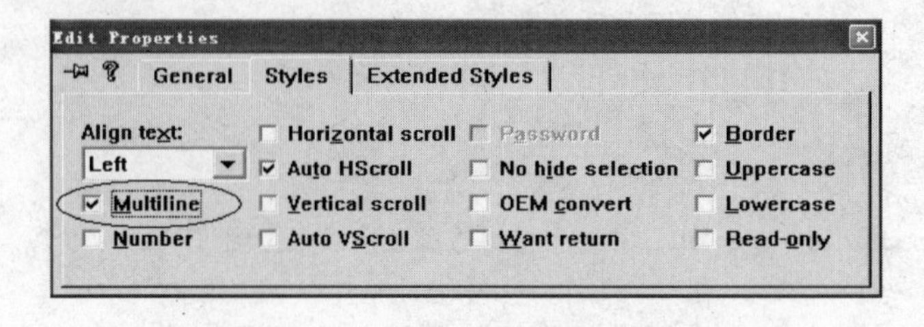

图 8-54　设置文本框控件的属性

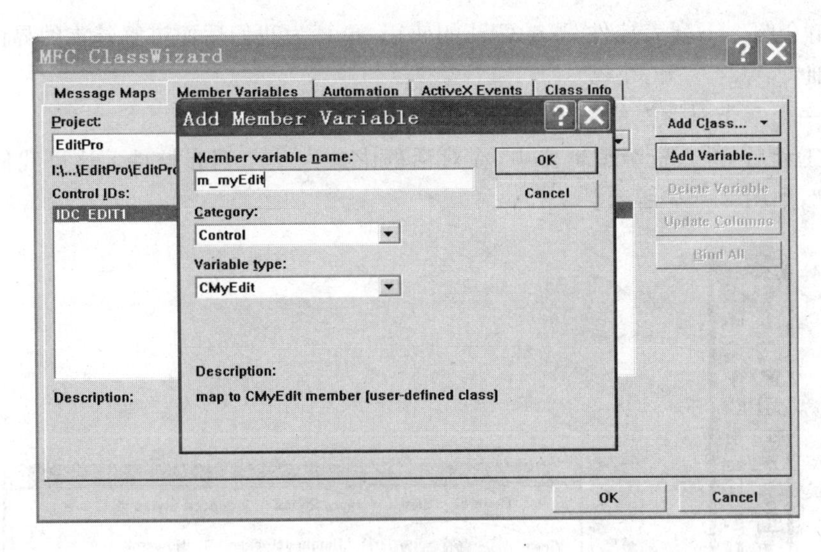

图 8-55　为主对话框添加自定义的文本框类

⑥ 为主对话框类添加一个 CFont 类的字体变量 m_font,而后在 OnIntiDialog 中添加代码,为文本框类设置字体,仍用函数 CreateFont()。代码较简单,参见光盘即可。

⑦ 最后运行程序,效果如图 8-56 所示。

怎么样,效果不错吧。当然这个位图是自己画的,你也可以通过导入的方法为自己的自定义文本框设置更加漂亮的背景图案。只是注意,给插入或者导入位图的命名 ID 要与代码中的相一致(比如我们这个工程里用的就是 IDB_EDITBMP)。

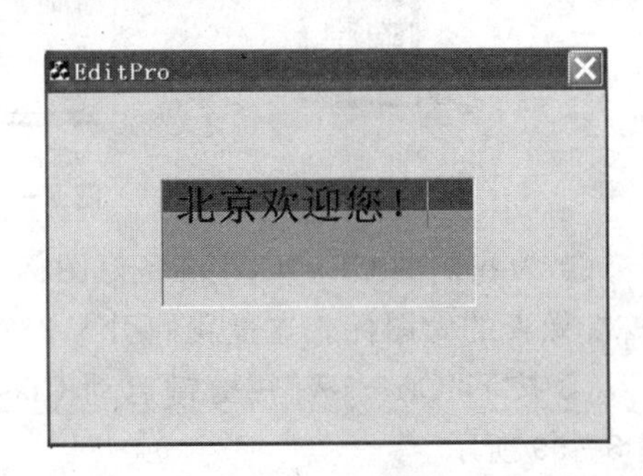

图 8-56　自定义的文本框类运行效果图

另外要注意:一定要设置文本框的"Muliline"的属性,否则背景就不显示了。

8.2.5　列表控件

列表控件(对应的是 MFC 中的 CListCtrl 类),是 MFC 中一个很有用的控件,它相对那些最"古老"的控件算是晚出现的了,但是功能却非常强大(在 MFC 中还有一个 CListBox 类——列表框控件,它和这个 CListCtrl 相比就显得简单、单薄许多了)。CListCtrl 在现在的软件设计中发挥着重要的作用。在界面导航、数据展示中,往往看到列表控件的身影。

列表控件可以 4 种不同的基本风格展示,分别是 Icon、Small icon、List、Report。

Icon view:每个项目以一个 32 像素的图标展示,指示的文字在图标的下面。

Small icon view:每个项目以一个 16 像素的小图标展示,指示的文字在图标的下面。

List view:每个项目以一个 16 像素的小图标展示,指示的文字在图标的右面。

Report view:比较类似我们常见的表格形式,信息以一行一行的形式列出。在数据库等应用中经常用到。

除了以上所列的这些基本的风格外,CListCtrl 类还支持很多扩展风格,使控件的功能更加丰富和强大。这些风格包括 Hover selection、Virtual list、One - and two - click activation、Drag and drop column ordering,读者可以在实际应用中逐步熟悉这些风格属性的作用。

下面简单介绍一下列表控件 CListCtrl 的使用，也算为我们后面讲解基本的界面布局时的内容打下个基础。

① 新建一个基于对话框的 MFC 工程，命名为 CListCtrlPro。

② 进入工程后，进入资源编辑器中，在对话框中放入一个列表控件。这里我们把它的属性设置为"Icon"，如图 8-57 所示。

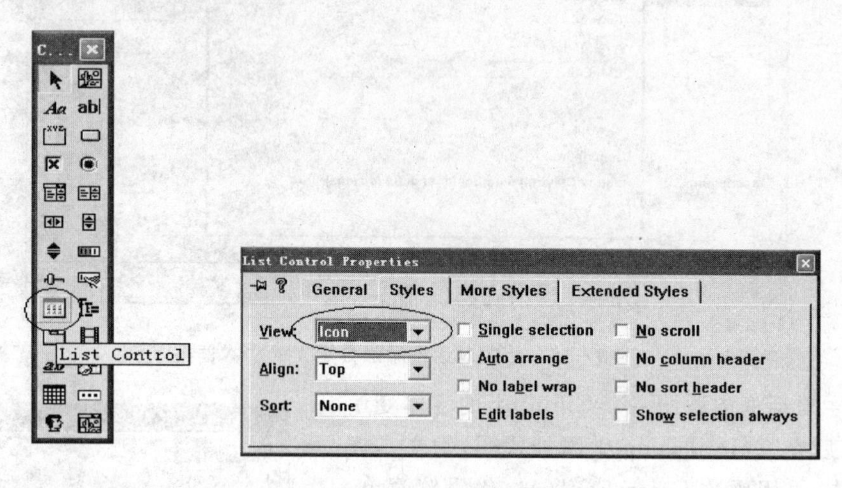

图 8-57　列表控件的属性设置

③ 为我们的 CListCtrl 准备好图标(Icon)资源。由于我们设置的是"Icon"风格，因此需要准备 32 像素的大图标。这里我们引入 3 个大图标，如图 8-58 所示。

④ 按下"Ctrl+W"快捷键启动 ClassWizard，为列表控件添加 CListCtrl 类的成员变量，如图 8-59 所示。

图 8-58　为工程引入图标，用于列表控件子项的显示

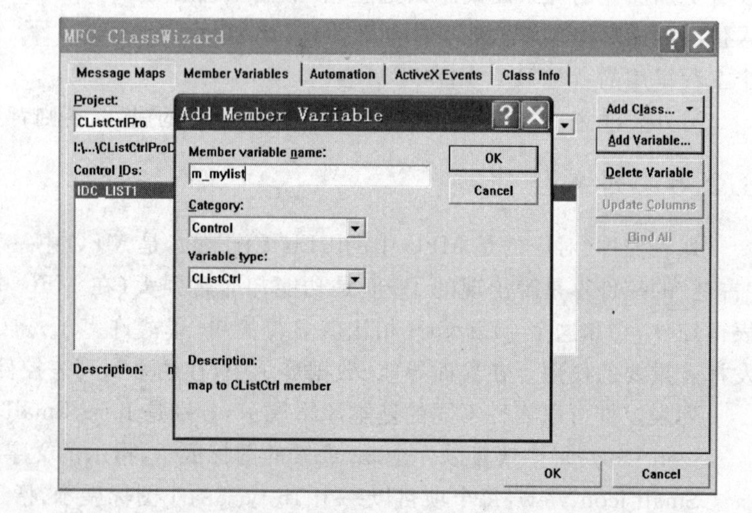

图 8-59　为列表控件添加 CListCtrl 类变量

⑤ 下面就是具体的编码工作了。在主对话框类的定义中添加如下成员变量：

```
public:
CFont      m_font;
CImageList  m_imagelist;
```

前一个 CFont 类的变量是我们用来设置列表项的字体用的，这里不再多说。讲一下 CImageList 类。这个类是我们新遇到的。它是干啥用的呢？用处可多着呢！其实从名称上就能猜到，它是个图标的“储藏表”。这个类在 MFC 中是个相对独立的类，直接从 CObject 类派生出来的，作用就是作为若干大小相同的图标的容器。凡是需要用到较多图标的地方（比如图标工具栏等）就会有它的身影，使用非常广泛，读者朋友一定要掌握它。

在对话框类的函数 OnInitDialog()中，添加如下代码：

```
……
m_imagelist.Create(32,32, ILC_COLOR32|ILC_MASK,0,1);    //生成图标列表
m_imagelist.Add(AfxGetApp() ->LoadIcon(IDI_ICONTIME));  //载入图标 1
m_imagelist.Add(AfxGetApp() ->LoadIcon(IDI_ICONRUN));   //载入图标 2
m_imagelist.Add(AfxGetApp() ->LoadIcon(IDI_ICONRECORD)); //载入图标 3
m_mylist.SetImageList( &m_imagelist,LVSIL_NORMAL);//为 CListCtrl 类加图标
m_mylist.InsertItem(0,"时间设置",0);     //为 CListCtrl 图标选项 1 加文字
m_mylist.InsertItem(1,"控制算法",1);     //为 CListCtrl 图标选项 2 加文字
m_mylist.InsertItem(2,"记录",2);         //为 CListCtrl 图标选项 3 加文字
    ……
```

我们看到这里分成两步：先为 CListCtrl 载入图标；而后再根据顺序为其添加文字。用到的成员函数是 SetImageList()和 InsertItem()，这是最最基本和常用的函数了。其中 InsertItem 函数有多种重载形式，列于下面。

```
CImageList * SetImageList( CImageList * pImageList, int nImageList );
int InsertItem( const LVITEM * pItem );
int InsertItem( int nItem, LPCTSTR lpszItem  );
int InsertItem( int nItem, LPCTSTR lpszItem, int nImage  );
int InsertItem( UINT nMask, int nItem, LPCTSTR lpszItem, UINT nState, UINT nStateMask, int nImage,
LPARAM lParam  );
```

这时运行程序，可得到如图 8-60 所示的效果。

⑥ 上面其实已经完成了最为基本的列表控件的使用功能。下面再对其进行一些美化和修饰，主要就是字体和背景色的设置。在对话框类的构造函数中生成我们想要的字体，主要就是 CFont 类的 CreateFont 函数的使用。前面已经讲过，基本是一样的。而后在对话框类的 OnInitDialog 函数的最后，完成对于背景、字体的绘制。分别用到了 CListCtrl 类的 3 个成员函数：SetBkColor 用来设置背景颜色；SetTextBkColor 用来设置选项文字的背景色；SetTextColor 用来设置文字的字体颜色。其代码如下：

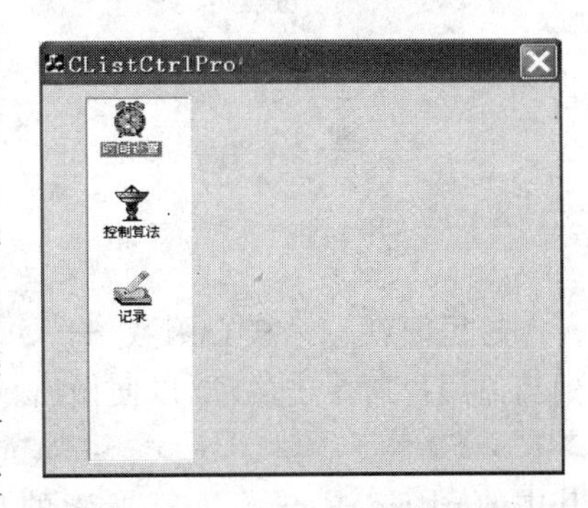

图 8-60　CListCtrl 运行效果

```
……
m_mylist.SetBkColor(RGB(122,222,122)); //设置整个列表背景色
m_mylist.SetTextBkColor(RGB(122,222,122)); //设置字体背景色
m_mylist.SetTextColor(RGB(220,0,0)); //设置字体颜色
m_mylist.SetFont( &m_font);  //设置字体
……
```

完成以上代码后，编译运行程序，效果如图 8-61 所示。

⑦ 上面是对于列表控件的外观上的美化，但是我们还得需要它为我们“干活儿”，一次需要添加一些功能代码。对于我们设置的这样“Icon”风格的列表控件，主要的操作就是响应单击事件，因此处理这个事件即可，如图 8-62 所示。

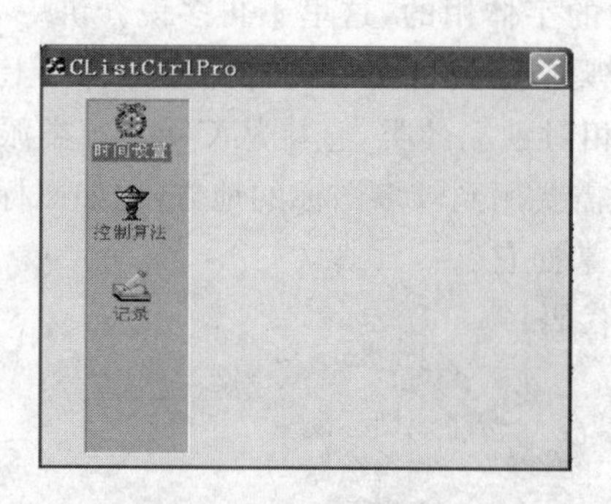

图 8-61　CListCtrl 添加颜色、字体后的运行效果

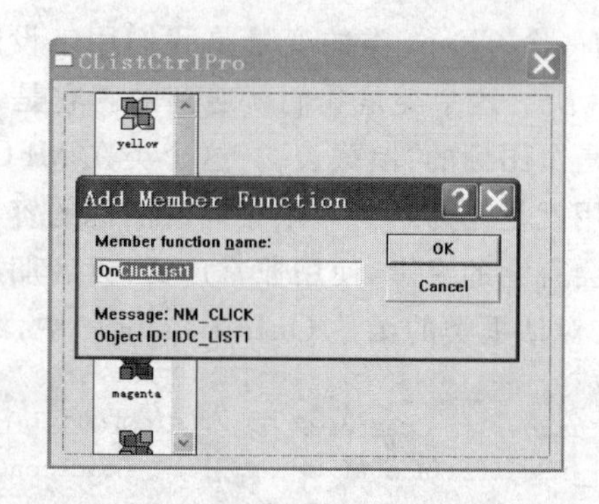

图 8-62　双击 CListCtrl 控件弹出消息处理函数添加向导框

直接在资源编辑器的 CListCtrl 控件上双击，即可弹出相应单击事件的消息处理函数，而后在函数体中加入代码。

```
void CCListCtrlProDlg::OnClickList1(NMHDR * pNMHDR, LRESULT * pResult)
{
    int nIndex; //获取所选项在列表控件中的索引
    nIndex = m_mylist.GetNextItem( -1, LVNI_ALL| LVNI_SELECTED );
    switch( nIndex)
    {
        case 0:
            MessageBox("Select One");
            break;
        case 1:
            MessageBox("Select Two");
            break;
        case 2:
            MessageBox("Select Three");
            break;
    }
    * pResult = 0;
}
```

这里面就一个核心函数——GetNextItem。它的作用就是搜索列表中各项的索引，从而得到当前用户所单击的项，以便做出相应的反应动作。该函数的原型为：

```
int GetNextItem( int nItem, int nFlags  ) const;
```

其中的 nItem 是开始进行搜索的项，一般就是－1；nFlag 标示列表中的各个子项之间的几何关系。

最后编译、运行程序，效果如图 8-63 所示。

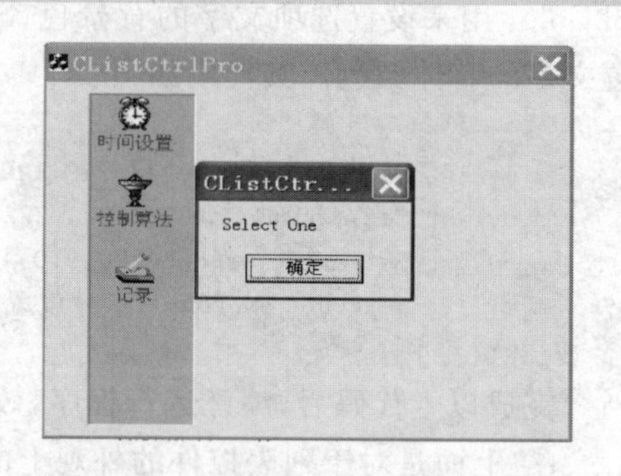

图 8-63　单击 CLIstCtrl 控件中的子项进行相应的处理

8.2.6　标签控件

标签控件以分页的形式显现不同的内容，每个页面显示不同的信息，使整个软件界面显得层次分明、错落有致。在 MFC 中，标签控件对应的是 CTabCtrl 类，继承自 CWnd 类。在 MFC 中，实现分页效果还可以利用 CPropertySheet 类和 CPropertyPage 类的组合。下面介绍如何使用 CTabCtrl 控件。

① 首先建立一个基于对话框的工程，命名为 CTabCtrlPro。

② 进入工程后，打开资源编辑器界面，在对话框资源中插入一个 CTabCtrl 控件。由于此时还没有为其添加每个页面的对话框资源，因此运行程序呈现出来的只是"白板"一块，如图 8 - 64 所示。

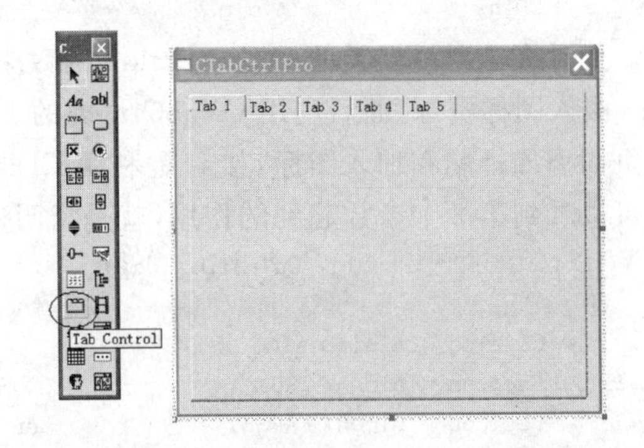

图 8 - 64　在对话框模板中拖放一个标签控件

③ 为标签控件设计每页的内容，这里用对话框类来实现每个分页即可。简便起见，插入两个对话框资源即可，如图 8 - 65 所示。分别按"Ctrl＋W"快捷键为其添加对话框类，命名为 CDlg1 和 CDlg2。

这里提醒读者注意：由于这两个对话框是作为子标签页出现的，因此必须在其属性设置中使 Style 为"Child"，Border 为"None"，如图 8 - 66 所示。

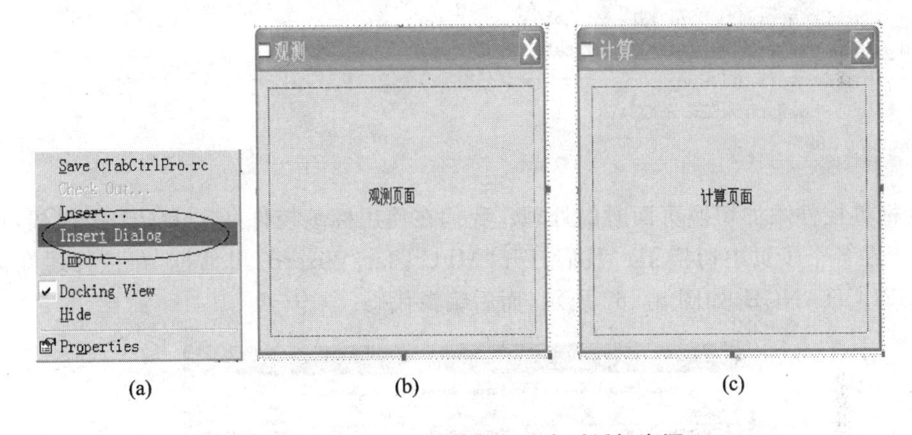

图 8 - 65　为标签控件添加两个对话框资源

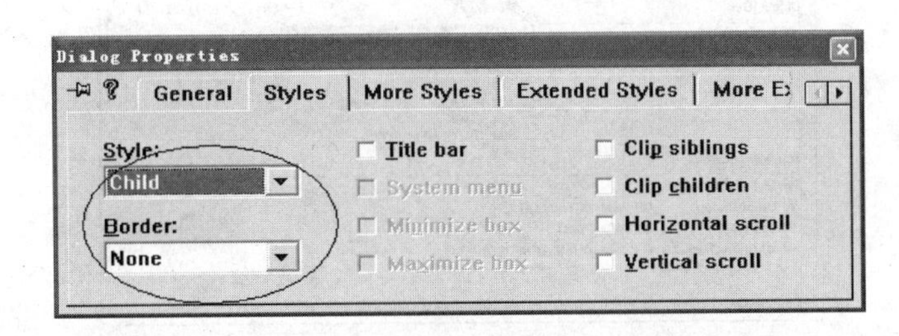

图 8 - 66　每个子对话框页面的属性设置

④ 在主对话框类中，分别为标签控件、两个对话框资源添加类成员变量。

另外为了美观，我们为程序引入两个 Icon 图标，作为每个标签页的图标显示。还记得我们在上一节说过，涉及图标等图形操作时需要哪个类大显身手吗？呵呵，对了，CImageList 类！这里我们仍旧请它出山。所以程序总共有以下几个程序变量。

```
public:
    CTabCtrl        m_tab;      //分页控件类
    CImageList      m_imagelist;  //图标列表类,为分页控件添加图标
```

```
    CDlg1              m_dlg1;  //分页控件的第 1 个子页
    CDlg2              m_dlg2;  //分页控件的第 2 个子页
```

而后在主对话框类的 OnInitDialog 函数中，添加初始化的代码。这里还是先利用 CImageList 载入图标资源，而后利用 CTabCtrl 类的 InsertItem 函数，这个函数主要是为标签控件的每个页面添加标题和加入图标，接着是利用 CDialog 类的 Create 函数生成各个标签页面，这里大家可以看到第 2 个参数起到的作用，就是指明这个对话框的母窗体。

```
BOOL CCTabCtrlProDlg::OnInitDialog()
{
    CDialog::OnInitDialog();
    SetIcon(m_hIcon, TRUE);             // Set big icon
    SetIcon(m_hIcon, FALSE);          // Set small icon
    m_imagelist.Create(32,32, ILC_COLOR32|ILC_MASK,1,0);
    m_imagelist.Add(AfxGetApp()->LoadIcon(IDI_ICON1));
    m_imagelist.Add(AfxGetApp()->LoadIcon(IDI_ICON2));
    m_tab.SetImageList(&m_imagelist);
    m_tab.InsertItem(0,"设置 1",0);
    m_tab.InsertItem(1,"设置 2",1);
    m_dlg1.Create(IDD_DIALOG1, &m_tab);
    m_dlg2.Create(IDD_DIALOG2, &m_tab);
    m_dlg1.CenterWindow();
    m_dlg1.ShowWindow(SW_SHOW);
    return TRUE;
}
```

⑤ 为标签控件添加切换页面时的处理。我们在使用标签控件(CTabCtrl)的时候，最常用的操作莫过于在各个子页中切换了。我们打开"MFC ClassWizard"对话框，在控件通知消息中选择 TCN_SELCHANGE，如图 8-67 所示，而后编辑代码。

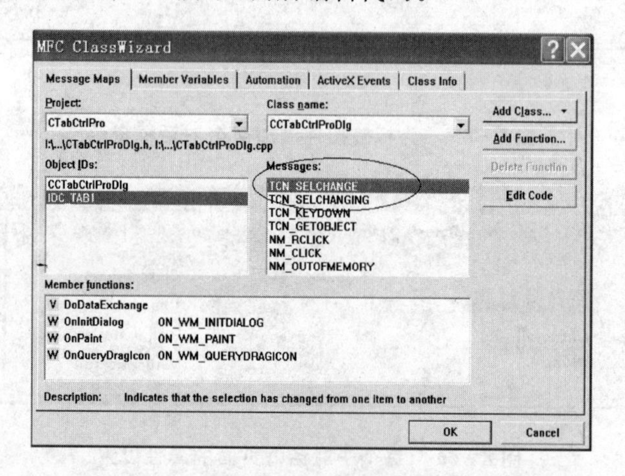

图 8-67 为标签控件添加切换页面的消息

代码中，主要就是利用 CTabCtrl 类的 GetSel 函数获得当前的页面选项，而后针对返回的编号来显示相应的页面。

```
void CCTabCtrlProDlg::OnSelchangeTab1(NMHDR* pNMHDR, LRESULT* pResult)
{
    int nIndex = m_tab.GetCurSel();  //获取选中的子页
    switch(nIndex)
    {
```

```
    case 0:
        m_dlg1.CenterWindow();        //居中显示第 1 个子页
        m_dlg1.ShowWindow(SW_SHOW); //显示第 1 个子页
        m_dlg2.ShowWindow(SW_HIDE); //隐藏第 2 个子页
        break;
    case 1:
        m_dlg2.CenterWindow();      //居中显示第 2 个子页
        m_dlg2.ShowWindow(SW_SHOW);   //显示第 2 个子页
        m_dlg1.ShowWindow(SW_HIDE);   //隐藏第 1 个子页
        break;
    }
    * pResult = 0;
}
```

⑥ 编译、运行程序，效果如图 8－68 所示。一个比较典型的分页式窗体就呈现在我们的面前了。

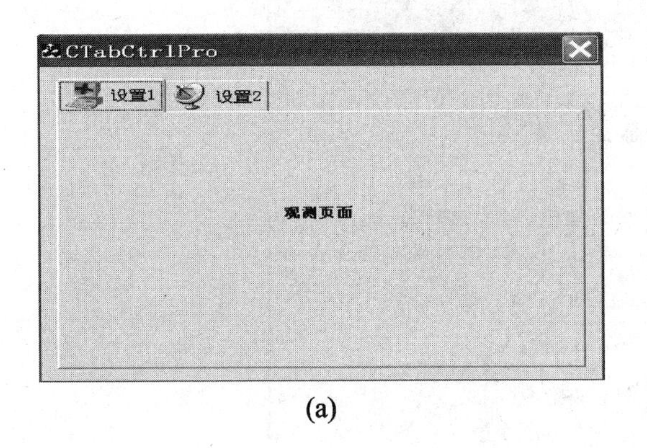

(a)

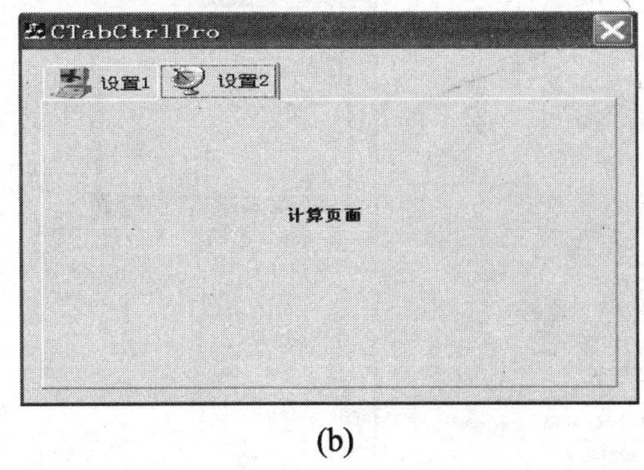

(b)

图 8－68　标签控件的运行效果

8.2.7　菜　单

菜单应该是应用程序中最最常见的界面元素了。我们把它放在这个小节才讲，主要有两个原因：一是在 VC 6 中，菜单并不在控件面板上，而是资源中的一个类型；二是它同稍后要讲到的工具栏等共同作为界面整体布局的元素。

在这里，给大家介绍一个由 Brent Corkum 开发的非常好用的开源菜单类——BCMenu。这个菜单类使用比较广泛，名气很大，很好用。

① 新建一个基于单文档的 MFC 工程，命名为 MenuPro，如图 8－69 所示。

② 单击“Finish”按钮完成工程的创建。此时选择“Project”|“Add To Project”|“Files”菜单命令，选择我们的菜单类文件 BCMenu. h 和 BCMenu. cpp，并添加到工程中来，如图 8－70 所示。

③ 在资源编辑器中，引入几幅对于菜单项的位图，如图 8－71 所示。注意，这里在为位图命名的时候，ID 最好与菜单项的 ID 名称对应起来。比如，“文件”菜单下的“打开”子菜单的 ID 是 ID_FILE_OPEN，那么在给它对应的位图命名 ID 时最好也用 IDB_FILE_OPEN。这样做的目的就是为了清晰。

④ 在工程的主框架窗体类 CMainFrame 中定义一个 BCMenu 类的成员变量，代码如下：

```
BCMenu m_menu;
```

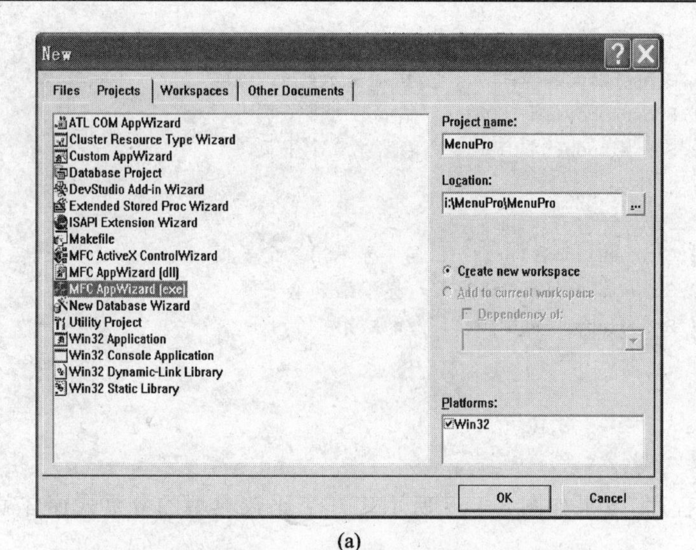

(a)

MFC AppWizard - Step 1

What type of application would you like to create?

Single document

Multiple documents

Dialog based

Document/View architecture support?

What language would you like your resources in?

中文[中国] (APPWZCHS.DLL)

< Back　Next >　Finish　Cancel

(b)

图 8-69　新建一个基于单文档的 MFC 工程

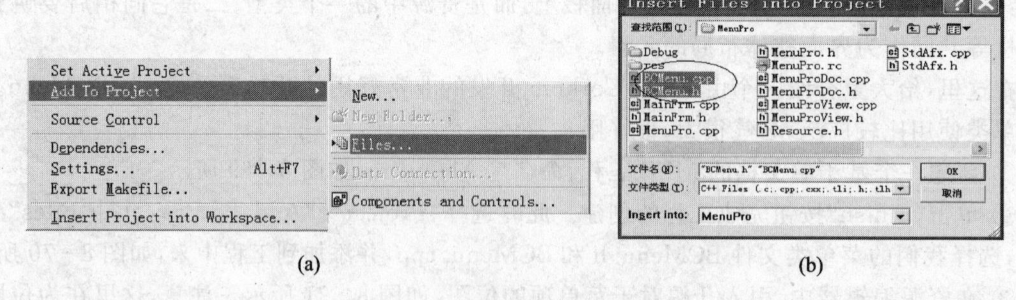

(a)　　　　(b)

图 8-70　把菜单类添加到工程中

⑤ 为 CMainFrame 类添加一个生成菜单的函数——NewMenu，代码如下：

```
HMENU CMainFrame::NewMenu()
{
    m_menu.LoadMenu(IDR_MAINFRAME);   //加载菜单资源
    //将图标加到菜单中
```

```
    m_menu.ModifyODMenuA(NULL,ID_FILE_NEW,IDB_FILE_NEW);
    m_menu.ModifyODMenuA(NULL,ID_FILE_OPEN,IDB_FILE_OPEN);
    m_menu.ModifyODMenuA(NULL,ID_FILE_SAVE,IDB_FILE_SAVE);
    m_menu.ModifyODMenuA(NULL,ID_FILE_PRINT,IDB_FILE_PRINT);
    //返回图标菜单的句柄
    return m_menu.Detach();
}
```

这里主要用到了几个 BCMenu 类的成员函数，一个是 LoadMenu()，用来载入菜单资源；另一个是 ModifyODMenuA()，用来对菜单中的 ID 与相应的位图进行绑定，从而实现为菜单添加图标的目的；还有一个是 Detach()，用于返回自定义菜单的句柄。

⑥ 在主应用程序类 CMenuProApp 的初始化函数 InitInstance()中添加生成自定义菜单的代码。

```
BOOL CBmpMenuApp::InitInstance()
{
    ……
    /****下面就是生成我们自定义菜单的代码了*****/
    CMenu* pMenu = m_pMainWnd->GetMenu();
    if (pMenu)pMenu->DestroyMenu();//将默认的菜单清除
    //设置菜单为新的图标菜单
    HMENU hMenu = ((CMainFrame*) m_pMainWnd)->NewMenu();//生成新菜单
    pMenu = CMenu::FromHandle( hMenu );
    m_pMainWnd->SetMenu(pMenu);  //为主窗体设置菜单
    ((CMainFrame*)m_pMainWnd)->m_hMenuDefault = hMenu;
    m_pMainWnd->ShowWindow(SW_SHOW);
    m_pMainWnd->UpdateWindow();
    return TRUE;
}
```

图 8-72 所示为使用自定义菜单前后的效果对比图。

⑦ 出于对菜单的完备性考虑，我们再为 CMainFrame 类添加 WM_MEASUREITEM、WM_MENUCHAR 和 WM_INITMENUPOPUP 3 个消息的相应函数。关于这 3 个消息和其处理函数的解释可以参考 MSDN。要注意的是，它们都是 CWnd 的成员函数，因此在利用 ClassWizard 为 CMainFrame 添加时会发现没有这 3 个，原因是 CMainFrame 是 CFrameWnd 类型的，而 CFrameWnd 派生自 CWnd，这样在子类里就省略了一些函数(说实话这其实有点不方便)。因此，我们只好手动添加消息与其处理函数，方法如下：

图 8-71　为工程引入位图供自定义菜单使用

先在头文件里声明 3 个函数：

```
afx_msgvoidOnMeasureItem(intnIDCtl,LPMEASUREITEMSTRUCTlpMeasureItemStruct);
afx_msg LRESULT OnMenuChar(UINT nChar, UINT nFlags, CMenu* pMenu);
afx_msg void OnInitMenuPopup(CMenu* pPopupMenu, UINT nIndex, BOOL bSysMenu);
```

而后在 CPP 文件中手动加入消息映射：

```
BEGIN_MESSAGE_MAP(CMainFrame, CFrameWnd)
    //{{AFX_MSG_MAP(CMainFrame)
    ON_WM_MEASUREITEM()
    ON_WM_MENUCHAR()
    ON_WM_INITMENUPOPUP()
```

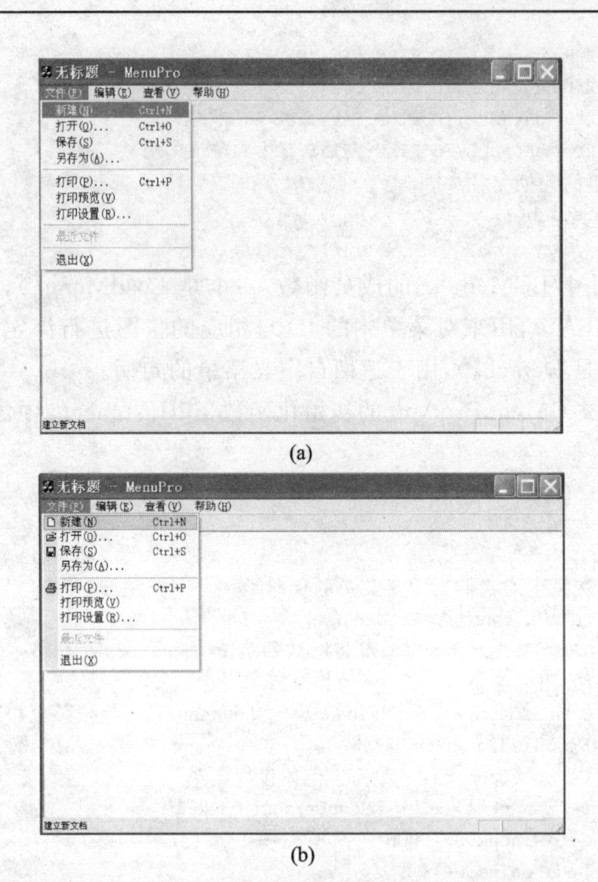

图 8-72　使用自定义菜单前后效果对比图

```
    //}}AFX_MSG_MAP
END_MESSAGE_MAP()
```

最后加入代码。具体代码请看随书光盘中的源代码。

另外，以上我们是针对单文档的情况，对于对话框类型的工程，基本步骤是类似的，只是需要在对话框类的 OnInitDialog 函数中进行生成菜单的操作，而不是在主应用程序类的 InitInstance 函数中，这一点请注意。在光盘中我们给出了两种工程类型的示例，请读者朋友们参考。

8.2.8　工具栏

工具栏是最常用的界面元素，它和菜单相互配合，起到为用户提供系统功能的提示作用。大家常用的作图和 CAD 软件，如 Photoshop、3ds Max、UG 和 AutoCAD 等，往往有着非常丰富的工具栏。相比菜单而言，工具栏将用户最常用到的功能放在界面最显眼处，以便更加快捷地进行操作；同时，工具栏都有精美生动的图片提示，使人机交互变得更加友好。

在 MFC 中，一共有两个类对应工具栏的操作，它们是 CToolBar 类和 CToolBarCtrl 类。CToolBar 类历史比较长；而 CToolBarCtrl 类则是在 Windows 95 和 Windows NT 3.5 之后新加入的类，它比之传统的 CToolBar 类更强大，尤其是它包含了一些数据结构，可以对图标与文字结合的工具栏进行更好的设计。关于两者在类图中的关系层次见图 8-73。从图中可见，CToolBarCtrl 类是直接从 CWnd 类继承来的；而传统的 CToolBar 则是还隔着一个 CControlBar 类。尽管层次上“差着辈儿”，但是两者毕竟关系密切，CToolBar 类提供了一个成员函数 GetToolBarCtrl，可以取得相应的 CToolBarCtrl 对象的引用。

一般情况下，我们建立一个单文档或多文档的 MFC 工程，建立好以后 AppWizard 就会为我们自动创建一个工具栏，里面有比较常用的一些功能按钮，如"打开""保存"等。

我们新建一个基于单文档的 MFC 工程，命名为 ToolBarPro。

单击"Finish"按钮完成工程的创建。此时编译运行程序，就可以看到系统为我们默认生成的对话框，如图 8-74 所示。

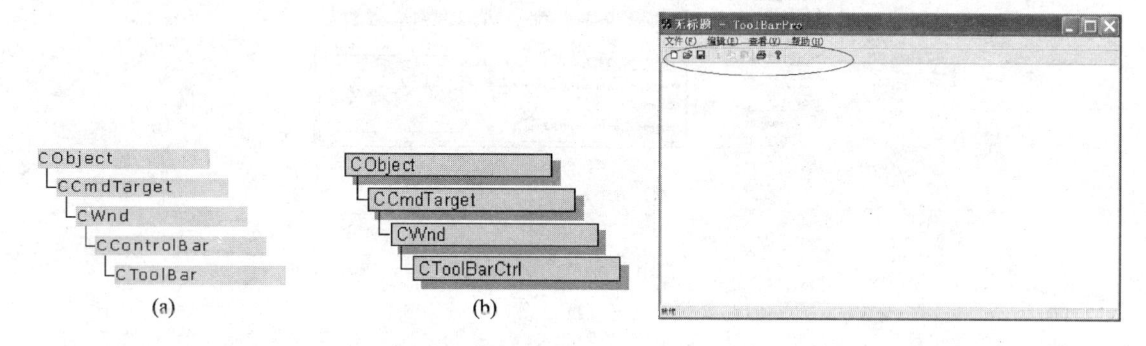

图 8-73 工具栏类在 MFC 类图中的层次关系

图 8-74 单文档程序框架默认生成的工具栏

它的生成过程是：首先要在资源编辑器中有对话框资源，我们可以看到已经有了一个 ToolBar 选项，下面有一个 ID 为 IDR_MAINFRAME 的工具栏资源，它就是框架为我们默认生成的。

接下来，在主框架窗体类 CMainFrame 中添加一个 CToolBar 类的成员变量 m_wndToolBar；在 CMainFrame 的 OnCreate 函数中生成工具栏的代码，即在框架生成时就完成工具栏的创建，代码如下：

```
CToolBar    m_wndToolBar;
  ……
if (!m_wndToolBar.CreateEx(this, TBSTYLE_FLAT, WS_CHILD | WS_VISIBLE | CBRS_TOP| CBRS_GRIPPER |
CBRS_TOOLTIPS | CBRS_FLYBY | CBRS_SIZE_DYNAMIC) ||
   !m_wndToolBar.LoadToolBar(IDR_MAINFRAME))
    {
        TRACE0("Failed to create toolbar\n");
        return -1;       // fail to create
    }
    m_wndToolBar.EnableDocking(CBRS_ALIGN_ANY); //使得工具栏可停靠
    EnableDocking(CBRS_ALIGN_ANY);  //使得框架窗体可以被工具栏停靠
    DockControlBar(&m_wndToolBar);  //停靠工具栏
```

在以上代码中，使用了 CToolBar 类的成员函数 CreateEx()创建工具栏窗体，其中第 1 个参数 this(即 CMainFrame 的指针)代表工具栏所属的父窗体的指针；第 2 个参数代表工具栏中嵌入的 CToolBarCtrl 的风格；第 3 个参数指明工具栏窗体的风格，是许多参数的组合。

而后就是加载工具栏资源，也就是 ID 号为 IDR_MAINFRAME 的工具栏。这里又调用了 CToolBar 类的 LoadToolBar 函数。

加载后就是对于工具栏停靠的设置，调用了 CToolBar 类的 EnableDocking 来使工具栏停靠。

最后是调用了框架窗体的两个成员函数 EnableDocking 和 DockControlBar 使框架窗体可以被停靠。

以上便是工具栏的生成流程。明白了这个以后，我们就可以根据自己的需要来生成特色工具栏了。我们可以在资源编辑器中直接通过插入的方式自己绘制一个工具栏资源，命名一个 ID

号，然后按以上所讲的步骤生成之。但是这种方法有个缺点，就是一般自己绘制的东西比较"糙"，不那么美观，所以我们这里介绍另外一种方法——直接从位图导入的办法。

① 通过抓图工具准备好一幅工具栏位图，这里需要注意，一定要把这个位图存为 256 色。而后在工程的资源编辑器中引入这幅位图，命名为 IDB_TOOLBAR，如图 8-75 所示。

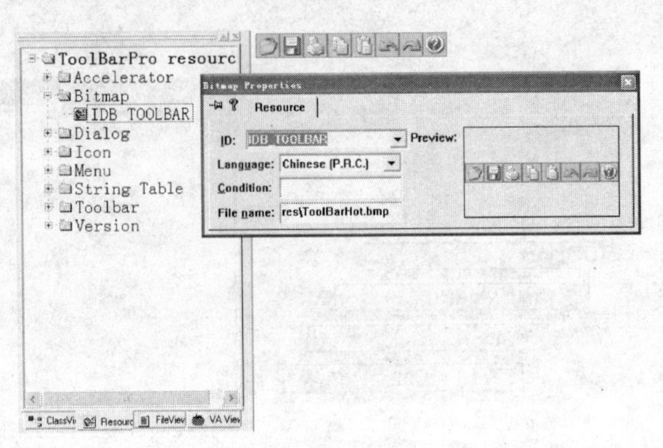

图 8-75　在资源编辑器中引入工具栏位图

② 双击工具栏位图 ID，此时可以发现 VC 6 的菜单栏上多了一项内容"Image"，单击之，而后选中其中的"Toolbar Editor"选项，在弹出的对话框中设置好工具栏按钮大小。这时我们的位图就转换成为工具栏了，如图 8-76 所示。

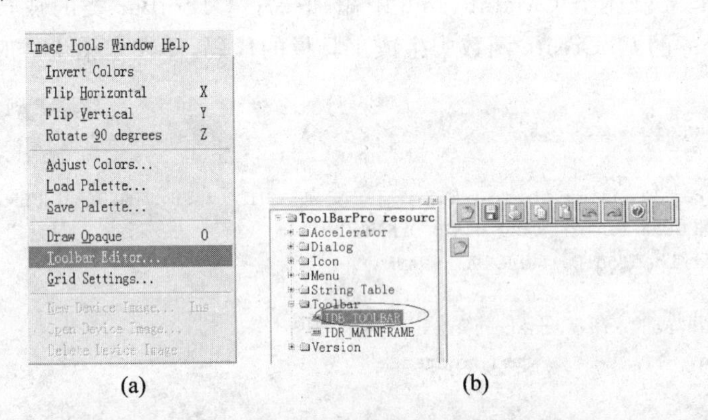

图 8-76　将工具栏位图转换为工具栏资源

③ 在主框架类 CMainFrame 中加入一个 CToolBar 类的变量。

```
CToolBar m_bmpToolBar;
```

④ 在主框架类 CMainFrame 的 OnCreate 函数中加入生成工具栏和停靠它的代码，其实与我们默认的工具栏的生成方式是一样的。

```
if (!m_bmpToolBar.CreateEx(this, TBSTYLE_FLAT, WS_CHILD | WS_VISIBLE | CBRS_TOP| CBRS_GRIPPER |
CBRS_TOOLTIPS | CBRS_FLYBY | CBRS_SIZE_DYNAMIC) ||!m_bmpToolBar.LoadToolBar(IDB_TOOLBAR))  //注
意 ID 号
{
    TRACE0("Failed to create toolbar\n");
    return -1;       // fail to create
}
m_bmpToolBar.EnableDocking(CBRS_ALIGN_ANY);
EnableDocking(CBRS_ALIGN_ANY);
DockControlBar(&m_bmpToolBar);
```

⑤ 此时运行程序,发现我们的工具栏是灰色不可用的,原因是我们没有为其分配事件处理函数,解决的办法就是为其设定有意义的 ID,然后利用 ClassWizard 为 ID 添加事件处理函数。由于通常情况下,工具栏与菜单是对应的,所以我们可以先在菜单里设置好 ID,然后将其对应的工具栏按钮项目设置为相同的 ID,再为这个 ID 添加事件处理函数,如图 8-77 所示。

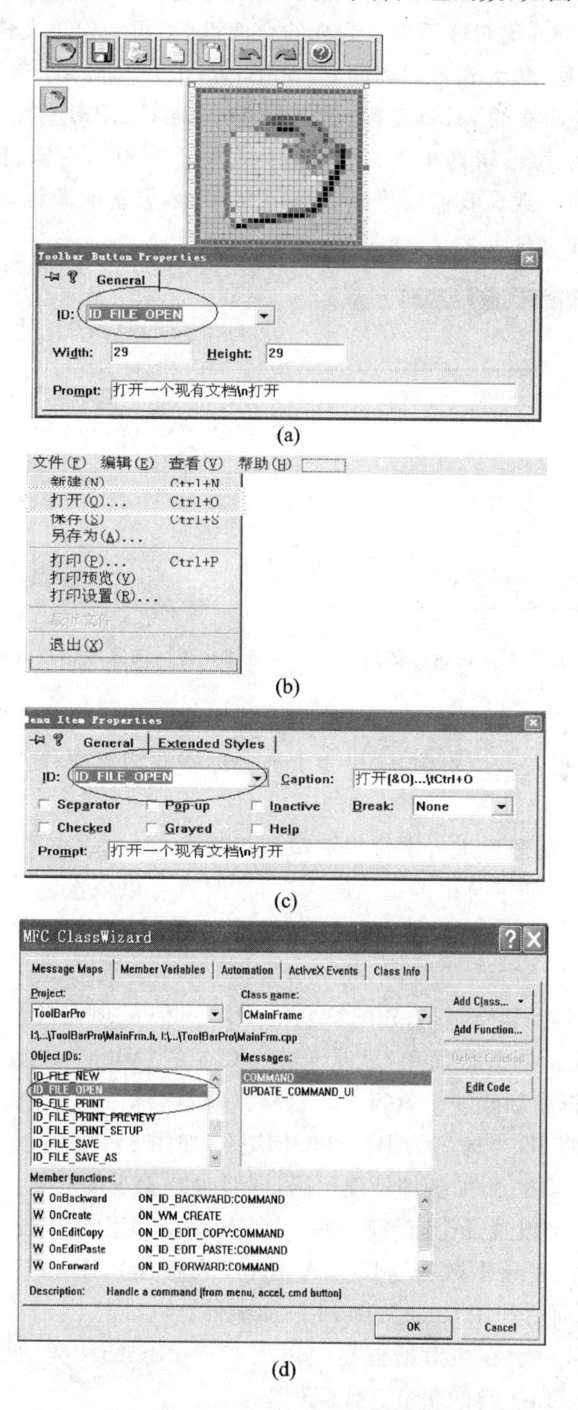

图 8-77　为工具栏添加事件处理函数

此时编译、运行程序,就可以看到工具栏可用了,效果如图 8-78 所示。

以上介绍了单文档框架下的工具栏，主要涉及的是 CToolBar 类的使用情况。下面介绍另外一个更为强大的工具栏类——CToolBarCtrl 类的使用。在实际应用中，我们常常需要图片和文字同时出现的工具栏，以便更加清晰地向用户展示软件的功能，这时用 CToolBarCtrl 类就可以轻松地实现。CToolBarCtrl 类是 MFC 中后来添加的成员，在默认的单文档、多文档框架中没有用它，而是用 CToolBar。我们这里为了展现的全面性，不再利用单文档框架默认生成的方式，而是基于一个对话框工程，从无到有地利用 CToolBarCtrl 类生成一个带图标和文字的工具栏。

① 新建一个基于对话框的 MFC 工程，命名为 ToolBarCtrlPro。

② 进入工程，进入资源编辑器页面，向工程中插入几个图标资源，作为工具栏按钮上的图形。注意，图标的大小要一致。我们这里统一选用 32×32 像素的图标，如图 8-79 所示。这个尺寸稍大一点，显得比较大气。

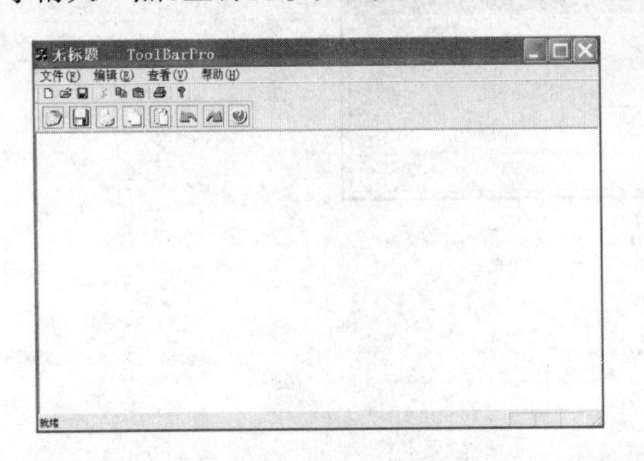

图 8-78　自己定制的工具栏运行效果

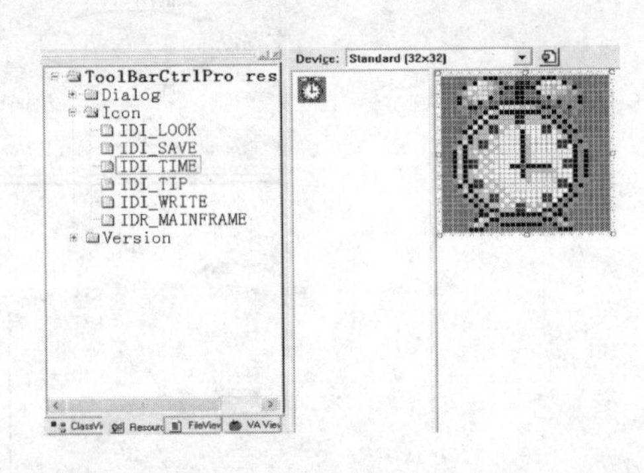

图 8-79　向工程中插入图标作为工具栏按钮的图标

③ 设置完图标，接下来就是为工具栏按钮设置文字资源，也就是资源编辑器中的“String Table”。之前我们较少提及这个资源，这里为了与图标资源相对应，同时为了编程的方便插入这种资源。

新建“String Table”资源后进入字符串资源编辑器中，是以表格的形式给出的，在蓝色的提示条上双击就会弹出插入的字符串的提示输入框，这时就可以依次输入字符串资源，如图 8-80 所示。这里要注意的是，对于工具栏按钮中图标的顺序读者应该事先安排好，然后按这个顺序在字符串资源中逐个插入。

④ 我们要生成工具栏，需要一个分配给它的 ID 号，但是现在我们又没有插入 ToolBar 资源，没有 ID 号怎么办呢？办法很简单，就是单击 VC 6 的“View”|“Resource Symbols”菜单命令，在而后弹出的对话框中新建一个就行了。这样系统就会给我们分配一个不会与其他资源 ID 冲突的 ID 号了。这里将 ID 号命名为 ID_TOOLBAR，如图 8-81 所示。

⑤ 为了给我们的工具栏添加事件处理代码，同时也是美观的需要，再插入菜单资源，针对工具栏每个功能按钮的意义设置几个有清晰指示功能的 ID。我们这里设置 5 个 ID：ID_LOOK（代表观测），ID_WRITE（代表导出数据），ID_SAVE（代表存盘），ID_TIME（代表时间设置），ID_TIP（代表功能提示）。而后利用 ClassWizard 添加事件。

⑥ 下面开始编写代码。在主对话框类中添加 CToolBarCtrl 类的成员变量，另外还要添加用于载入图片的 CImageList 类的变量。代码如下：

```
……
CToolBarCtrl    m_ToolBar;       //用于生成工具栏
CImageList      m_ImageList;     //用于给工具栏加入图标
```

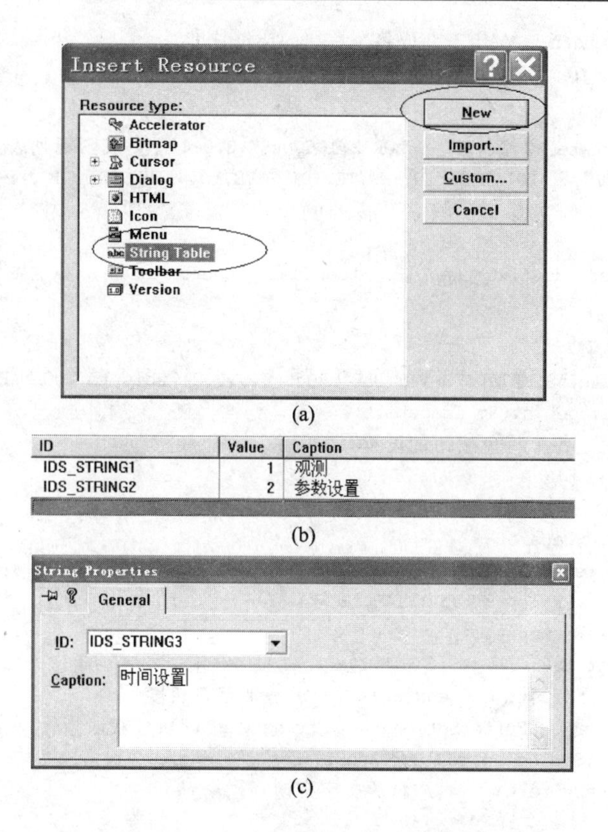

图 8-80　向工程中插入字符资源作为工具栏按钮的文字提示

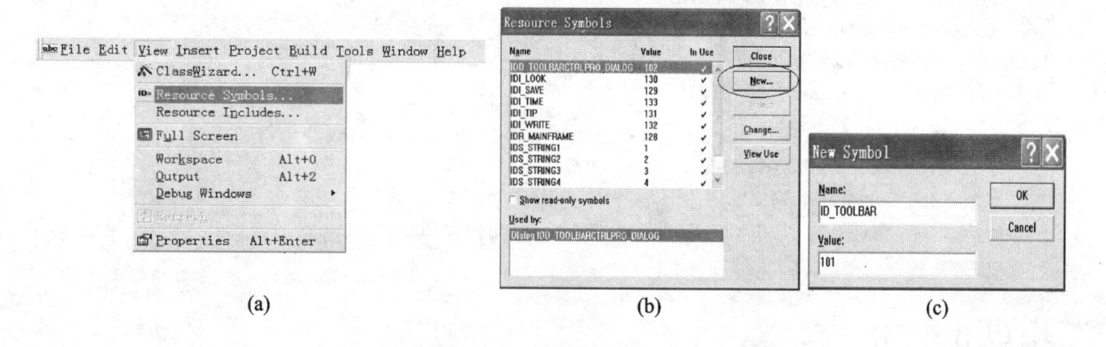

图 8-81　手动为工具栏添加 ID 号

下面的工作就是在主对话框类的初始化函数 OnInitDialog 中添加我们的工具栏了。基本的步骤是：

m_ImageList 载入各个图标—生成工具栏—设置图标—设置工具栏各个按钮文字及事件。

```
BOOL CToolBarCtrlProDlg::OnInitDialog()
{
    CDialog::OnInitDialog();
    SetIcon(m_hIcon, TRUE);                    // Set big icon
    SetIcon(m_hIcon, FALSE);                   // Set small icon
    TBBUTTON button[5];     //为工具栏添加按钮必备
    int i = 0;
    CString str;          //按钮字符
```

```
    int nStringLength;  //用于获取每个按钮的字符长度
    char * pString;         //指示每个按钮的字符串

  // 1-> 图标列表
  m_ImageList.Create(32,32,ILC_COLOR32|ILC_MASK,0,0); //生成图标列表
  UINT Resource[7] = { IDI_LOOK,IDI_WRITE,IDI_SAVE,IDI_TIME,IDI_TIP,};
  for(i = 0;i<5;i ++ )
  {
      m_ImageList.Add(AfxGetApp() ->LoadIcon(Resource[i]));//添加图标
  }

  // 2->生成工具栏
  m_ToolBar.Create(WS_CHILD|WS_VISIBLE,CRect(0,0,0,0),this,ID_TOOLBAR);
  m_ToolBar.SetImageList(&m_ImageList);
  // 3->工具栏上各个特色按钮的设置
  for(i = 0;i<5;i ++ )
  {
      button[i].dwData = 0;
      button[i].fsState = TBSTATE_ENABLED;
      button[i].fsStyle = TBSTYLE_BUTTON    ;
      button[i].iBitmap = i;
      str.LoadString( i + IDS_STRING1); //载入字符串资源
      nStringLength = str.GetLength() + 1; // 获取字符长度
      pString = str.GetBufferSetLength( nStringLength );//获取指针
      button[i].iString = m_ToolBar.AddStrings(pString); //设置文字
      str.ReleaseBuffer();     //释放文字资源
  }
  button[0].idCommand = ID_LOOK;  //与菜单选项相关联
  button[1].idCommand = ID_WRITE;
  button[2].idCommand = ID_SAVE;
button[3].idCommand = ID_TIME;
  button[4].idCommand = ID_TIP;

  //4->>>>>>>>>>>>>>>>>>>>> 工具栏加载特色按钮
  m_ToolBar.AddButtons(5,button);  //加载工具栏按钮
  m_ToolBar.AutoSize();            //使大小自适应
  m_ToolBar.SetStyle(TBSTYLE_FLAT|CCS_TOP); //设置按钮风格
  return TRUE;
}
```

对以上代码解释一下。

载入图标的代码前面已经出现过了，只是我们这里图标较多，将各个图标的ID号放在一个数组里，方便利用循环语句加载。

CToolBarCtrl 类的 SetImageList 函数用来加载这个图标列表。

对于工具栏按钮的设置，核心的函数是 AddButtons，这个函数的定义是：

```
BOOL AddButtons( int nNumButtons, LPTBBUTTON lpButtons );
```

其中，nNumButtons 好理解，就是按钮的数量；后一个需要注意，它是一个指向 TBBUTTON 数组的指针。这个数组里放的是 TBBUTTON 结构体，这个结构体包含的就是我们为工具栏每个按钮所设置的信息。它的定义如下：

```
typedef struct _TBBUTTON {
int iBitmap;     //以 0 为起始索引的工具栏按钮图片
int idCommand;     //工具栏按钮按下时的命令
```

```
BYTE fsState;      //工具栏按钮状态
BYTE fsStyle;      //工具栏按钮风格
DWORD dwData;      //程序定义值
int iString;      //工具栏按钮文字
} TBBUTTON;
```

iBitmap:我们已经载入的图标列表的各个图标的索引号。

idCommand:一个接受信息命令的 id,我们通常把它跟菜单的 ID 等价起来就行。

fsState:按钮的状态,比如是否可用,是否可见等。

fsStyle:按钮的风格,比如是按钮风格,还是分隔线,还是弹起与按下交替风格等。

dwData:用户自定义的数据。

iString:指向工具栏中载入的字符串的索引,由 CToolBarCtrl 类的 AddString 函数返回值给出即可。

⑥ 为了程序界面的美观,我们在对话框上再加入一个 Picture 控件,然后放入一幅位图,要给出工具栏空间。

⑦ 编译、运行程序,效果如图 8－82 所示。

图 8－82　利用 CToolBarCtrl 类制作的文字加图标工具栏

8.3　扩展实例与技巧

8.3.1　应用程序的桌面图标

我们平时用到的应用程序都有一个生动的图标作为桌面标志。比如,著名的 QQ 的桌面图标是一个可爱的小企鹅;又如 Word 的桌面图标是一张蓝色稿纸。我们用 MFC 编程时,程序的默认桌面图标是,如果想变成自己的个性桌面图标该如何实现呢?

① 建立一个基于对话框的 MFC 工程,命名为 IconPro。

② 准备一个图标资源,而后插入到工程的资源中去。此时会看到资源视图的"Icon"中有两个图标,一个是新插入的 IDI_ICON1;另一个是系统默认的 IDR_MAINFRAME。此时删除后者,而后将我们插入的图标的 ID 号改为 IDR_MAINFRAME。编译运行程序,即可看到 Debug 或 Release 目录下的程序桌面图标已经改了,如图 8－83 所示。

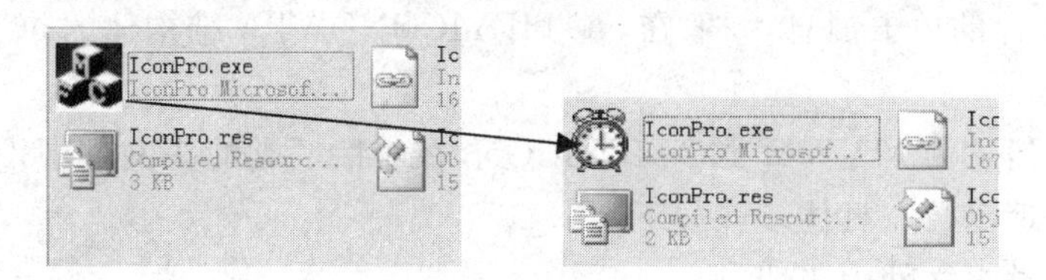

图 8－83　程序的桌面图标的变化

8.3.2　系统托盘

我们平时经常看到,启动一个应用程序后,Windows 底部工具条右侧会出现一个生动的图标(系统托盘)作为标志。当最小化时,程序窗体就回缩到系统托盘,双击此系统托盘图标时,窗体就再次出现，比如常见的 QQ。下面我们就实现此功能。

该功能主要涉及 3 个技术点：程序启动时，创建托盘；退出时，删除托盘；单击时，出现窗体。

① 新建一个基于对话框的 MFC 工程，命名为 TaskIconPro。

② 进入工程资源编辑器，删除默认的图标，插入一个新图标，ID 设为 IDR_MAINFRAME。在对话框的“Style”属性中，选择“Minimized Box”选项，使对话框具有最小化按钮。

③ 在对话框类中添加两个函数，分别用于托盘图标的添加和删除。代码如下：

```
//添加托盘图标函数
BOOL CTaskIconProDlg::TaskBarAddIcon(HWND hwnd, UINT uID, HICON hicon, LPSTR lpszTip)
{
    NOTIFYICONDATA d;  //托盘图标结构体
    d.cbSize = sizeof(NOTIFYICONDATA); //托盘图标结构体的大小
    d.hWnd = hwnd;  //托盘图标所属的窗体
    d.uID = uID;      //托盘图标 ID
    d.uFlags = NIF_ICON | NIF_TIP | NIF_MESSAGE; //托盘图标结构体的属性
    d.uCallbackMessage = MYWM_NOTIFYICON;  //设置托盘图标的单击消息
    d.hIcon = hicon;
    if(lpszTip)
        lstrcpy(d.szTip,lpszTip);  //设置托盘图标的提示
    else
        d.szTip[0] = '\0';
    return Shell_NotifyIcon(NIM_ADD,&d); //添加托盘图标
}
//删除托盘图标函数
BOOL CTaskIconProDlg::TaskBarDeleteIcon(HWND hwnd, UINT uID)
{
    NOTIFYICONDATA d;
    d.cbSize = sizeof(NOTIFYICONDATA);
    d.hWnd = hwnd;
    d.uID = uID;
    return Shell_NotifyIcon(NIM_DELETE,&d); //删除托盘图标
}
```

以上代码中关键的技术点有：

- NOTIFYICONDATA 是用于设置托盘图标的结构体。
- 设置托盘图标的核心是 API 函数。
- 关于托盘图标的单击消息，一般在 NOTIFYICONDATA 结构体的 uCallbackMessage 成员中设定。

以上的自定义消息为 MYWM_NOTIFYICON，在对话框类的头文件中设置，而后需要为它编写自定义消息处理函数。具体步骤如下：

首先在对话框类头文件中声明：

```
afx_msg void OnMyIconNotify(WPARAM wParam,LPARAM lParam);
```

然后在对话框类的 CPP 文件头部声明消息与其处理函数的关联：

```
BEGIN_MESSAGE_MAP(CTaskIconProDlg, CDialog)
    //{{AFX_MSG_MAP(CTaskIconProDlg)
    ON_MESSAGE(MYWM_NOTIFYICON,OnMyIconNotify)
    //}}AFX_MSG_MAP
END_MESSAGE_MAP()
```

最后添加处理代码：

```
void CTaskIconProDlg::OnMyIconNotify(WPARAM wParam,LPARAM lParam)
{
    UINT uMouseMsg = LOWORD(lParam); //获取消息类型
    switch(uMouseMsg)
    {
        case WM_LBUTTONDOWN:   //如果是鼠标单击消息
        {
            ShowWindow(IsWindowVisible()? SW_HIDE:SW_SHOWNORMAL);
        }
        break;
    }
}
```

④ 在对话框类的成员函数中添加处理代码，主要是：

- 初始化代码中的添加函数 TaskAddIcon()，添加托盘图标。
- 退出函数添加函数 TaskDeleteIcon()，删除托盘图标。
- 添加 OnSysCommand 函数，针对最小化按钮，使窗体隐藏，造成窗体缩到托盘图标的效果。

编译、运行程序，效果如图 8-84 所示。

图 8-84　程序运行时托盘图标的显示

8.3.3　曲线显示——应用 TeeChart 控件

在一些工业控制、仪器仪表软件中，数据的显示是非常重要的一个环节。这些数据一般以曲线(用的最多)、饼图等形式显示。如若手动编程，一般需要利用 GDI 函数和类，画坐标轴、曲线等；如果需要实现一些特点功能，编程较为烦琐。

有许多专业的 ActiveX 控件可以实现工控曲线等信息展现功能，其中 TeeChart 就是非常强大、好用的一款。此控件提供了上百种 2D 和 3D 图形风格、40 种数学和统计功能、加上无限制的轴和 22 种调色板组件供您选择。TeeChart 的主类是 TChart。TChart 中使用了众多的属性方法和事件，随着版本的升级将越来越丰富。这使得 TChart 具有非常强大的功能。重要的属性和功能有：

TChart. Height：图表的高度(像素)。

TChart. Width：图表的宽度(像素)。

TChart. Header：图表的题头(Ititles 类)。

TChart. Series：序列(Series 类的数组)。

TChart. Axes：坐标轴(Iaxes 类)。

TChart. Legend：图例(Legend 类)。

TChart. Panel：面板(Ipanel 类)。

TChart. Canvas：画布(Canvas 类)。

Series 是要显示的数据的主体。在一个图表中可以有一个或多个序列，每个序列可以有不同的显示类型，如 Line、Bar、Pie 等。

Axes 控制图表坐标轴的属性，在默认情况下，坐标轴可以自动地根据不同的数据设置好标度范围和间隔，当然也可以手工调整。

Legend 控制图表的图例显示。Legend 是图表中的一个长方形的用来显示图例标注的区域，可以标注 Series 的名称或者 Series 中的项目和数值。

Panel 可以设置图表的背景。可以使用渐变的颜色或者图像文件作为整个图表的背景。

Canvas 可以让设计者绘制自己的图形。有 TextOut、LineTo、Arc 等各种画图的方法可以调用。

下面通过一个小例子简单介绍一下 TeeChart 控件的使用。

① 首先获取某一个版本的 TeeChart 控件(这里笔者用的是 TeeChart 7,其他版本方法类似)。由于是为注册的 ActiveX 控件,为了能在 VC 6 中使用需要将其注册。这里使用 regsvr32.exe 程序对 TeeChart 控件进行注册。将 TeeChart7.ocx 复制至 C:\WINDOWS\system32 目录下,然后执行“开始”|“运行”命令,在弹出的“运行”对话框的“打开”文本框中输入命令进行注册,如图 8-85 所示。

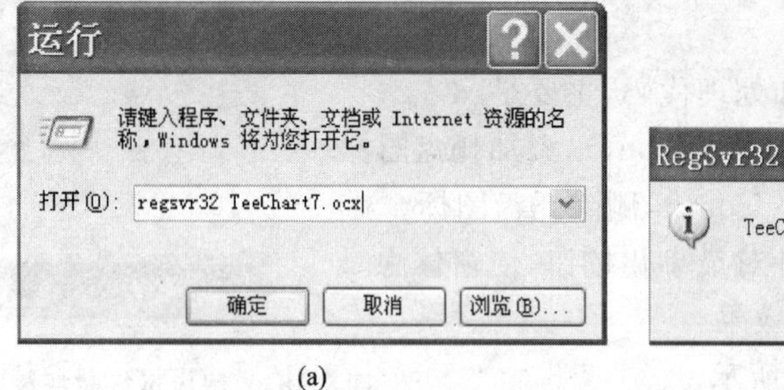

(a)

(b)

图 8-85　注册 TeeChart 控件

② 建立一个基于对话框的 MFC 工程,命名为 TeeChartPro,而后选择“Project”|“Add To Project”|“Components and Controls…”菜单命令。由于我们已经将 TeeChart 控件注册了,因此可以找到它,而后就可以插入到我们的工程中了,如图 8-86 所示。

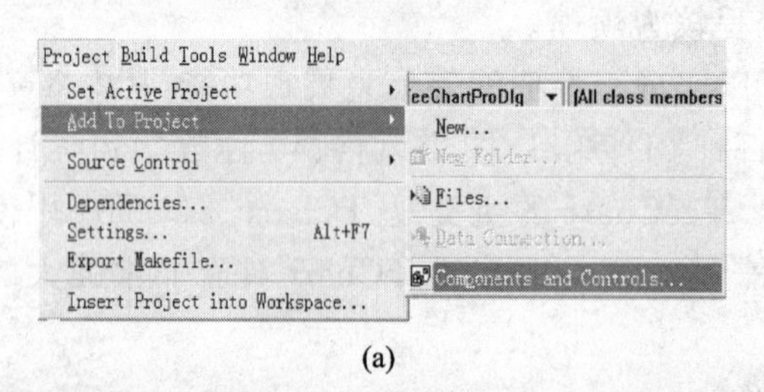

(a)

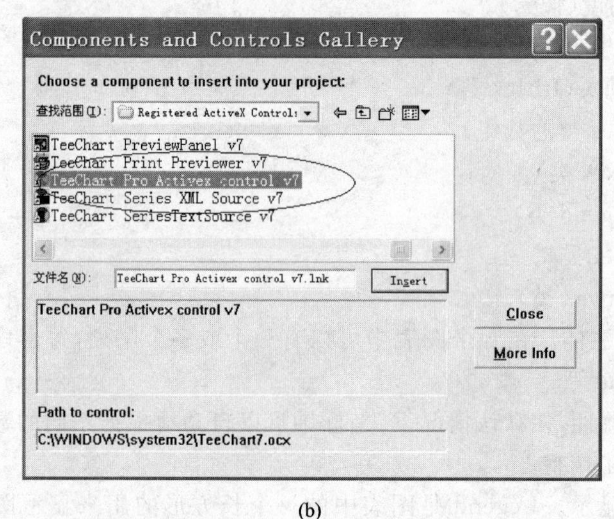

(b)

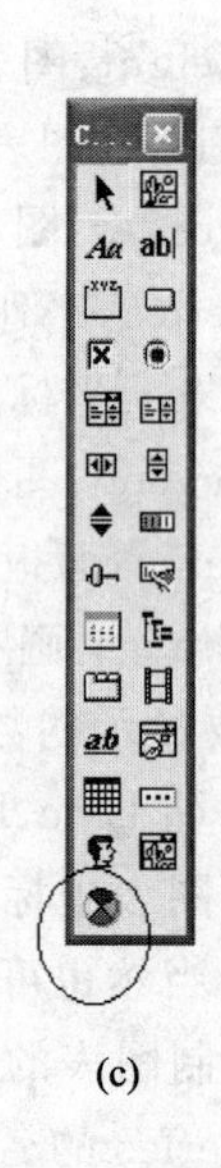

(c)

图 8-86　插入 TeeChart 控件到工程中

③ 将 TeeChart 控件插入到工程中后，就可以对其属性进行设置了。ActiveX 控件的属性是比较丰富的。右击控件，在弹出的快捷菜单中选择“TeeChart Pro ActiveX control v7 Object”|“Edit…”选项，即可在弹出的对话框中进行详细的属性设计，如图 8－87 所示。

一般就是改改“Title”(即标题)，以及颜色等属性。设计好的界面如图 8－88 所示。

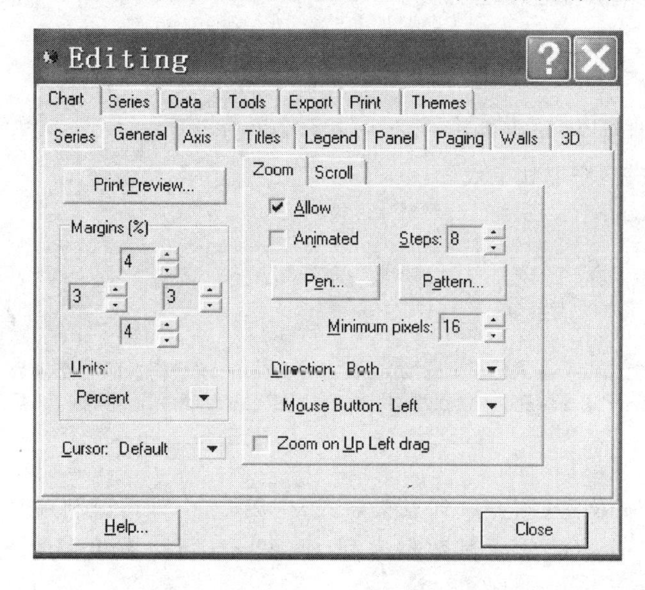

图 8－87　TeeChart 控件的属性设计

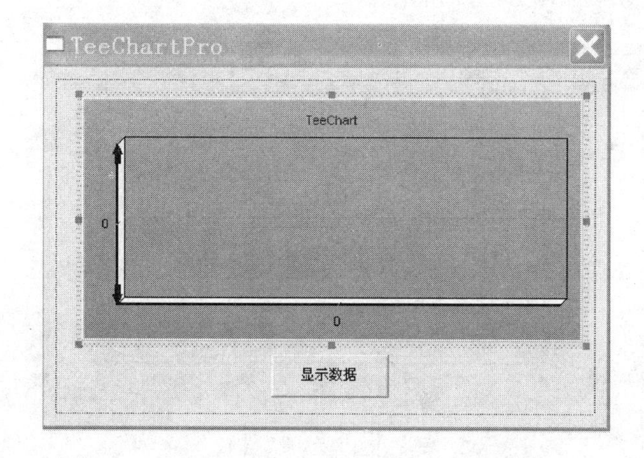

图 8－88　TeeChart 控件的界面

④ 在对话框类的头文件中添加如下有关 TeeChart 的头文件：

```
#include "series.h"
#include "axis.h"
#include "page.h"
#include "ValueList.h"
#include "toollist.h"
#include "tools.h"
#include "annotationtool.h"
#include "axes.h"
```

而后用 ClassWizard 将 TeeChart 控件与变量绑定，TeeChart 控件对应的类是 CTChart，相关代码为：

```
CTChart    m_ctrlChart;  //声明 TeeChart 变量
void CTeeChartProDlg::DoDataExchange(CDataExchange * pDX)
{
    CDialog::DoDataExchange(pDX);
    //{{AFX_DATA_MAP(CTeeChartProDlg)
    DDX_Control(pDX, IDC_TCHART1, m_ctrlChart);
    //}}AFX_DATA_MAP
}
```

绑定后就可以利用此变量来进行 TeeChart 的操作了。

双击显示数据按钮，添加如下代码：

```
void CTeeChartProDlg::OnShowData()
{
    int x = 0,y = 0;
    for (x = 0; x<100; x++)
    {
        y = 10 * sin(x * x) + 13 * cos(2 * x); //y = f(x),随意构造的一个函数序列
        m_ctrlChart.Series(0).AddXY(x,y,NULL,RGB(255,0,0));//显示
    }
}
```

上面的代码中首先构造(x,y)序列点集，每当生成一个点时，就利用 CTChart 类的 AddXY 函数加入。这里的 Series(0)表示其数据序列，TeeChart 可以有很多的 Series，这里表示就用一个。

编译、运行程序，效果如图 8-89 所示。

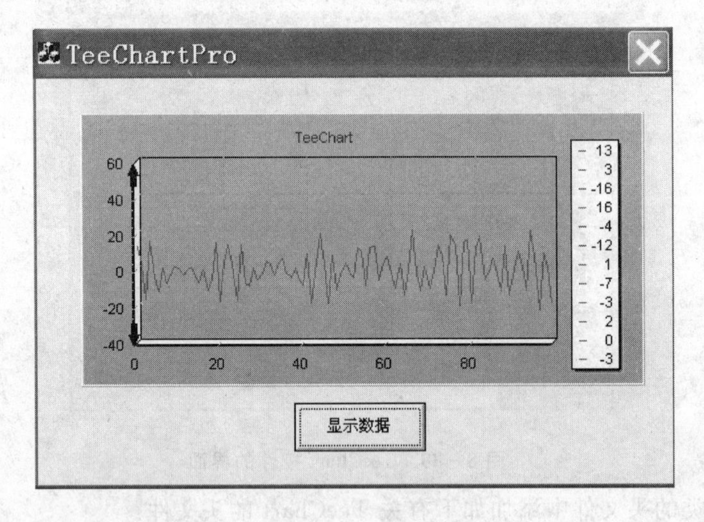

图 8-89　TeeChart 控件显示数据

当读者利用串口或其他信息获取方式获取外部数据时，可以边读边将数据显示在 TeeChart 控件中。

参考文献

[1] 谭浩强. C程序设计[M]. 北京:清华大学出版社,2000.
[2] 侯俊杰. 深入浅出 MFC[M]. 武汉:华中科技大学出版社,2001.
[3] 孙鑫. Visual C++深入详解[M]. 北京:电子工业出版社,2006.
[4] 龚建伟,熊光明. Visual C++串口通信编程实践[M]. 北京:电子工业出版社,2007.
[5] 孙海民. 精通 Windows Sockets 网络开发[M]. 北京:人民邮电出版社,2008.
[6] 颜志军. Visual C++数据库开发:典型模块与实例精讲[M]. 北京:电子工业出版社,2007.